# Stromversorgung ohne Stress
# Band 3

# Energy Harvesting

Elektronik ohne Batterien oder Versorgungsnetz

Franz Peter Zantis

1. Auflage 2021

ISBN 978-3-89576-454-7
978-3-89576-455-4 (E-book)



Umschlaggestaltung: Elektor, Aachen
Satz und Aufmachung: Eric Bogers, Saarbrücken
Druck: Ipskamp Printing, Niederlande

# Inhaltsverzeichnis

**Vorwort . . . 7**

**1 • Energy Harvesting . . . 9**

1.1 • Energie . . . 9

1.1.1 • Energiearten und Umwandlung . . . 10

1.1.1.1 • Energie-Formeln, Umrechnungshilfe und Größenordnungen . . . 11

1.1.2 • Energiebedarf . . . 13

1.2 • Besonderheiten der Energiequellen . . . 15

1.3 • Aufbereitung . . . 16

1.3.1 • Energie wandeln . . . 17

1.3.1.1 • Gleichspannung aufbereiten . . . 17

1.3.1.2 • Wechselspannung aufbereiten . . . 20

1.3.2 • Energie speichern . . . 25

1.3.2.1 • Kondensatoren und Akkumulatoren als Energiespeicher . . . 27

1.3.2.2 Mechanisch Energie speichern . . . 30

1.3.3 • Energiemanagement . . . 32

1.3.3.1 • Minimalsystem . . . 33

**2 • Energie gewinnen aus Licht . . . 37**

2.1 • Solarzellen . . . 39

2.2 • Energie aus Licht im Außenbereich . . . 42

2.3 • Energie aus Licht im Innenbereich . . . 44

2.4 • Lichtenergie sammeln . . . 47

2.4.1 • Spannungskomparator . . . 47

2.4.2 • Die Gesamtschaltung . . . 49

2.4.3 • Das Programm des Mikrocontrollers . . . 54

2.4.4 • Energiebetrachtungen . . . 57

2.5 • Versorgen eines Temperatur-Außenfühlers durch Solarzellen . . . 59

2.5.1 • Sperrwandler mit Übertrager . . . 59

2.5.1.1 • Anmerkungen zu Übertragern in Sperrwandlern . . . 67

2.5.2 Energiebetrachtungen . . . 71

**3 • Energie aus elektromagnetischen Wellen . . . 73**

3.1 • Ein persönliches Abenteuer . . . 73

3.2 • Elektromagnetische Wellen . . . 75

3.2.1 • Energie aus dem Fernfeld . . . 76

3.2.1.1 • Abstimmung mit einem Schwingkreis hoher Güte . . . 78

3.2.1.2 Quarzfrequenz ziehen . . . 81

3.2.1.3 • Auswahl der Dioden . . . 82

3.2.1.4 • Energie aus Mittelwellen . . . 83

3.2.1.5 • Intermezzo: Transistoren als Dioden . . . 84

3.2.1.6 • Kernmaterial aus Eisenpulver oder Ferriten . . . 85

3.2.1.7 • Energie aus UHF-Wellen . . . 87

3.2.2 • Energie aus dem Nahfeld . . . . . 92
3.2.2.1 • Spannungserhöhung durch Resonanzkreis . . . . . 96
3.3 • „Low-Drop-Komparator" . . . . . 102

**4 • Thermoelektrizität . . . . . 107**
4.1 • Peltier-Effekt, Seebeck-Effekt . . . . . 108
4.2 • Thermoelement als elektrischer Generator . . . . . 108
4.2.1 • Thermisches Modell . . . . . 111
4.2.2 Ausgangsspannung und Ausgangsleistung . . . . . 113
4.3 • Energie aus dem Bienenstock . . . . . 115
4.3.1 • Energy-Harvesting-Chip LTC3108 . . . . . 117
4.3.2 Sperrwandler mit Germanium-Transistor . . . . . 123
4.4 • Thermoelement-Array . . . . . 125
4.4.1 Leselicht am Holzofen . . . . . 126
4.4.1.1 Hochsetzsteller statt Sperrwandler . . . . . 130
4.4.3 • Modellbau-Antriebe . . . . . 132
4.4.2 • Ofen-Propeller . . . . . 133
4.5 • Anwendung mit Mikrocontroller . . . . . 134
4.5.1 • Der sparsame Mikrocontroller . . . . . 136
4.5.1.1 • Startup und Brown-Out-Reset . . . . . 137
4.5.1.2 • Low-Power-Mode . . . . . 139

**5 • Energie aus mechanischer Bewegung (Kinetik) . . . . . 145**
5.1 • Windenergie . . . . . 146
5.1.1 • Windenergie direkt nutzen . . . . . 147
5.1.1.1 • Auswahl des Generators . . . . . 149
5.1.1.2 • Energie aus der Röhre . . . . . 149
5.1.1.3 • Monitoring . . . . . 151
5.1.2 • Windpendel . . . . . 152
5.2 • Energie aus Vibration . . . . . 153
5.2.1 Piezo-Experimente . . . . . 156
5.2.2 Vervielfacher . . . . . 159
5.2.3 • Spezial-IC LTC3588 . . . . . 161
5.2.4 • Anwendungen . . . . . 164
5.3 • Energie aus Druck-Betätigung . . . . . 164
5.4 Energie aus Schall . . . . . 165

**6 • Energie aus chemischer Reaktion . . . . . 171**
6.1 • Halbzellen . . . . . 172
6.2 • Redoxreihe . . . . . 173
6.3 • Obstbatterie . . . . . 175
6.4 • Bodenbatterie . . . . . 176
6.5 • DC-DC-Konverter . . . . . 177

**Anhang** . . . . . . . . . . **181**
Bibliographie . . . . . . . . . . 181
Formelzeichen . . . . . . . . . . 183
Konstanten . . . . . . . . . . 184

**Index** . . . . . . . . . . **185**

# Vorwort

Nachdem der Band 1 der Reihe „Stromversorgung ohne Stress" die Grundlagen der Stromversorgungstechnik für elektronische Geräte enthält und Band 2 einige Applikationen, geht es hier im dritten Band nun um ein spezielles, aber sehr aktuelles Thema. Für den Betrieb moderner elektronischer Bauteile ist vergleichsweise nur noch wenig Energie notwendig. Dies eröffnet neue Möglichkeiten: Schaltungen und Baugruppen die ohne Batterien oder Akkumulatoren auskommen und auch keinen Anschluss an das Versorgungsnetz benötigen. Damit entfällt auch ein großer Teil des Wartungsaufwandes. Die Baugruppen arbeiten weitestgehend „für sich alleine". Die Energie wird auf unterschiedlichste Weise aus der Umgebung gewonnen. Dazu sind allerdings spezielle Techniken erforderlich. Nicht nur zur Gewinnung der Energie – auch zur Umformung, so dass sie für elektronische Schaltungen nutzbar ist.

In diesem Buch geht es um die Bereitstellung kleiner Energiemengen, mit denen kleine Geräte (Sensoren, Sender und Empfänger für QRP oder Datenübertragung, etc.) völlig autark betrieben werden können. Weiterhin habe ich mir zum Ziel gesetzt, wenn möglich, mit Bauteilen aus der Bastelkiste auszukommen. Hochkomplexe, spezialisierte Integrierte Schaltungen sind schwer zu bekommen, teuer und oft nach kurzer Zeit nicht mehr lieferbar. Mein Bestreben ist es, den am Thema interessierten Elektroniker zu unterstützen, eigene Energy-Harvesting-Projekte mit Teilen aus der Bastelkiste umzusetzen. Ausnahmen bestätigen aber die Regel und gerade beim Energy-Harvesting ist es nicht immer möglich auf Spezial-ICs zu verzichten. Es geht eben um jedes µW und es ist leicht nachvollziehbar, dass es einfacher ist auf einer kleinen Chipfläche mit wenig Energie zu arbeiten als bei einer ausladenden Schaltung mit umfangreicher Verdrahtung.

Dann wollte ich nicht einen langatmigen Theorieteil am Anfang bringen. Ich weiß, dass meine Leser „Macher" sind. Sie möchten reale Projekte umsetzen ohne vorher überviel Zeit für lange theoretische Abhandlungen aufzubringen. Deshalb habe ich die mehr „theoretischen" oder grundsätzlichen Themen in die einzelnen Kapitel und Projekte eingestreut. Einen vollständigen Überblick erhält man deshalb erst, wenn man das Buch in Gänze gelesen hat. Dafür kann der Leser bereits im 2. Kapitel ein erstes Projekt umsetzen.

*Franz Peter Zantis, DB7FP*
*Im Herbst 2020*

# 1 • Energy Harvesting

Der Zweck vieler elektronischer Schaltungen ist die Erfassung physikalischer Größen, das Senden von Nachrichten oder das Empfangen und verarbeiten von Information. Häufig wird dazu nur wenig Energie benötigt, denn die Bauteile sind heute hochintegrierte, winzige Chips.

Dies hat zu einem Trend geführt, bei dem man versucht die notwendige Energie nicht mehr aus Batterien oder Stromversorgungsgeräten zu generieren, sondern direkt aus der Umwelt. Man kann zum Beispiel mit Hilfe von Licht, Temperaturunterschieden, Luftströmungen, elektromagnetischen Wellen oder Bewegung quasi nebenher kleine Mengen Energie gewinnen.

Dabei ergeben sich viele Vorteile. Das Austauschen von Batterien entfällt vollständig und damit auch deren aufwändige Entsorgung. Ein Anschluss an das Energieversorgungsnetz ist nicht mehr notwendig. Eine Verbindung zur Außenwelt ist dann oft nur noch über einen Nachrichtenkanal erforderlich. Handelt es sich dabei um eine Funkverbindung, dann können die Module weitgehend frei platziert werden. Einschränkungen durch Kabelverbindungen entfallen jedenfalls.

Weltweit werden viele Millionen Module betrieben, die mit Umweltenergie arbeiten könnten. Setzt man das Konzept „Energy Harvesting" (deutsch: Energie-Ernten) konsequent um, dann ist anzunehmen, dass sich in der Gesamtheit auch eine durchaus nennenswerte Energieeinsparung und Müllvermeidung ergibt.

Thema in diesem Buch sind aber ausschließlich Energy-Harvesting-Projekte, die ganz konkret für jeden Elektroniker oder Funkamateur mit Standardausrüstung und Standardbauteilen machbar sind.

## 1.1 • Energie

Zur Abschätzung, ob eine Baugruppe oder Schaltung generell mit Hilfe von „Energy Harvesting" versorgt werden kann, braucht man Kenntnisse über die physikalische Größe „Energie" selbst.

Energie ist eine fundamentale physikalische Größe. Möchte man irgend etwas verändern, dann braucht man dafür Energie. Sie ist Voraussetzung dafür, dass sich „etwas tut". Das Formelzeichen für Energie ist *E* oder *W* (für engl. ‚work'). Die SI-Einheit (SI = *Système international d'unités = internationales Einheitensystem*) ist Joule mit dem Kürzel J. Ein Joule entspricht einer Wattsekunde (Ws). Man kann umrechnen:

$$1\ \mathrm{J} = 1\ \mathrm{Ws} = 1\frac{\mathrm{kg}\cdot\mathrm{m}^2}{\mathrm{s}^2} = 1\ \mathrm{Nm} \qquad (1.1)$$

J = Joule (Energie)
W = Watt (Leistung)
s = Sekunde (Zeit)
kg = 1000 Gramm (Masse)
m = Meter (Länge)
N = Newton (Kraft)

Für den Energieumsatz bei Mensch und Tier verwendet man in der Praxis allerdings nach wie vor die Kalorie (cal). Dabei handelt es sich um eine veraltete Maßeinheit. Sie gehört nicht zu den SI-Einheiten. Es gilt die Umrechnung:

$$1 \text{ cal} = 4{,}2 \text{ J} \qquad (1.2)$$

### 1.1.1 • Energiearten und Umwandlung

Energien kommen in verschiedenen Arten vor, die man als „Energiearten" bezeichnet. Die bekanntesten Energiearten sind elektrische, mechanische, thermische und chemische Energie. Zur Vereinfachung teile ich die Energie mal in vier Arten ein:

- **Thermische Energie (Wärmeenergie)**
  Dabei handelt es sich um die ungerichtete Bewegung der Moleküle bzw. Atome eines Stoffes.
- **Mechanische Energie** (kinetische Energie, potentielle Energie)
  Kinetische Energie ist die Energie, die Körper innehaben, welche sich gerichtet bewegen. Beim Wind sind es die Luftmoleküle, die mit kinetischer Energie "aufgeladen" sind. Schall ist auch kinetische Energie, denn Moleküle oder Atome bewegen sich gerichtet.
  Körper, die sich in einem Kraftfeld befinden, enthalten potentielle Energie bzw. Lageenergie. Dazu gehören z.B. Körper, die vom Schwerefeld der Erde angezogen werden.
- **Elektrische Energie**
  Bei der elektrischen Energie geht es um elektrische Ladungen, die getrennt sind - die sich aber ausgleichen möchten. Basis ist das Elektron ($e^-$) mit der Elementarladung $-Q_e = 1{,}602 \cdot 10^{-19}$ As.
- **Chemische Energie**
  Bei der Umwandlung von Stoffen kann Energie freigesetzt werden. Bei der Oxidation bzw. Verbrennung (Verbindung mit Sauerstoff) wird meistens Energie frei (exotherme Reaktion).
  Beim Menschen werden Fett- und Zuckermoleküle zerlegt und mit Hilfe von Sauerstoff zu $CO_2$ und Wasser umgewandelt. Dabei entsteht sowohl kinetische Energie (wir können uns bewegen) als auch Wärmeenergie (unser Körper hat eine Innentemperatur von konstant 37 °C). Ein „Durchschnittsmensch" mit einem Körpergewicht von 75 kg gibt während ruhigem Sitzen eine permanente Wärmeleistung von 120 W ab. Bei einer Oberfläche von ungefähr 2 m$^2$ sind das 6 mW pro cm$^2$. Allerdings ist der Energieaustritt ungleich verteilt. Zumindest bei einem unbekleideten Menschen tritt am Bauch mehr Energie aus als an den Fingern.

Der erste Hauptsatz der Thermodynamik besagt, dass Energie nur gewandelt, nicht aber vernichtet werden kann. In diesem Zusammenhang ist interessant, dass alle Energiearten unmittelbar in Wärmeenergie umgewandelt werden können. Die Thermische Energie ist die allerniedrigste Energieart. Letzten Endes endet jeder Vorgang der Energiewandlung final in Wärmeenergie.

Grundsätzlich gilt aber, dass jede Energie von einer Erscheinungsform in eine andere Form umgewandelt werden kann. Gemäß den physikalischen Gesetzmäßigkeiten bleibt bei jeder Umwandlung die gesamte Energie erhalten. Die Energie kann nicht „aus dem Nichts" erzeugt werden. Deshalb treten bei Energie-Umwandlungsvorgängen auch immer andere Energieformen auf – sogenannte „Verluste".

Wenn wir zum Beispiel Laufen, dann wird uns warm. Die uns zur Verfügung stehende Energie wird also in gewünschte mechanische Energie umgewandelt, mit der wir uns schnell fortbewegen, und in unerwünschter Wärmeenergie, die uns zum Schwitzen bringt.

Technisch werden diese Verluste durch den Wirkungsgrad $\eta$ (eta) ausgedrückt. Man betrachtet die aufgewendete Energie und die Energie die in der gewünschten Form auftritt und setzt beide ins Verhältnis:

$$\eta = \frac{\text{gewünschte Energie}}{\text{aufgewändete Energie}} \qquad (1.3)$$

#### 1.1.1.1 • Energie-Formeln, Umrechnungshilfe und Größenordnungen

Auf der nächsten Seite nun eine Sammlung von Formeln für die Berechnung der Energie. Mit deren Hilfe kann man im speziellen Fall abschätzen, wie viel Energie geerntet werden könnte. An entsprechender Stelle im Buch komme ich auf diese Formeln zurück.

In der folgenden Umrechnungstabelle ist jeweils die links angegebene Einheit gleich der Zahl mal der oben angegebenen Einheit.

| | Joule/Wattsek. | Kilowattstunde | Elektronenvolt | Kilopondmeter (veraltet) | Kalorie (veraltet) |
|---|---|---|---|---|---|
| 1 $kg{\cdot}m^2/s^2$ | 1 | $2{,}779{\cdot}10^{-7}$ | $6{,}242{\cdot}10^{18}$ | 0,102 | 0,239 |
| 1 kWh | $3{,}6{\cdot}10^{6}$ | 1 | $2{,}25{\cdot}10^{25}$ | $3{,}667{\cdot}10^{5}$ | $8{,}60{\cdot}10^{5}$ |
| 1 eV | $1{,}602{\cdot}10^{-19}$ | $4{,}45{\cdot}10^{-26}$ | 1 | $1{,}63{\cdot}10^{-20}$ | $3{,}83{\cdot}10^{-20}$ |
| 1 kp·m | 9,80665 | $2{,}72{\cdot}10^{-6}$ | $6{,}13{\cdot}10^{19}$ | 1 | 2,34 |
| 1 cal | 4,1868 | $1{,}163{\cdot}10^{-6}$ | $2{,}611{\cdot}10^{19}$ | 0,427 | 1 |

Einige wenige Anmerkungen zur Tabelle: Energie ist eine Größe, die auch im Alltag einen um viele Größenordnungen unterschiedlichen Wert annehmen kann. 1 J = 1 Ws = 1 Nm ist zum Beispiel die potentielle Energie, die beim Anheben einer Tafel Schokolade (100 g) um 1 Meter in dieser gespeichert wird.

Die Einheit Elektronenvolt (eV) wird unter anderem in der Festkörper-, Kern- und Elementarteilchenphysik verwendet. Ein Photon von violettem Licht hat eine Energie von ca. 3 eV, eines von rotem Licht ca. 1,75 eV. Die Einführung dieser Einheit vereinfacht den Umgang mit den ansonsten winzigen Zahlen.

Kilopondmeter ist veraltet und wird seit 1978 offiziell nicht mehr verwendet. Aber man findet es noch in alten Büchern.

| Spannenergie einer gespannten Feder | $E_{pot} = \frac{1}{2} \cdot D \cdot s^2$ | $D$ = Federkonstante in N/m<br>$s$ = Auslenkung der Feder aus der Ruhelage in m |
|---|---|---|
| Potentielle Energie eines Körpers mit Masse $m$ in einem homogenen Gravitationsfeld | $E_{pot} = m \cdot g \cdot h$ | $m$ = Masse in kg<br>$g$ = Erdbeschleunigung von 9,81 m/s$^2$<br>$h$ = Höhe in welcher sich der Körper befindet in m |
| Kinetische Energie eines Körpers | $E_{kin} = \frac{1}{2} \cdot m \cdot v^2$ | $m$ = Masse des Körpers in kg<br>$v$ = Bewegungsgeschwindigkeit des Körpers in m/s |
| Rotationsenergie eines Körpers | $E_{rot} = \frac{1}{2} \cdot J \cdot \omega^2$ | $J$ = Trägheitsmoment um die Drehachse in kg · m$^2$<br>$w$ = Winkelgeschwindigkeit in rad/s |
| Elektrische Energie in einem Stromkreis | $E_{el.Strom} = U \cdot I \cdot t$ | $U$ = elektrische Spannung in V<br>$I$ = Strom durch die Leitung in A<br>$t$ = Zeitdauer in s |
| Energie eines geladenen Plattenkondensators | $E_{Plattenkondensator} = \frac{Q^2}{2 \cdot C} = \frac{C \cdot U^2}{2}$ | $Q$ = Ladung in As<br>$C$ = Kapazität des Kondensators in F<br>$U$ = elektrische Spannung in V |
| Magnetische Feldenergie einer stromdurchflossenen Spule | $E_{Spule} = \frac{L \cdot I^2}{2}$ | $L$ = Induktivität in H<br>$I$ = elektrische Strom in A |
| Relativistische Energie eines freien Teilchens | $E_{relativistisch} = \frac{m \cdot c^2}{\sqrt{1 - \frac{v^2}{c^2}}}$ | $m$ = Masse des Teilchens<br>$v$ = Geschwindigkeit des Teilchens<br>$c$ = Lichtgeschwindigkeit = 299792458 m/s |
| Energie von Photonen (Lichtquanten) | $E_{Photon} = h \cdot f$ | $h$ = plancksche Wirkungsquantum $\approx 6{,}63 \cdot 10^{-34}$ J·s<br>$f$ = Frequenz in Hz |
| Energie eines Erdbebens | $E_{Erdbeben} = 10^{\frac{3}{2}(M-2)}$ | Die Einheit dieser Formel ist Tonnen TNT<br>$M$ = Magnitude auf der Richterskala |
| Energieänderung (Kraft längs eines Weges) | $W = \int F ds$ | $F$ = Kraft in N<br>$s$ = Wegstück in m |
| Energie in einem Zeitintervall | $W = \int_{t0}^{t1} P(t) dt$ | $t_0$ , $t_1$ = Zeitintervall in s<br>$P$ = Leistung in W |

Die Einheit *Kalorie* wird nur noch im Zusammenhang mit Ernährung verwendet - und auch dort nur wegen der Tradition und Gewohnheit.

### 1.1.2 • Energiebedarf

Bevor überhaupt eine Energiequelle für die Versorgung einer Schaltung bzw. meines Gerätes in Betracht kommt

- ist es ratsam festzustellen, wie viel Energie die Schaltung überhaupt benötigt (im ungünstigsten Fall);
- muss die anvisierte Quelle daraufhin untersucht werden, ob sie überhaupt ausreichend Energie zur Verfügung stellen kann.

Ausreichend heißt hier: deutlich mehr als meine zu versorgende Schaltung benötigt. Denn immer muss die von der Quelle bereitgestellt Energie aufbereitet werden, damit sie meine Schaltung/mein Gerät versorgen kann. Diese Aufbereitung ist aber nie verlustfrei.

Zum Betrieb einer elektronischen Schaltung wird in jedem Fall elektrische Energie $E$ benötigt. Diese ergibt sich aus der über die Zeit $t$ zugeführten Leistung $P$. Es ist oft so, dass die benötigte Energie nicht konstant ist, sondern von bestimmten Betriebszuständen – und damit von der Zeit abhängt:

$$E = \int_{t_0}^{t_i} P(t) \cdot dt$$

$t_0$ = Zeit am Anfang des betrachteten Zeitraums
$t_i$ = Zeit am Ende des betrachteten Zeitraums

Vereinfacht kann man oft auch schreiben:

$$E = P \cdot t = U \cdot I \cdot t \tag{1.4}$$

$E$ = Energie (hier elektrische Energie) in Joule
$P$ = Leistung in Watt
$t$ = Zeit in Sekunden (währenddessen sich $P$ nicht ändert)
$U$ = elektrische Spannung in Volt
$I$ = elektrischer Strom in Ampere

...und unterschiedliche Energieaufnahmen im Zeitverlauf durch Fallunterscheidungen behandeln. Beim Energy-Harvesting sind typischerweise zwei Fallunterscheidungen notwen-

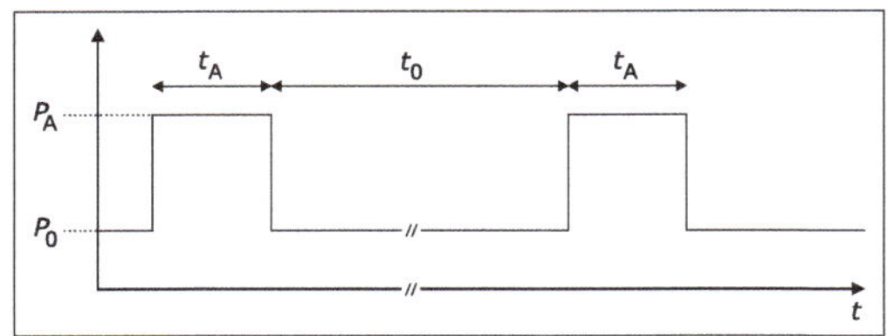


Bild 1.1 • Typisches Profil für die Leistungsaufnahme eines Verbrauchers beim Energy-Harvesting.

dig. Es gibt einen Grundverbrauch bzw. eine Grundleistung, die für die Überwachungsschaltung - oftmals permanent - notwendig ist, und es gibt Zeiten mit hohem Leistungsbedarf; nämlich dann, wenn der angeschlossene Verbraucher arbeiten soll.

Bei dem Leistungsprofil aus Bild 1.1 gibt es nur zwei Zustände. Während $t_0$ wird Energie gesammelt. Während $t_A$ wird Energie genutzt. Das ist typisch für Energy-Harvesting-Systeme. Nun kann man für die bereitzustellende Energie E in einem bestimmten Zeitraum ($t_0$ + $t_A$) folgendes schreiben:

$$E = \sum_t P_0 \cdot t_0 + \sum_t P_A \cdot t_A$$

Die Zeit $t_0$ ist dabei oftmals unterschiedlich lang. Sie ist mindestens davon abhängig, wie lange es dauert, bis eine ausreichende Menge Energie von der Quelle gesammelt werden konnte. Manchmal kommen weitere Abhängigkeiten hinzu. Typischerweise gilt fast immer $P_0 << P_A$.

Angenommen, ein Mini-Spion (UKW-Sender o.ä.) benötigt zum Betrieb eine elektrische Spannung von 9 V. Dabei nimmt er einen Strom von 100 mA auf. Um diesen Sender einen Tag zu betreiben, wird eine Energie benötigt von:

$$E = U \cdot I \cdot t$$

$$= 9\ \text{V} \cdot 0{,}1\ \text{A} \cdot 24\ \text{h} \cdot \frac{3600\ \text{s}}{\text{h}}$$

$$= 77760\ \text{Ws} = 77{,}76\ \text{kWs}$$

oder eben 77,76 kJ. Zum Vergleich:

Ein Mensch benötigt für seinen Lebenserhalt im Mittel 8400 kJ pro Tag. Diese Energie wird durch Verändern (Oxidieren) von Molekülketten aus Kohlenstoff, Wasserstoff und Sauerstoff (Zucker und Fette) zu Kohlendioxid ($CO_2$) und Wasser ($H_2O$) gewonnen. Der menschliche Organismus erhöht die Entropie der Nahrung und gewinnt dadurch die Energie.

Ein handelsüblicher 9-V-Block-NiMH-Akku kann vielleicht 5 kJ liefern, wenn er in einem sehr guten Zustand ist. Danach ist er leer. Tatsächlich könnte man aber eine Überwachungsschaltung hinzufügen, die den Sender nur dann einschaltet, wenn gerade ein Gespräch im Abhörraum stattfindet. Angenommen, die Überwachungsschaltung benötigt einen Betriebsstrom von 1 mA (das ist schon üppig). Die durchschnittliche Gesprächsdauer pro Tag wird mit einer Stunde angenommen, dann kann man rechnen:

$$E = U \cdot I_0 \cdot t_0 + U \cdot I_A \cdot t_A$$

$$= 9\ \text{V} \cdot 1\ \text{mA} \cdot 23\ \text{h} + 9\ \text{V} \cdot 100\ \text{mA} \cdot 1\ \text{h}$$

$$= 1{,}107\ \text{Wh} = 1{,}107 \cdot \text{Wh} \cdot 3600 \frac{\text{s}}{\text{h}} = 3985{,}2\ \text{Ws}$$

oder eben knapp 4 kJ. Diese Energiemenge kann ein 9-V-Block-Akkumulator (NiMH) liefern.

Das Beispiel soll die Zusammenhänge zeigen. Allerdings sind die Energiemengen beim Energy-Harvesting deutlich kleiner. Schaltungen, die mit Energy-Harvesting zu betreiben sind, müssen besonders energiesparend ausgelegt sein.

Beim Design einer elektronischen Schaltung hat man durchaus auch Einfluss auf den Energiebedarf. Es gibt zahlreiche Maßnahmen, um den Energiebedarf einer Schaltung gering zu halten.

1. Das beginnt damit, dass man sparsame Bauelemente auswählt. Operationsverstärker, Komparatoren und Linearregler mit niedrigem Ruhestrom sind gefragt.
2. Die gesamte Schaltung muss von vorn herein hochohmig ausgelegt sein. Spannungsteiler mit hochohmigen Widerständen (im MΩ-Bereich). Bei der Wahl der aktiven Bauteile ist darauf zu achten, dass diese im hochohmigem Umfeld funktionieren.
3. Mikrocontroller wie die Typenreihe MSP430 von Texas Instruments lassen sich in den „Schlafmodus" schalten und werden erst wieder „wach", wenn eine auszuführende Aufgabe ansteht. Während der „Schlafenszeit" wird im besten Fall nur der Inhalt des Arbeitsspeichers erhalten. Dafür wird nur äußerst wenig Energie benötigt.
4. Taktfrequenzen sollten nur so hoch sein wie es unbedingt zur Erfüllung der Aufgabe notwendig ist. In erster Näherung steigt der Energieverbrauch einer digitalen Schaltung linear mit der Taktfrequenz.

## 1.2 • Besonderheiten der Energiequellen

Elektronische Schaltungen benötigen in der Regel eine konstante Versorgungsspannung, wobei die Spannungsquelle einen für den Anwendungsfall vernachlässigbaren Innenwiderstand haben sollte. Für den Anwendungsfall bedeutet dies: der Innenwiderstand der Quelle ist deutlich kleiner als der Widerstand der angeschlossenen Schaltung während des Betriebes.

Beim „Energy Harvesting" versucht man, aus nicht elektrischen Energiequellen eine elektrische Spannungsquelle oder (seltener) eine elektrische Stromquelle zu formen. Das Ergebnis sind allerdings fast immer Quellen, die in ihren Eigenschaften von den idealen Strom- oder Spannungsquellen sehr weit entfernt sind.

Bei Spannungsquellen ist häufig der Innenwiderstand signifikant hoch. Zudem ist die Urspannung in den seltensten Fällen zur direkten Versorgung elektronischer Schaltungen geeignet. Bei Stromquellen ist es oft umgekehrt: der Innenwiderstand ist vergleichsweise klein und die gelieferten Ströme sind nicht konstant.

Oftmals ist eine Zuordnung der zur Verfügung stehenden Energiequelle als Strom- oder Spannungsquelle gar nicht mehr sinnvoll. In anderen Fällen ändert sich das Verhalten je nach Betriebszustand.

Eine weitere Besonderheit ist die zeitliche Verfügbarkeit. Typische Energiequellen beim „Energy Harvesting" liefern nicht permanent Energie, sondern temporär. In der Regel stimmen die Zeiten währenddessen die Energiequelle liefert, nicht mit den Zeiten überein während Energie benötigt wird.

Diese Einschränkungen erfordern in jedem Fall besondere Maßnahmen zur Aufbereitung der ankommenden Energie. Dazu gehören

- Sammeln und Speichern der Energie während der Zeit, in welcher der Verbraucher nicht aktiv ist. Dies kann im einfachsten Fall elektrisch geschehen mit Hilfe von Kondensatoren oder Akkumulatoren. Aber es gibt auch Beispiele, bei denen die Energie mechanisch mit Hilfe von Schwungrädern oder angehobenen Gewichten zwischengespeichert wird (potentielle Energie).
- Abwärtswandler: bei Quellen mit hohen Quellspannungen werden diese umgewandelt in solche mit kleinen Quellspannungen, wobei sich der Innenwiderstand verkleinert.
- Aufwärtswandler: bei Quellen mit kleinen Quellspannungen werden diese umgewandelt in solche mit größeren Quellspannungen - einhergehend mit einer Vergrößerung des Innenwiderstandes.
- Stromquellen in Spannungsquellen wandeln. Manche Quellen für „Energy Harvesting" verhalten sich wie Stromquellen. Elektronische Schaltungen benötigen aber konstante Gleichspannungen zum Betrieb. Dafür ist eine Wandlerschaltung vorzusehen.

Durch diese, zur Anpassung vorgesehenen, Schaltungen geht Energie verloren. Da beim „Energy Harvesting" nur wenig Energie zur Verfügung steht, müssen diese Schaltungen besonders sorgfältig entwickelt werden. Das Ziel ist die Minimalisierung der Verluste. Dazu gehören fast immer auch Steuer- und Regelungsschaltungen, die ebenfalls auf geringsten Energieverbrauch optimiert sein müssen.

## 1.3 • Aufbereitung

Wie zu erkennen ist: Die direkte Nutzung der Energie aus der Umwelt ist nicht möglich. Leider ist immer eine Aufbereitung erforderlich um dann damit eine elektronische Schaltung zu versorgen. „Leider" deshalb, weil mit der Aufbereitung auch wertvolle Energie verloren geht. Hier nun möchte ich einen groben Überblick geben, was die Aufbereitung bedeutet. Details und konkrete Möglichkeiten sind dann in den einzelnen Kapiteln bei den Projekten zu finden.

Das Bild 1.2 zeigt ein typisches Blockschaltbild eines Energy-Harvesting-Systems. Die Energie aus der Umwelt gelangt in einen Energiewandler, dessen Aufgabe es ist, aus der Umgebungsenergie, die in irgendeiner Form vorliegt, eine elektrische Spannung zur Verfügung zu stellen.

Damit wir als „Maker" mit handelsüblichen Bauteilen auskommen, benötigen wir eine elektrische Gleichspannung von mindestens 1,2 V – gerne mehr! Um dies sicherzustellen, ist fast immer eine Energieaufbereitung erforderlich.

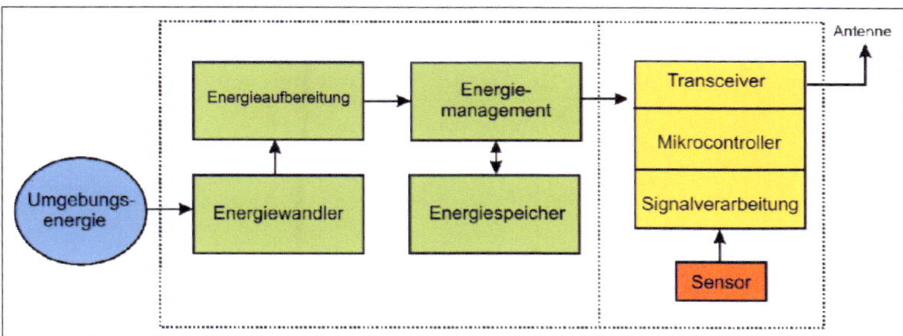


Bild 1.2 • Schema eines Energy-Harvesting-Systems mit Verbraucher.

Da die Energie in der Regel nur zeitweise geerntet werden kann, benötigt man meistens auch einen Speicher. Ein Energie-Management verwaltet die eingehende Energie und entscheidet unter anderem über die Weitergabe an den Verbraucher oder die Speicherung. Damit kann der Verbraucher zu beliebigen Zeiten agieren und ist nicht davon abhängig, wann gerade Energie geliefert wird.

Beim Verbraucher handelt es sich meistens um einen Sensor, der die erfassten Werte z.B. über eine Funkverbindung weitergibt oder als Datenlogger einfach sammelt. Dies ist im Bild 1.2 an der rechten Seite dargestellt. Dazu gehört meistens auch ein Mikrocontroller (oftmals beinhaltet auch das Energiemanagement einen Mikrocontroller). Sollen die Daten drahtlos übermittelt werden, fehlt noch ein Sender (Transceiver). Der Verbraucher muss natürlich auf Sparsamkeit optimiert sein. Er muss mit möglichst wenig Energie auskommen. Am besten „schläft" er die meiste Zeit und wird nur aktiv, wenn Daten aufgenommen, übertragen oder gesammelt werden sollen.

Alle Schaltungen zur Energiewandlung, Energieaufbereitung und zum Energiemanagement müssen natürlich ebenfalls aus der Umgebungsenergie gespeist werden, da ja eine andere Quelle nicht zur Verfügung steht.

### 1.3.1 • Energie wandeln

Bei der Wandlung sind zwei Fälle zu unterscheiden: Der Wandler erhält die Energie in Form einer Gleichspannung (z.B. von einer Solarzelle) oder er erhält eine Wechselspannung (z.B. von einem Dynamo).

#### 1.3.1.1 • Gleichspannung aufbereiten

Die Spannungen sind oftmals winzig – häufig ist deren Wert unter 500 mV. Um eine verwertbare Spannung zu erhalten, wird bei Gleichspannungsquellen als Energiewandler gerne ein sogenannter „Joule Thief" eingesetzt. Das Prinzip von „Joule Thiefs" ist altbekannt: in Elektronik-Büchern aus den 50er Jahren ist das Prinzip des Joule Thiefs umfassend erklärt. Dort hießen diese Schaltungen „Sperrwandler" (und so heißen sie auch noch heute). Beim Sperrwandler handelt sich um eine diskrete elektronische Schaltung, die eine kleine elektrische Gleichspannung in eine höhere elektrische Spannung transformiert. Im Bild 1.3 ist eine Schaltung aus dem Jahre 1969 zu sehen. Diese Schaltung wurde eingesetzt um aus einer Zink-Kohle-Batteriezelle (Monozelle) eine Hochspannungs-Blitzlampe auszulösen.

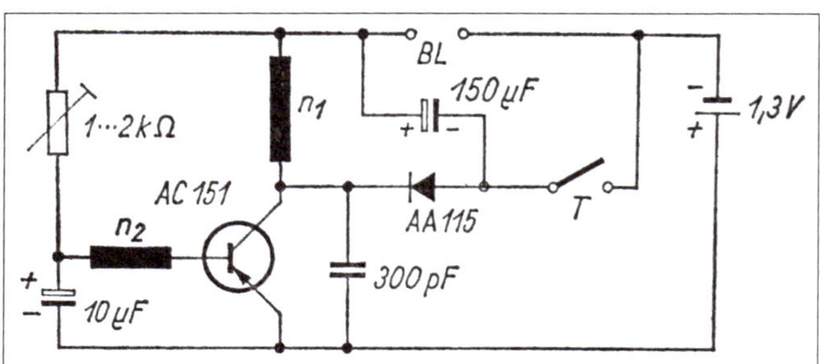


Bild 1.3 • Schaltbild eines Sperrwandlers („Joule Thief") aus den 60er-Jahren. Entnommen aus [17].

Diese Schaltung funktioniert auch heute noch: Die Spulen n1 und n2 sind gut magnetisch verkoppelt. Fließt in n1 ein Strom, dann wird in n2 ein Strom induziert. Die Polarität ist so gewählt, dass der Strom aus n2 den Transistor weiter öffnet. Irgendwann kann der Kollektorstrom und damit der Strom durch n1 aber nicht mehr ansteigen (ein Transistor ist eine gesteuerte Stromquelle). Dann wird in n2 kein Strom mehr erzeugt und der Transistor sperrt abrupt. Die Rückschlagspannung am Kollektor ist so groß, dass der 150-µF-Kondensator über die Germanium-Diode AA115 geladen wird.

Für den Einsatz beim Energy-Harvesting sind wenige Anpassungen erforderlich: der Schalter T entfällt, und BL wird gebrückt. Anstelle der Monozelle wird die Energiequelle angeschlossen (Solarzelle, Thermoelement, etc.).

Die Verbraucherspannung wird beim Energy-Harvesting dann parallel zum 150-µF-Kondensator abgenommen. Heute könnte man 1000 µF oder mehr einsetzen. Zum Schutz des angeschlossenen Verbrauchers kann es sinnvoll sein, parallel zum Kondensator auch eine Zenerdiode anzubringen. Diese schützt den angeschlossenen Verbraucher vor Überspannung. Aus meiner Erfahrung stellt eine Zenerdiode oftmals aber bereits eine zu große Belastung des Sperrschwingers dar. Besser ist eine angepasste Dimensionierung auf die zu versorgende Last, so dass erst gar keine Überspannung auftritt. Die beiden Wicklungen n1 und n2 mit jeweils 60 Windungen werden am besten aus Kupferlackdraht auf einen Schalenkern (Bild 1.4) gewickelt. Der Wickelsinn ist zu beachten. Ist der Wicklungsanfang von n1 am Kollektor des Transistors, dann muss der Wickelanfang von n2 an der Seite mit dem Trimmpotentiometer sein. Die Schaltung wie im Bild 1.3 schwingt selbständig an, wenn die Eingangsspannung angelegt wird und einen Mindestwert von ca. 500 mV erreicht. Bei einem Versuchsaufbau betrug die Schwingfrequenz etwa 8 kHz.

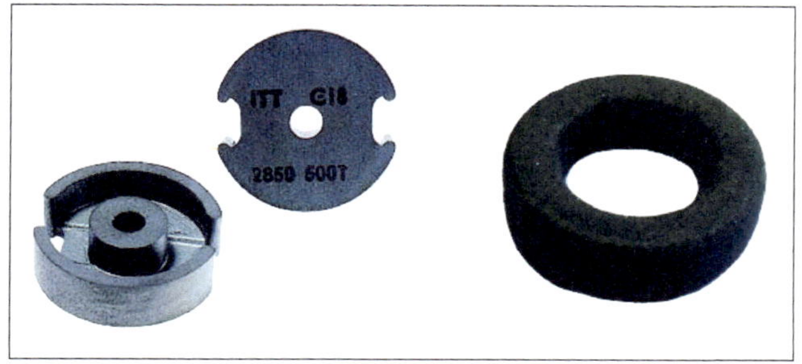


Bild 1.4 • Ein Schalenkern (links) und ein Ringkern (rechts) beide sind für den Bau von Sperrwandlern gut geeignet.

Die Beschaffung der alten Bauteile ist vermutlich schwierig. Für den Germanium-Transistor AC151 kann man einen modernen Silizium-Standardtransistor (z.B. BC556) einsetzen. Die Germanium-Diode AA115 kann ersetzt werden durch eine Silizium-Schottky-Diode (z.B. BAT43). Eventuell erhöht sich dadurch die Mindestspannung, bei der die Schaltung anschwingt. Der 10µF-Kondensator kann entfallen und das Trimmpotentiometer kann man durch einen 1-kΩ-Festwiderstand ersetzen. Mit diesen modernen Bauteilen könnte man n1 und n2 auch aus zwei Luftspulen aufbauen, die übereinander angeordnet werden. Die Schwingfrequenz erhöht sich dadurch, was aber nicht stört, so lange sichergestellt ist, dass die entstehende Hochfrequenz nicht abgestrahlt wird. In den einzelnen Kapiteln werden an verschiedenen Stellen zu den konkreten Projekten passende Sperrwandler vorgestellt.

Noch ein paar Worte zum Kernmaterial (Bild 1.4). Meistens wird man Schalenkerne oder Ringkerne aus der Bastelkiste verwenden. Hoffentlich welche, die irgendwo ausgebaut wurden. Das ist gut für die Umwelt (Recycling) und gut für unseren Geldbeutel. Dann verwendet man einfach diese und macht ein paar Versuchsaufbauten. Sofern die Kerne aus zerlegten Schaltnetzteilen oder alten Sparlampen stammen, ist das Material in aller Regel für den Bau von Sperrwandlern vorzüglich geeignet. Anmerkung: Vorsicht beim Zerlegen von alten Sparlampen! Der Glaskörper der Sparlampe enthält giftige Stoffe. Er sollte unversehrt bleiben und als Sondermüll entsorgt werden!

Steht kein Kernmaterial zur Verfügung und muss dieses erst eingekauft werden, dann kann man aus zwei Hauptgruppen auswählen:

Ferromagnetisches Material mit einer moderaten Permeabilität von $\mu_r$ = 20 bis $\mu_r$ = 800. Dieses Material ist in der Regel aus Nickel-Zink (NiZn). Die Kerne weisen einen hohen Volumenwiderstand und eine mäßige Stabilität auf, bieten aber hohe Güten im Frequenzbereich von 500 kHz bis 100 MHz. Die sind für Anwendungen im Hochfrequenzbereich vorgesehen. Beim Energy-Harvesting sind die Betriebsfrequenzen des Sperrwandlers immer niedriger als 500 kHz. Lediglich beim Energy-Harvesting aus Rundfunkwellen kann das Material eine Rolle spielen.

Der zweite Haupttyp ist ferromagnetisches Material mit hoher Permeabilität von $\mu_r$ = 800 bis $\mu_r$ = 15.000. Dieses Material ist im Allgemeinen aus Mangan-Zink (MnZn). Es hat einen recht niedrigen Volumenwiderstand und eine mittlere Sättigungsflussdichte. Es bietet hohe Güten im Frequenzbereich von 1 kHz und 1 MHz. Kerne aus dieser Materialgruppe werden auch verbreitet für Transformatoren in Schaltnetzteilen eingesetzt, die mit 20...100 kHz Schaltfrequenz arbeiten. Ihre steile Sättigungscharakteristik erlaubt den Einsatz in Transformatoren, die mit Eigensättigung arbeiten. Sie können aber auch ungesättigt betrieben werden. Genau dies ist beim Energy-Harvesting immer der Fall. Die $A_L$-Werte sind im Gegensatz zu den Eisenpulver-Materialien in der Einheit nH/N$^2$ angegeben. Diese Einheit ist übrigens zahlenmäßig identisch mit der Einheit mH/(1000)$^2$, die gelegentlich auch zu finden ist.

Details zum konkreten Aufbau der Spulen und Übertrager sind dann in späteren Kapiteln bei den realen Projekten zu finden.

### 1.3.1.2 • Wechselspannung aufbereiten

Kommt die Energie in Form einer Wechselspannung daher, dann benötigt man einen Gleichrichter / eine Diode und meistens auch eine Vervielfacherschaltung [1], die die gleichgerichtete Spannung auf einen verwertbaren Wert anhebt und viele Dioden beinhaltet. Beim Einsatz einer Diode als Gleichrichter ergibt sich auf den ersten Blick das grundsätzliche Problem, dass die Schwellspannung des PN-Übergangs überwunden werden muss. ~~Das~~ Bild 1.5 zeigt die Schwellspannung verschiedener Silizium-, Germanium-Spitzen- und Silizium-Schottky-Dioden.

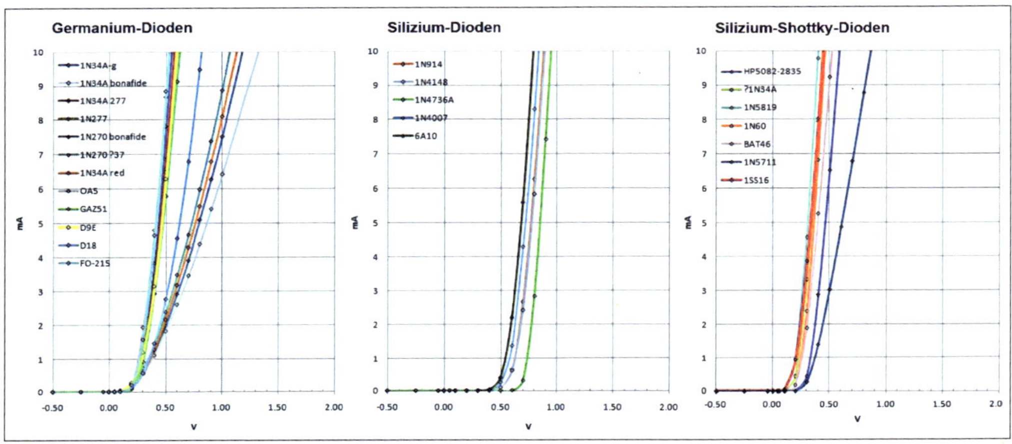


Bild 1.5 • Vergleich der Schwellspannung verschiedener Dioden-Typen.

Selbst bei modernen Schottky-Dioden betragen die Schwellspannungen im besten Fall $U_S$ = 200...300 mV. Neben der erfreulich niedrigen Schwellspannung ist bei Schottky-Dioden der Sperrstrom deutlich größer – was für Energy-Harvesting aber nicht günstig ist. Auch die parasitäre Sperr-Kapazität ist vergleichsweise groß – weshalb sie für Energy-Harvesting mit Hochfrequenzwellen (Kapitel 3) in manchen Fällen nicht benutzbar sind.

Germanium-Spitzendioden können mit winziger parasitärer Kapazität aufwarten. Die Schwellspannungen sind ähnlich wie bei Schottky-Dioden. Leider sind sie aber schlecht verfügbar.

Bei Standard-Silizium-Dioden liegen die Kapazitätswerte zwischen Germanium-Spitzendioden und Schottky-dioden. Die Schwellspannungen sind aber deutlich größer als bei den beiden anderen Typen. Der Sperrstrom ist allerdings im Allgemeinen deutlich kleiner als bei Schottky-Dioden.

Im Bild 1.6 ist die Ersatzschaltung einer Diode in Durchlassrichtung (links) und in Sperrrichtung (rechts) skizziert. In Vorwärtsrichtung lässt sich die Diode als eine Reihenschaltung, bestehend aus der Spannungsquelle $U_f$ und einem niederohmigen Leit- oder Durchlasswiderstand $R_f$ darstellen (*f* für engl. „forward"). Der „Diodenschalter" S ist geschlossen. Der fließende Strom $I_f$ verusacht an zwei Stellen Verlustleistung: an der „Spannungsbarriere" $U_f$ und am Durchlasswiderstand $R_f$:

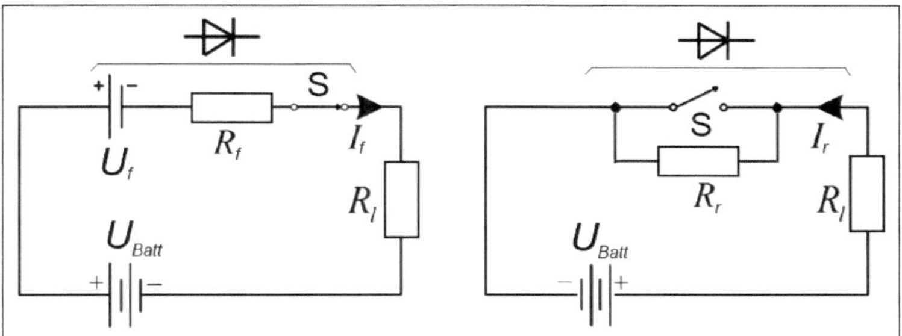


Bild 1.6: Diode in Durchlassrichtung (links) und in Sperrrichtung (rechts).
$U_f = U_F \quad I_f = I_F \quad U_r = U_R \quad I_r = I_R$

$$P_{ON} = U_f \cdot I_f + R_f \cdot I_f^2$$

Sofern der Arbeitspunkt weit genug oberhalb der Schwellspannung liegt, ist der Durchlasswiderstand $R_f$ vergleichsweise klein. Die an ihm auftretenden Verluste sind oft vernachlässigbar. Es bleiben die Verluste an der Spannungsquelle $U_f$. Dabei handelt es sich um die Schleusenspannung $U_S$ ab der die Diode leitet.

In Sperrrichtung (Bild 1.6, rechts) ist der „Diodenschalter" geöffnet. Parallel zum Schalter liegt der hochohmige Sperrwiderstand $R_r$ (r für engl. „reverse"). Es fließt als Sperrverlust der (hoffentlich winzige) Strom $I_r$.

$$P_{OFF} = R_r \cdot I_r^2$$

Nicht nur beim Energy-Harvesting ist natürlich zu fordern: $I_r << I_f$

Das wesentliche ist aber die Tatsache, dass im Energy-Harvesting die Dioden nahe dem Nulldurchgang – dem Knickbereich der Kennlinie – betrieben werden. Der Grund dafür ist die von den Quellen abgegebene niedrige Urspannung, die oftmals kleiner ist als die Schwellenspannung $U_S$ (< 700 mV). In diesem Bereich kann die zu überwindende Spannung ($U_f$ in der obigen Formel) nicht als konstant angenommen werden.

Im Bild 1.7 (nächste Seite) habe ich diesen Bereich etwas übertrieben skizziert. Die gestrichelte Linie ist stellvertretend für den Widerstand der Diode in der Nähe des Nullpunkts. Bei der Kennlinie mit ‚weichem' Übergang ist dieser Widerstand deutlich kleiner als bei der Kennlinie mit ‚abruptem' Übergang.

Je weicher der Knick im Durchlassbereich, desto leichter ist auch bei kleinen Spannungen ein Gleichrichteffekt erreichbar. Bei der Diode mit scharfem Knick muss der mit dem blauen Rechteck aufgespannte Spannungsbereich überschritten werden, um einen Gleichrichteffekt zu erhalten. Unterhalb des Knicks ist der Widerstand sehr hoch – auch für Spannungen mit ‚Durchlasspolarität'.

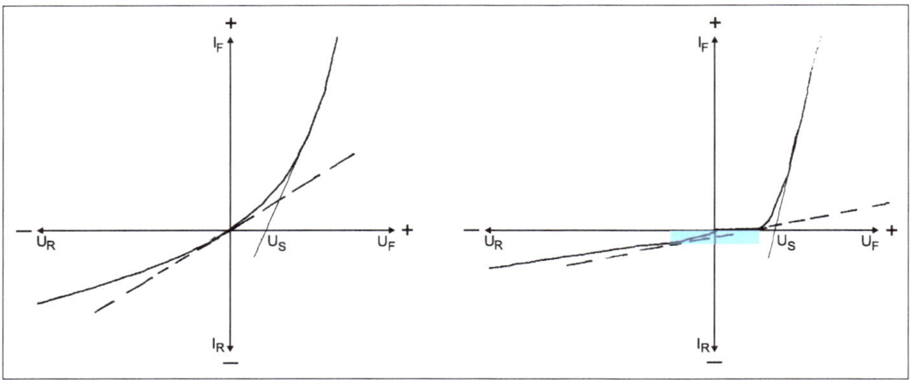


Bild 1.7 • Kennlinie $I = f(U)$ von zwei Dioden um den Nullpunkt herum. Mit weichem Knick (links) und mit hartem Knick (rechts).
$U_f = U_F$ $I_f = I_F$ $U_r = U_R$ $I_r = I_R$

Das Bild 1.7 macht deutlich: Für Energy-Harvesting ist nicht nur die Schwellspannung $U_S$ relevant, sondern vor allem der absolute Widerstand unterhalb des Knickbereiches und das Verhältnis zwischen Sperr- und Leitwiderstand. Die gestrichelte Linie im Bild 1.7 steht stellvertretend für den Widerstand der Diode. Für positives $U_F$ handelt es sich um den Widerstand in Durchlassrichtung $R_f$. Für negatives $U_R$ handelt es sich um den Widerstand in Sperrrichtung $R_r$. Bei der Diode mit weicher Kennlinie ist der Widerstand in der Umgebung des Nullpunktes für die Durchlassrichtung und für die Sperrrichtung gleich. Wird die Spannung nur geringfügig größer, ist der Widerstand im Durchlassbereich kleiner als der Widerstand im Sperrbereich. Das erkennt man daran, dass die Kurve im Durchlassbereich steiler wird, und im Sperrbereich flacher.

Anders sind die Verhältnisse bei der Diode mit der steileren Kennlinie. Die gestrichelte Linie steht wieder stellvertretend für den Widerstand der Diode. Die Diodenkennlinie berührt die Widerstandslinie an zwei Stellen. Die Spannung muss größer werden als der durch das blaue Rechteck aufgespannte Bereich. Erst dann wird der Widerstand im Durchlassbereich kleiner als der im Sperrbereich.

Oftmals kann die Schwellspannung gar nicht überwunden werden, weil die von der Quelle gelieferte Spannung zu klein ist. Wenn aber die Bedingung

$$\frac{R_r}{R_f} > 1 \qquad (1.5)$$

$R_r$ = Widerstand der Diode in Sperrrichtung (reverse)
$R_f$ = Widerstand der Diode in Durchlassrichtung (forward)

erfüllt ist, dann findet auch unterhalb der Schwellspannung eine Gleichrichtung statt. Im Übrigen wurde dies bereits Anfang des 20. Jahrhunderts bei den Detektor-Empfängern für Rundfunkzwecke ausgenutzt. Bild 1.8 zeigt beispielhaft das Widerstandsverhältnis $\mathbf{R}_r/R_f$ bei der Germanium-Diode AA118. Das Diagramm ist aus einem alten Datenbuch von

Siemens entnommen. Man erkennt, dass bereits bei einer Spannung von 50 mV das Verhältnis deutlich größer ist als 1. Erst in der Nähe von 5 mV sind Sperr- und Durchlasswiderstand gleich groß, so dass dann keine Gleichrichterwirkung mehr vorhanden ist.

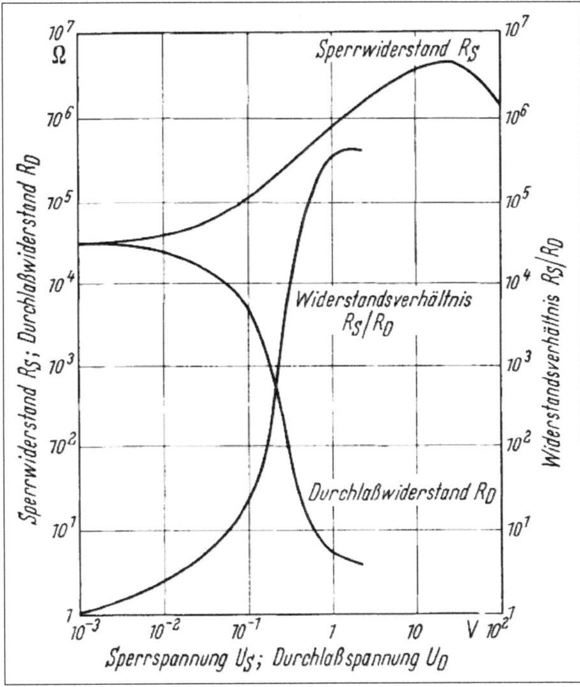


Bild 1.8 • Durchlass- und Sperrwiderstand der Germanium-Diode AA118 in Abhängigkeit von der angelegten Spannung. $R_S = R_r$; $R_D = R_f$.

Leider werden in neueren Datenblättern Kennlinien wie im Bild 1.8 nicht mehr abgedruckt. Bei Bedarf muss man die Diode selbst ausmessen oder die Widerstände aus eventuell gegebenen Diodenkennlinie berechnen. Das Ausmessen der Diodenkennlinie im Bereich um den Nullpunkt ist allerdings alles andere als trivial. In normalen Elektronischen Werkstätten sind Brummspannungen um die 10 mV auf den Leitungen nichts besonderes. Diese Art Messung funktioniert deshalb nur wirklich gut in abgeschirmten Kammern und mit ausreichend empfindlichen Messgeräten.

Ich habe trotzdem an meinem häuslichen Arbeitsplatz verschiedene Versuche unternommen. Dabei verwendete ich einen Transientenrecorder (enthalten in einem Velleman PCS-GU250 PC-Oszilloskop). Bei der Versuchsanordnung wurde die Katode der Diode in Reihe mit einem 3900-Ω-Widerstand nach Masse betrieben. Die Spannungsquelle durchlief den Wertebereich von –8 V bis +2 V in 20 Sekunden. Der Messwert in Ordinatenrichtung ist somit das Maß für den Strom durch die Diode. Die Steilheit der Kennlinie kennzeichnet den Widerstand.

Das Ergebnis ist im Bild 1.9 zu sehen. Es zeigt einen kleinen Ausschnitt der Kennlinie. Bei der Germaniumdiode (Bild 1.9, links) ist der Knickbereich weniger scharf. Bereits bei einer Eingangswechselspannung von 50 mVs (Scheitelwert) ist der Durchlasswiderstand kleiner ist als der Sperrwiderstand. Es müsste sich also ein Gleichrichteffekt ergeben. Die Siliziumdiode (Bild 1.9, rechts) ist bis ca. 100 mV sehr hochohmig. Dann beginnt abrupt der Durchlassbereich – also der Bereich bei der sich der Widerstand der Diode verkleinert.

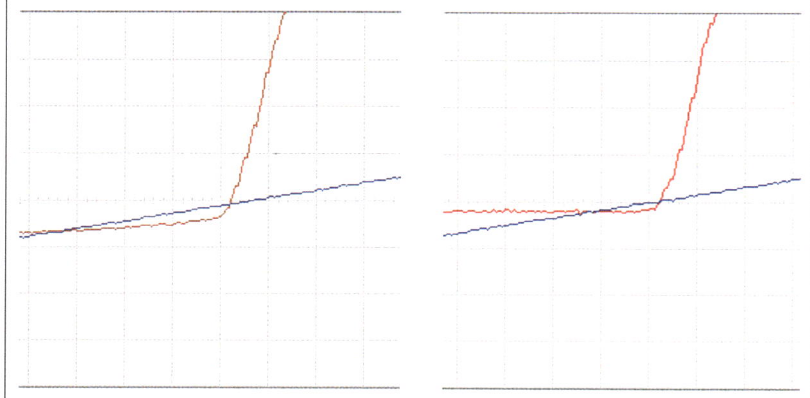

Bild 1.9 • Messung der Kennlinie von Dioden im Übergangsbereich vom Sperr- in den Durchlassbereich. Links eine Germanium-Diode OA85; rechts eine Silizium-Diode 1N4148.
Die rote Linie zeigt den Durchlassstrom mit 25,6 μA/div in y-Richtung (100 mV/div auf dem Oszilloskop). Die blaue Linie zeigt die Eingangsspannung mit 3 V/div. In beiden Fällen gilt für die Abszissenachse: 500 mV/div.

Grob kann angegeben werden, dass das Verhältnis nach Gleichung (1.5) in der Umgebung des Nullpunktes bei Dioden aus Germanium ungefähr 27:1 ist. Bei Silizium-Schottkydioden ist es ca. 40:1 und bei gewöhnlichen Silizium-Kleinsignaldioden 1:1. Gewöhnliche Silizium-Dioden sind deshalb beim Energy-Harvesting nur sinnvoll einsetzbar, wenn die Energiequelle selbst bereits eine vergleichsweise hohe Urspannung bereitstellt.

Neben dem Widerstandsverhältnis nach Gleichung (1.5) ist selbstverständlich auch der absolute Widerstandswert von großer Bedeutung. Beim harten Übergang (Bild 1.7 rechts) ist der Widerstand vor dem Knickbereich sehr hoch. Das ist am flachen Verlauf der Kennlinie zu erkennen. Im markierten Rechteck vor dem Knick ist der Widerstand deshalb sehr hoch. Dieser Widerstand liegt aber in der Zuleitung zur Energy-Harvesting-Quelle und behindert so den Energiefluss. Bei der Kennlinie im Bild 1.7 links sind die Widerstände im Übergangsbereich zwischen Durchlass- und Sperrbereich vergleichsweise kleiner, so dass damit eine Chance besteht, die Energie weiter zu leiten. In der Energietechnik ist ein weicher Übergang zwischen Sperr- und Durchlassbereich unerwünscht, denn das führt zu Verlusten. Beim Energy-Harvesting ist es erwünscht und ermöglicht oftmals überhaupt erst die Ernte.

Die Messung der absoluten Widerstände gelingt, in dem man in Reihe mit der Diode einen bekannten Widerstand schaltet. Der Wert des Widerstandes sollte so gewählt werden, dass Ströme fließen wie sie später auch beim Energy-Harvesting zu erwarten sind. An diese Reihenschaltung wird eine Spannung angelegt. Gleichzeitig wird der Strom durch die Reihenschaltung gemessen. Die Spannung an der Diode und damit auch der Widerstand der Diode lässt sich dann berechnen. Im Bild 1.10 ist dies skizziert.

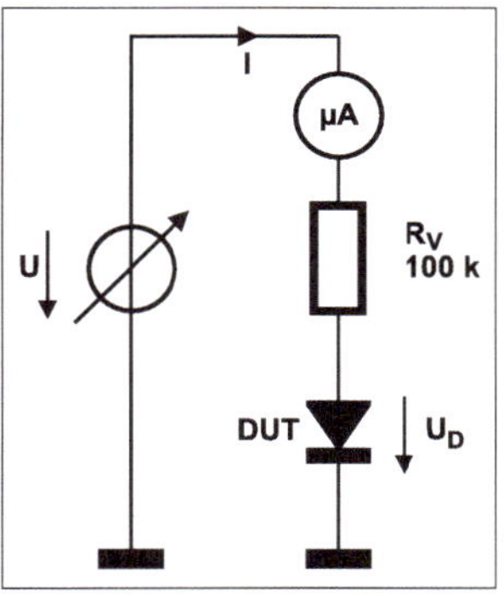


Bild 1.10 • Vorschlag zur Messung des Widerstandes von Dioden bei kleinen Strömen.

$$U_D = U - (I \cdot R_v)$$

$$R_f = \frac{U_D}{I} = \frac{U - (I \cdot R_v)}{I} = \frac{U}{I} - R_v$$

Im Bild 1.11 (nächste Seite) sind einige Ergebnisse der Messanordnung nach Bild 1.10 zu sehen. Es wurden die Dioden 1N60, BAT43 und 1N4148 ausgemessen. Nur bei der Germanium-Diode konnte ich einen Sperrwiderstand messen der kleiner ist als 300 kΩ. Bei der Schottky-Diode BAT43 und auch bei der Silizium-Standard-Diode 1N4148 ist der Sperrwiderstand so groß, dass er in den Diagrammen nicht sichtbar ist. Das ist zunächst gut und wünschenswert. Allerdings ist unterhalb der Schwellspannung eben auch der Widerstand im Durchlassbereich bei den beiden Silizium-Dioden deutlich größer als bei der Germanium-Diode. Vor allem bei der Standard-Diode 1N4148 ist dies deutlich zu sehen. Bereits für Spannungen ab ca. 280 mV abwärts steigt der Durchlasswiderstand $R_f$ über 300 kΩ. Selbst wenn die Bedingung nach Gleichung (1.5) an einer Stelle der Kennlinie erfüllt ist, kann diese Diode für Energy-Harvesting kaum in Frage kommen. Ein Strom von einem µA verusacht in einem Widerstand von 300 kΩ bereits zu einem Spannungsabfall von 300 mV, den die Energy-Harvesting-Quelle erst mal aufbringen muss.

Fazit: Beim Energy-Harvesting ist meistens eine Diode mit weichem Übergang und vergleichsweise niedrigem Widerstandswert unterhalb des Knicks essentiell für den Erntevorgang. Eine Ausnahme bilden allenfalls Applikationen, bei denen die Energy-Harvesting-Quelle bereits eine vergleichsweise hohe Spannung liefert.

### 1.3.2 • Energie speichern

Bei temporär betriebenen Schaltungen, bei denen die elektrische Energie also nur zeitweise zur Verfügung stehen muss, kann man versuchen, die eintreffende Leistung über die Zeit zu sammeln. Dann lässt sich temporär mehr Energie zur Verfügung stellen als permanent eingeht. Das lieferbare Energieangebot ergibt sich aus dem über die Zeit aufsummierten (integrierten) Produkt aus momentaner Leistung und Zeit.

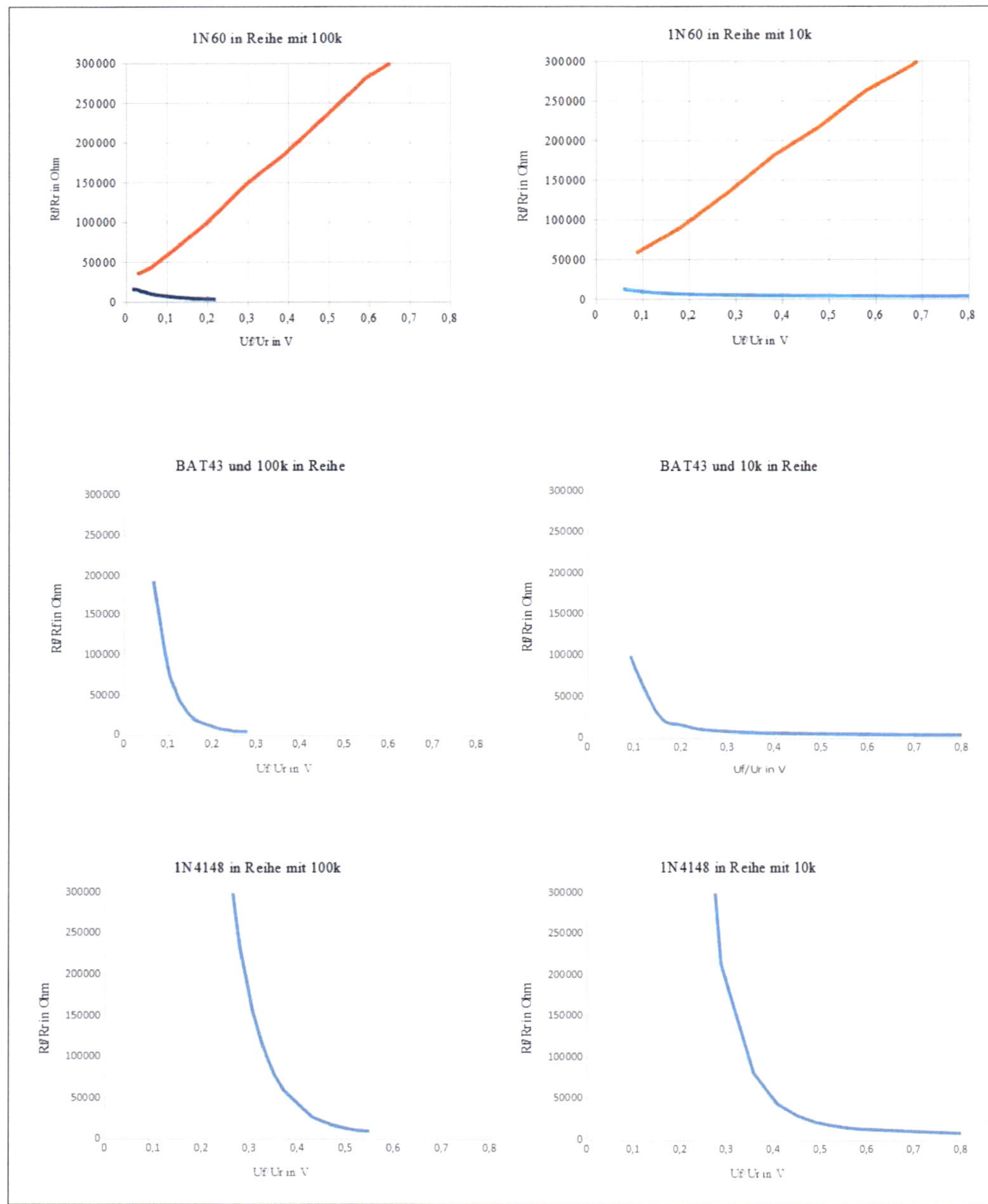


Bild 1.11 • Ergebnis der Messung nach Bild 1.10 bei drei Dioden. Auf der Abszissenachse ist die Durchlassspannung $U_f$ bzw. die Sperrspannung $U_r$ aufgetragen. Auf der Ordinatenachse der Durchlasswiderstand $R_f$ bzw. der Sperrwiderstand $R_r$. Bei den Dioden BAT43 und 1N4148 ist die Kennlinie für den Sperrwiderstand nicht sichtbar. Sie liegt außerhalb des dargestellten Bereichs.
Linke Spalte: es wurde ein Vorwiderstand von 100 kΩ verwendet. Rechte Spalte: es wurde ein Vorwiderstand von 10 kΩ benutzt. Die Details zum Messergebnis stehen im Text.

### 1.3.2.1 • Kondensatoren und Akkumulatoren als Energiespeicher

Die in einem Kondensator oder Akkumulator gespeicherte Energie ist idealerweise das Produkt aus Strom und Spannung über die Zeit. Hier als Eingangsenergie gekennzeichnet:

$$E_{in} = \int_{t_0}^{t_i} U_{in} \cdot I_{in} \cdot dt \qquad (1.6)$$

$E_{in}$ = eingehende Energie (hier elektrische Energie) in Joule
$U_{in}$ = elektrische Spannung in Volt
$I_{in}$ = elektrischer Strom in Ampere
$t_0$ = Zeit am Anfang des betrachteten Zeitraums
$t_i$ = Zeit am Ende des betrachteten Zeitraums

In der Regel sind sowohl die gelieferte Spannung als auch der gelieferte Strom abhängig von der Zeit.

Die benötigte Energie ist in der Regel deutlich besser bekannt. Sie ist das Produkt aus der Versorgungsspannung der zu betreibenden Schaltung und dem aufgenommenen Strom sowie der Einschaltzeit. Hier als Ausgangsleistung gekennzeichnet:

$$E_{out} = U_o \cdot I_o \cdot t_{out} \qquad (1.7)$$

Bedingung ist nun, dass die Energie die eingeht (Eingangsenergie $E_{in}$), größer sein muss als die genutzte Energie (Ausgangsenergie $E_{out}$), denn leider geht beim Sammeln auch wieder Energie verloren. Diesen Verlust gilt es zu minimieren.

Mit Hilfe eines Kondensators lässt sich elektrische Energie einfach und relativ verlustarm sammeln und speichern. Voraussetzung ist, dass die speisende Quelle (Bild 1.12 im gestrichelten Kasten) eine ausreichend hohe Leerlaufspannung bietet. Diese Leerlaufspannung ermöglicht das sukzessive Aufladen eines Kondensators, denn sie treibt einen Strom in den Kondensator. Der Ladestrom ergibt sich aus der Höhe der Leerlaufspannung, der Größe des Innenwiderstandes $R_i$ und der aktuellen Kondensatorspannung $U_C$. Der Ladestrom fließt natürlich nur so lange Folgendes gilt: $U_0 > U_C$

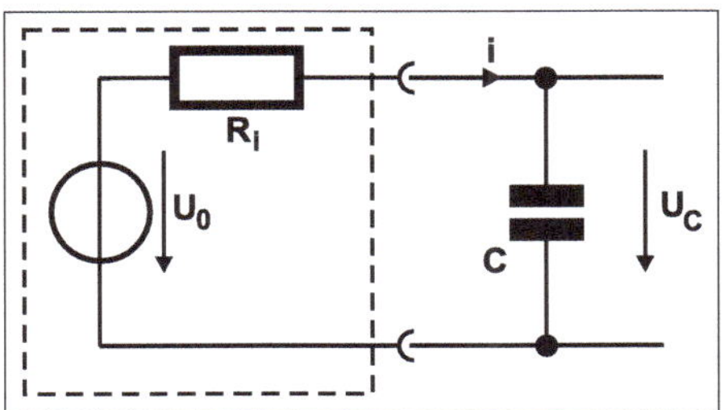


Bild 1.12 • Ein Kondensator als „Energiesammler".
$U_0$: Leerlaufspannung der Quelle.
$U_C$: Spannung am Kondensator.

Der von der Energiequelle gelieferte Strom ist häufig nicht konstant. Er wird dazu verwendet, den Kondensator aufzuladen. Je nachdem, welchen Strom die Quelle liefern kann, geschieht das Aufladen mehr oder weniger schnell. Die Kondensatorspannung steigt dabei proportional mit dem einfließenden Strom.

$$U_C = \frac{i \cdot t}{C} \tag{1.8}$$

$U_C$ = Spannung am Kondensator in V
$i$ = der Strom, der in den Kondensator fließt in A
$C$ = die Kapazität des Kondensators in F
$t$ = Zeit in s

Im Kondensator wird die Energie in einem elektrischen Feld gespeichert. Für diese Energie gilt:

$$E = \frac{1}{2} \cdot C \cdot U_C^2 \tag{1.9}$$

$E$ = Energie im Kondensator in Ws
$C$ = Kapazität des Kondensators in F
$U_C$ = Spannung am Kondensator in V

Die Kondensatorspannung ist ein Maß für die gespeicherte Energie. Die gespeicherte Energie steigt proportional mit dem Quadrat der Kondensatorspannung. Die im Bild 1.12 dargestellte Anordnung hat den Vorteil, dass auch winzigste Ströme den Kondensator aufladen. Über die Zeit sammelt sich im Kondensator dann die Energie an, die dann für den temporären Betrieb einer Elektronikschaltung verwendet werden kann.

Der eingesetzte Kondensator muss sorgfältig ausgewählt werden. Damit die nur geringen Energiemengen nicht verloren gehen, muss vor allem der Leitwert des Dielektrikums minimal sein. In der Hochfrequenztechnik wird dies durch den Verlustfaktor (tan $\delta$) mit ausgedrückt. Dieser beinhaltet alle nicht kapazitiven Verluste. Er soll möglichst klein sein [3]. Interessant ist in unserem Fall aber nur der parasitäre Parallelwiderstand des Kondensators. Dieser ergibt sich aus dem Leitwert des Dielektrikums und dem Leitwert, der sich durch den Aufbau des Kondensators ergibt (Anschlüsse, Ummantelung, etc.). Eventuell ist auch der parasitäre Serienwiderstand des Kondensators interessant – nämlich dann, wenn (kurzzeitig) größere Ströme entnommen werden müssen. Noch mehr Details findet man in [4] im Abschnitt „Spezialitäten" oder in [1] im Abschnitt 8.3.2.

Unser Speicherkondensator soll viel Energie speichern können. Das bedeutet: die Kapazität muss groß sein. Leider sind gerade bei Kondensatoren mit großer Kapazität die Leitwerte für das Dielektrikum vergleichsweise hoch. In Frage kommen Aluminium-Elektrolytkondensatoren. In den Datenblättern ist bei diesem Kondensatortyp häufig der „Reststrom" oder „Leckstrom" angegeben. Er ist umso größer, je größer die Kapazität ist.

Ganz grob kann man für unsere Anwendung bei 20 °C Umgebungstemperatur ansetzen:

$$\frac{I_{leck}}{\mu A} = \frac{U_C}{V} \cdot \frac{C}{\mu F} \cdot 0{,}01 \tag{1.10}$$

mit $C$ in µF, $U$ in V und $I_{leck}$ in µA.

Für unsere Anwendung muss der zur Verfügung stehende Ladestrom deutlich größer sein als der Leckstrom. Der Leckstrom steigt übrigens auch geringfügig mit der angelegten Spannung und mit der Temperatur. Eine Leckstrommessung sollte also bei der höchsten für die Anwendung zugelassenen Temperatur und bei der höchsten vorkommenden Betriebsspannung erfolgen.

Es wird deutlich: Die Maxime „je größer die Kapazität, desto besser" führt nicht zum Ziel. Die Kapazität des Kondensators sollte knapp gewählt werden – gerade so, dass es zum Betrieb der Schaltung ausreicht. Dann sind auch die Verluste für die jeweilige Anwendung minimal.

Außerdem ist zu beachten, dass wir Spannungen erhalten, die für die Versorgung elektronischer Schaltungen geeignet sind. In Gleichung (1.8) steht die Kapazität im Nenner. Bei großen Kapazitäten und kleinen Ladeströmen wird es sehr lange dauern, bis die Spannung am Kondensator eine ausreichende Größe erreicht hat. Im Extremfall wird gar keine Spannung aufgebaut, weil der Ladestrom in der Größenordnung des „Leckstroms" liegt.

Anstelle des Kondensators kann auch direkt ein Akkumulator eingesetzt werden. Voraussetzung ist allerdings, dass die Quelle einen ausreichend hohen Ladestrom erzeugen kann, der über die Selbstentladung des Akkumulators deutlich hinausgeht. Weiterhin ist bei einem Akkumulator der Ladezustand zu überwachen [1]. Überladung und auch Tiefentladung führen zu Schäden am Akkumulator bis hin zum Totalausfall. Eine Akku-Überwachungsschaltung benötigt allerdings wieder Energie, die für die eigentlich gedachte Anwendung verloren ist.

Wenn die Lade- Entladezyklen relativ dicht aufeinander folgen ist es denkbar, alternativ zu Akkumulatoren sogenannte Superkondensatoren (SuperCaps) zu benutzen. Mittlerweile gibt es Kondensatoren auch mit Kapazitäten von 100...500 F oder gar 4000 F. Allerdings nur für kleine Spannungen in der Größenordnung 2 bis 5 V. Aktuell ist mir nur ein Speicherkondensator bekannt, der bei 15 F mit einer Spannung von bis zu 8,4 V beaufschlagt werden darf und über die üblichen Händler auch für Maker verfügbar ist. Dieser stammt von der Firma Vishay und wird in einer Fabrik in Deutschland gefertigt. Serienschaltung ist bei Superkondensatoren äußerst problematisch. Zum Vergleich: Bereits ein einzelner NiMH-Akkumulator der Größe Mignon ($U$ = 1,2 V) hat eine Kapazität von 1,8 Ah, was einer gespeicherten Energie von 2,16 Wh entspricht. Um diese Energie in einen Kondensator zu speichern müsste dieser eine Kapazität von

$$W = \frac{1}{2} \cdot C \cdot U^2$$

$$C = \frac{2\,W}{U^2} = \frac{2 \cdot 2{,}16\ \text{Wh} \cdot \frac{3600\ \text{s}}{\text{h}}}{(1{,}2\ \text{V})^2} = 10800\ \text{F}$$

aufweisen! Anders als Superkondensatoren kann man NiMH-Akkumulatoren problemlos in Serie schalten um höhere Spannungen zu generieren.

Zudem ist der Leckstrom bei Superkondensatoren oft höher als bei Akkumulatoren oder herkömmlichen Elektrolytkondensatoren. Deshalb macht der Einsatz keinen Sinn, wenn die Ladung über längere Zeit gespeichert werden muss. Wie beim Akkumulator gilt auch hier, dass der von der Energiequelle gelieferte Strom deutlich größer sein muss als der Leckstrom des Superkondensators. Ansonsten wird sich der Kondensator nicht aufladen.

Weiter ist zu berücksichtigen, dass das Lade-, Entladeverhalten der Kondensatoren sich grundsätzlich von dem der Akkumulatoren unterscheidet. In [1] sind die Details beschrieben. Anders als beim Akkumulator ist die Spannung am Kondensator im praktischen Betrieb nie konstant. Sowohl beim Laden als auch beim Entladen steigt bzw. fällt die Spannung am Kondensator kontinuierlich.

$$U_{C(t)} = \frac{I}{C} \cdot t \qquad (1.11)$$

Das ist für die Versorgung von elektronischen Schaltungen eher ungünstig. Es wird immer ein Wandler benötigt der die Spannung für die zu versorgende Schaltung konstant hält. Typischerweise ist das ein Hochsetzsteller.

Superkondensatoren sind hochempfindliche Bauteile. Die Vorschriften der Hersteller sind unbedingt zu beachten. Das betrifft z.B. den maximalen Ladestrom. Theoretisch gibt es keinen maximalen Ladestrom - in der Praxis aber doch. Allerdings: beim Energy-Harvesting wird dies in der Regel keine Rolle spielen, da die von den Energiequellen lieferbaren Ströme sowieso meist winzig sind.

#### 1.3.2.2 Mechanisch Energie speichern

Es gibt natürlich noch viele andere Möglichkeiten Energie zu sammeln. Die meisten Elektromotoren können auch als Generator arbeiten. Mit einem Motor und einer Seilwinde kann man ein Gewicht anheben. Immer dann, wenn Energie zur Verfügung steht, wird damit der Motor betrieben. Dieser hebt ein Gewicht an. Wenn keine Energie zur Verfügung steht, sinkt das Gewicht nach unten und treibt dann den Motor an, der in diesem Fall als Generator arbeitet.

Diese Struktur, eine Motorgetriebene Seilwinde, lässt sich in unterschiedlichsten Größen und Varianten aufbauen. Es wird immer auch ein Getriebe benötigt. Dieses ermöglicht, dass ein kleiner Motor, der von einer Energy-Harvesting-Quelle angetrieben werden kann, eine vergleichsweise große Masse anhebt. Weiterhin sorgt es dafür, dass beim Abrufen der Energie diese nicht in einem kurzen Impuls (Absturz des Gewichtes) abgegeben wird, sondern über den notwendigen Zeitraum gestreckt wird.

Durch das Anheben des Gewichtes entsteht potentielle Energie $E_p$. Diese lässt sich ermitteln mit der Formel

$$E_p = m \cdot g \cdot h \qquad (1.12)$$

$m$ = Masse, die angehoben wird in kg
$g$ = Fallbeschleunigung = 9,81 m/s$^2$
$h$ = Hubhöhe in m

Angenommen, die Seilwinde ist 1 m hoch und das Gewicht wiegt 1 kg. Dann ergibt sich eine speicherbare Energie von 9,81 Ws (entsprechend ca. 2,7 mWh). Diese kann man natürlich nicht vollständig nutzen. Ein Teil geht bei der Rückgewinnung in elektrische Energie als Wärme verloren. Die Seilwinde verursacht Reibungsverluste und der Generator hat einen Wirkungsgrad kleiner 1.

Mit der Beziehung

$$P_{\mathrm{M}} \cdot t = E_{\mathrm{p}}$$

$$P_{\mathrm{M}} \cdot t = m \cdot g \cdot h$$

$$t = \frac{m \cdot g \cdot h}{P_{\mathrm{M}}}$$

lässt sich dann abschätzen, wie lange es dauert, bis das Gewicht hochgezogen ist. Dabei ist $P_{\mathrm{M}}$ die Leistung, die an der Getriebewelle abgegeben werden kann, und $t$ die Zeit in Sekunden.

Angenommen, unsere Energy-Harvesting-Quelle kann zeitweise bis zu 100 mW liefern. Diese Leistung wird einem Gleichstrommotor zugeführt. Der Wirkungsgrad des Motors samt Getriebe wird mit 75% veranschlagt. Dann kommt am Zugseil eine Leistung an von

$$\eta = \frac{P_{\mathrm{ab}}}{P_{\mathrm{zu}}}$$

$$\eta = \frac{P_{\mathrm{M}}}{P_{\mathrm{zu}}}$$

$$P_{\mathrm{M}} = \eta \cdot P_{\mathrm{zu}} = 0{,}75 \cdot 100\ \mathrm{mW} = 75\ \mathrm{mW}$$

Die Quelle muss also über eine Zeit von mindestens

$$t = \frac{1\ \mathrm{kg} \cdot 9{,}81\ \frac{\mathrm{m}}{\mathrm{s}^2} \cdot 1\ \mathrm{m}}{0{,}075\ \mathrm{W}} = \\ = \frac{9{,}81\ \mathrm{Nm}}{0{,}075\ \mathrm{W}} = \frac{9{,}81\ \mathrm{Ws}}{0{,}075\ \mathrm{W}} = 130{,}8\ \mathrm{s} \approx 131\ \mathrm{s}$$

2 Minuten und 11 Sekunden eine Leistung von 100 mW liefern, damit unser Energiespeicher in Form einer angehobenen Masse „gefüllt“ ist. Es ist also gar nicht so abwegig, auf diese Weise Energie zu speichern.

Die im Bild 1.13 vereinfacht dargestellte Anordnung kann natürlich je nach Leistungsbedarf unterschiedlich ausgelegt werden. Auch winzige Ausführungen zur Sicherstellung der Versorgung einzelner Sensoren ist denkbar. Das Gewicht muss dann natürlich windgeschützt untergebracht sein. Es gibt fertige Solarmotoren mit passendem Getriebe die bereits bei Spannungen ab 300 mV anlaufen. Ein Energiemanagement (siehe nächsten Abschnitt) stellt die aktuelle Betriebsart fest (Motor- oder Generatorbetrieb) und nimmt die notwendigen Umschaltungen vor.

Genauso sind natürlich sehr große Anordnungen denkbar, bei denen das Gewicht viele Tonnen wiegt. Diese könnten dann vielleicht sogar als Notstromaggregat für ein Haus, eine Fabrik oder eine ganze Siedlung eingesetzt werden.

Bild 1.13 • Potentielle Energie sammeln mit Hilfe der Gewichtskraft (Zeichnung: Kurt Diedrich).

Im Übrigen haben die Uhrenbauer früherer Jahre dieses Prinzip in den Pendeluhren genutzt. Das „Getriebe" besteht dabei aus dem Uhrwerk, welches dafür sorgt, dass die Energie allmählich, so wie von der Uhr benötigt, abgegeben wird.

Der Vorteil eines rein mechanischen Systems ist, dass es aus Komponenten enormer Haltbarkeit (zum Beispiel aus rostfreiem Material wie Edelstahl) konstruierbar ist. Die Energie bleibt auch über (sehr) lange Zeit erhalten und eine Zurückgewinnung ist ohne Abstriche jederzeit möglich. Elektrische Sammler wie Akkumulatoren oder Kondensatoren hingegen können die gespeicherte Energie nicht beliebig lange halten. Durch Selbstentladung und Leckströme geht stetig Energie über die Zeit verloren. Außerdem altern Akkumulatoren recht schnell und verlieren dabei vor allem Kapazität.

### 1.3.3 • Energiemanagement

Elektronische Schaltungen benötigen für den Betrieb eine Mindestspannung. Die Spannung am bereits beschriebenen Ladekondensator steigt nur langsam. Gleichzeitig steigt die gesammelte Energie. Es muss entschieden werden, bei welcher Spannung die zu versorgende Elektronikschaltung die gespeicherte Energie erhalten soll. Erst dann wird der Kondensator mit der Verbraucherschaltung verbunden. Bliebe der Verbraucher permanent am Ladekondensator angeschlossen, dann kann sich keine Spannung aufbauen. Die Belastung durch den Verbraucher ist dann fast immer zu groß. Selbst wenn das nicht zutrifft: das Verhalten des Verbrauchers bei langsam ansteigender Betriebsspannung ist in der Regel nicht vorhersehbar.

Neben dem Kriterium „Höhe der zur Verfügung stehenden Spannung" bzw. „gesammelte Energiemenge" müssen oftmals noch andere Randbedingungen geprüft werden. Es gibt Anwendungen bei denen ein Sensor zu einem bestimmten Zeitpunkt Daten sammeln oder versenden muss. Also ist in diesen Fällen auch die Zeit zu erfassen. Je nach Anwendungsfall könnten noch weitere Parameter zu erfassen sein.

Allerdings ist der wichtigste Parameter die zur Verfügung stehende Energie bzw. Spannung an einem Ladekondensator, denn dies ist im Energy-Harvesting die einzige Energiequelle, die alles ermöglichen muss.

Man könnte einen sehr sparsamen Mikrocontroller verwenden, der im Sparmodus die Parameter überwacht und den Energiespeicher nur sehr wenig belastet. Zur Inbetriebnahme muss der Energiespeicher aber voll sein. Die Schaltung muss so bemessen sein, dass die Energie für die Versorgung des Mikrocontrollers immer zur Verfügung steht. Das ist häufig schwierig zu realisieren. Einige Mikrocontroller haben einen Power-On-Reset-Schaltkreis integriert. Dieser aktiviert den Mikrocontroller erst ab einer Mindest-Betriebsspannung. Manchmal kann man diesen nutzen – mehr dazu im Kapitel 4.

Weiterhin ist auch sicherzustellen, dass, wenn die gesammelte Energie zur Neige geht, die angeschlossene Schaltung nicht „spinnt". Damit sind unvorhersehbare Betriebszustände gemeint, die durch nicht vorgesehene bzw. nicht geprüfte Versorgungsspannungs-Werte auftreten. Um dies sicherzustellen sollte es ein Abschaltkriterium geben. Wird eine bestimmte Mindestspannung unterschritten, muss die Spannungsversorgung schlagartig unterbrochen werden. Es ist also ein Fenster-Diskriminator oder ein Schmitt-Trigger bzw. Komparator mit Hysterese erforderlich.

#### 1.3.3.1 • Minimalsystem

Meistens wird ein autarker Schmitt-Trigger benutzt. Mit diesem kann einerseits die Betriebsspannung beim Erreichen einer Einschaltschwelle schlagartig an den Verbraucher gelegt werden und andererseits beim Unterschreiten der zum Betrieb notwendigen Mindestspannung auch wieder entfernt werden. Ein Schmitt-Trigger bzw. Komparator mit Hysterese stellt somit das Minimalsystem eines Energiemanagements dar. Das Grundprinzip zeigt Bild 1.14. Die Energiequelle liefert die Energie aus der Umwelt. Diese wird eventuell aufbereitet und gewandelt. Der Energiespeicher in Form des Kondensators C1 wird geladen. Die Spannung am Kondensator ist das Kriterium für die gespeicherte Energiemenge. Das Bild zeigt auch die Problematik: sowohl die Referenzspannung $U_{REF}$ als auch der Schmitt-Trigger selbst werden vom Energiespeicher versorgt, der gleichzeitig das Subjekt der Überwachung

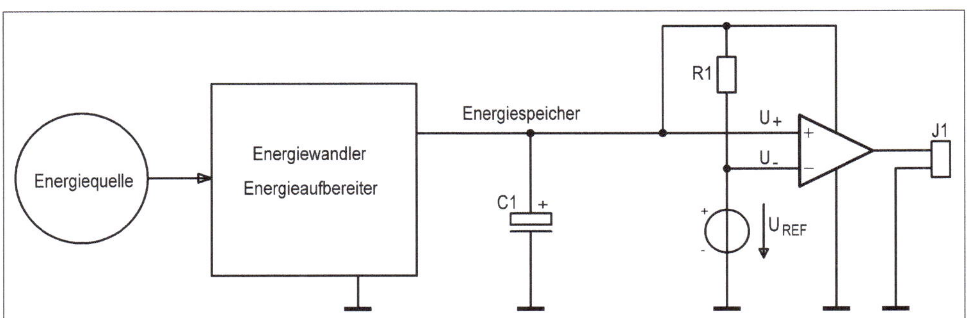


Bild 1.14 • Minimalsystem: Das Energiemanagement besteht lediglich aus einem Komparator mit Hysterese.

ist. Der zu versorgende Verbraucher (Sensor, Funkmodul, etc.) ist an J1 angeschlossen. Im einfachsten Fall kann der Schmitt-Trigger den notwendigen Strom unmittelbar liefern.

Wegen der nur winzigen Energiemengen, die von der Energiequelle geliefert werden, sind Standard-Schmitt-Trigger oft unbrauchbar. Manchmal sind spezielle, auf minimalem Stromverbrauch optimierte Schaltungsvarianten notwendig. Das bedeutet vor allem den Einsatz besonderer Bauteile, die dann leider auch oft schwer zu beschaffen und/oder teuer sind. Ein Beispiel dazu gibt es im Kapitel 3.

Baut man einen Schmitt-Trigger mit Hysterese auf klassische Weise mit Transistoren auf, dann kann man alle Parameter sofort überblicken und durch die Dimensionierung beeinflussen. Allerdings ist ein Einsatz im Energy-Harvesting nicht möglich, da diese Variante eine konstante Versorgungsspannung erwartet, die zudem größer sein muss als die zu überwachende Spannung. Außerdem ist es sehr schwierig den Schmitt-Trigger so zu bauen, dass er die Harvesting-Quelle nicht belastet.

Außerhalb von Energy-Harvesting-Applikationen verwendet man heute zum Aufbau von nicht zeitkritischen Komparatoren oder Schmitt-Triggern sehr gerne Operationsverstärker. Klassische Schaltungen wie sie in [3] oder in [23] beschrieben sind, scheiden beim Energy-Harvesting aus, weil sie zu viel Energie „verbrauchen“ und weil der Schmitt-Trigger seine eigene, sich allmählich aufbauende Versorgungsspannung überwachen müsste. Es sind deshalb Sonderkonstruktionen erforderlich.

Bild 1.15 zeigt einen Schmitt-Trigger der mit Standard-Bauteilen aufgebaut ist. Er eignet sich in vielen Fällen auch für Energy-Harvesting. Zum Verständnis gehen wir zunächst vom Normalfall aus, bei dem die Versorgungsspannung ständig anliegt. Angenommen, die Eingangsspannung, die an J1 anliegt, würde bei Null Volt beginnend langsam ansteigen, dann erreicht die Eingangsspannung irgendwann einen Schwellwert $U_{EIN}$. Ist dieser Pegel erreicht, springt die Ausgangsspannung von $U_{LOW}$ auf $\mathbf{U}_{HIGH}$. Nun sinkt die Spannung und erreicht irgendwann den Schwellwert $U_{AUS}$. Die Ausgangsspannung springt von $U_{HIGH}$ nach $U_{LOW}$. Der Schwellwert $U_{EIN}$ liegt immer höher als der Schwellwert $U_{AUS}$. Die Differenz zwischen $U_{EIN}$ und $U_{AUS}$ ist dann die Hysterese. Sie hat den folgenden Vorteil: Angenommen Schwellwert $U_{EIN}$ und Schwellwert $U_{AUS}$ würden auf gleichem Potential liegen und die Eingangsspannung hätte zufälligerweise ebenfalls dieses Potential, dann würden kleinste Schwankungen der Eingangsspannung zum Hin- und Herkippen des Ausgangs führen. Die Schaltung verhielte sich unkontrolliert.

Das Besondere ist natürlich, dass die Versorgungsspannung selbst auch die Spannung für das Entscheidungskriterium ist, anhand dessen der Ausgang auf $U_{HIGH}$ oder auf $U_{LOW}$ geschaltet wird. Kann der Operationsverstärker ausreichend Strom liefern, so ist der Ausgang direkt zur Versorgung der angeschlossenen Schaltung benutzbar. Da die Schaltung die angeschlossene, schwache Energy-Harvesting-Quelle möglichst wenig belasten soll, sind die Widerstände außergewöhnlich hochohmig dimensioniert. Die Spannung an den drei Dioden D1, D2 und D3 ($U-$) dient als Referenz – allerdings ist es keine konstante Referenzspannung, denn auch $U-$ beginnt zunächst von 0 V an. $U_{batt}$ wird von der Harvesting-Quelle geliefert und steigt langsam von 0 V an. Bei ca 1,2 V bleibt die Spannung $U-$ „stehen“.

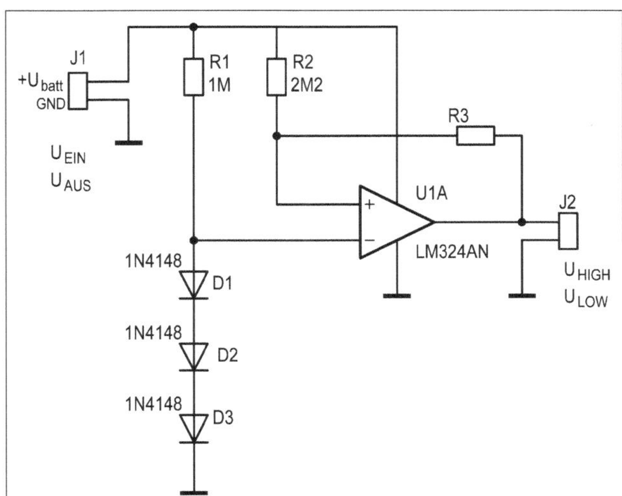


Bild 1.15 • Vorschlag für einen Schmitt-Trigger, der mit Standard-Bauteilen aufgebaut ist.

Sie wächst nicht weiter. Die Spannung $U+$ hingegen steigt weiter, so dass irgendwann der Ausgang des Operationsverstärkers von $U_{LOW}$ auf $U_{HIGH}$ springt. $U+$ wird nun nicht nur über R2, sondern zusätzlich über R3 mit positiver Spannung „versorgt".

Weil die Dioden mit außergewöhnlich wenig Strom auskommen müssen und die Eingangsspannung langsam ansteigt, kann man an ihnen keine konstante Spannung annehmen. Ich habe den Verlauf der Spannung am negativen Eingang des Operationsverstärkers $U-$ empirisch ermittelt. Man kann schreiben:

$$U- = f(U_{batt}) = 0,2378 \cdot \ln(U_{batt}) + 0,7038 \tag{1.13}$$

gültig für 0 V ≤ $U_{batt}$ ≤ 10 V bei der Umgebungstemperatur $\vartheta$ = 25 °C

Der Ausgang des Operationsverstärkers liegt zunächst auf GND. Es bildet sich ein Spannungsteiler bestehend aus R2 und R3. Wenn nun $U_{batt}$ langsam ansteigt, dann steigt dazu proportional auch die Spannung an R3. Übersteigt die Spannung an R3 die Spannung $U-$, so schaltet der Operationsverstärker seinen Ausgang auf $U_{HIGH}$.

In der Tabelle 1.1 habe ich aus meinen Messergebnissen den für einen bestimmten Einschaltwert $U_{EIN}$ notwendigen Wert für den Widerstand R3 aufgelistet. Der Ausschaltwert ergibt sich aus den Eigenschaften des Operationsverstärkers. Er kann nicht geändert werden. Man kann auch den Operationsverstärker LM2904B einsetzen. Dieser benötigt in der Version mit einem B am Ende der Typenbezeichnung nur halb so viel Betriebsstrom (300 µA pro Op-Amp) wie der LM324. Es gibt ihn mit zwei Operationsverstärkern in einem Gehäuse. Der LM324 enthält immer vier (stromverbrauchende) Operationsverstärker.

Außerdem sei auf den Operationsverstärker MAX9914 hingewiesen. Diesen gibt es einzeln im Gehäuse SC70. Der Betriebsstrom ist mit 20 µA angegeben.

| **R3** | *U*– | $U_{EIN}$ | $U_{AUS}$ |
|---|---|---|---|
| 330 kΩ | 1,17 V | 8,4 V | 1,7 V |
| 390 kΩ | 1,15 V | 7,1 V | 1,7 V |
| 470 kΩ | 1,12 V | 6,0 V | 1,7 V |
| 510 kΩ | 1,11 V | 5,5 V | 1,7 V |
| 560 kΩ | 1,09 V | 4,9 V | 1,7 V |
| 680 kΩ | 1,06 V | 4,1 V | 1,7 V |
| 820 kΩ | 1,02 V | 3,3 V | 1,6 V |
| 1 MΩ | 0,99 V | 2,9 V | 1,6 V |

Tabelle 1.1 • Änderung der Schaltschwellen durch Variation des Widerstandes R3.
R3 wurde festgelegt, $U_{EIN}$ und $U_{AUS}$ wurden gemessen. *U*– ist die Spannung am invertierenden Eingang des Operationsverstärkers. Sie wurde mit Gleichung (1.13) berechnet ($U_{EIN} = U_{batt}$).
Diese Tabelle gilt für die Schaltung aus Bild 1.15 mit dem Operationsverstärker LM324 oder LM2904.

Die Ausgangsspannung an J2 ist etwa 1,5 V kleiner als die Umschaltspannung $U_{EIN}$. Dies ist durch den verwendeten Operationsverstärker gegeben. Bei der Einschaltschwelle $U_{EIN}$ = 8,4 V steht an J2 eine Spannung von 6,9 V für die Versorgung der Verbraucher zur Verfügung. Der Strom kann einige Milliampere betragen.

Es macht sicher Sinn, auch andere Operationsverstärker in dieser Schaltungskombination zu testen. Es ist aber sehr wahrscheinlich, dass die Werte aus der Tabelle 1.1 dann etwas anders ausfallen.

In den folgenden Kapiteln werden nun unterschiedliche Varianten von Energiewandlern, Energiespeichern und Schmitt-Triggern bzw. Komparatoren in konkreten Projekten vorgestellt.

## 2 • Energie gewinnen aus Licht

Licht ist der sichtbare Teil elektromagnetischer Strahlung. Die vom menschlichen Auge wahrnehmbaren Wellenlängen der elektromagnetischen Strahlung liegen zwischen 380 nm und 780 nm (Bild 2.1). Die verschiedenen Wellenlängen unterscheidet das Auge als Farben, zum Beispiel 750 nm als Rot, 400 nm als Violett usw.

Tageslicht, also Sonnenlicht, besteht aus einer homogenen, lückenlosen Mischung von Lichtwellen des gesamten sichtbaren Spektrums, es enthält somit alle für uns sichtbaren Farben. Künstliches Licht hat Spektren, die je nach Lichtquelle aus einzelnen Elementen des sichtbaren Lichts zusammengesetzt sind. Eine Ausnahme bildet Glühlampenlicht. Dieses enthält ein zusammenhängendes Spektrum wie beim Sonnenlicht – allerdings mit einem größeren Rotanteil – ähnlich wie das Licht der Sonne in der Dämmerung.

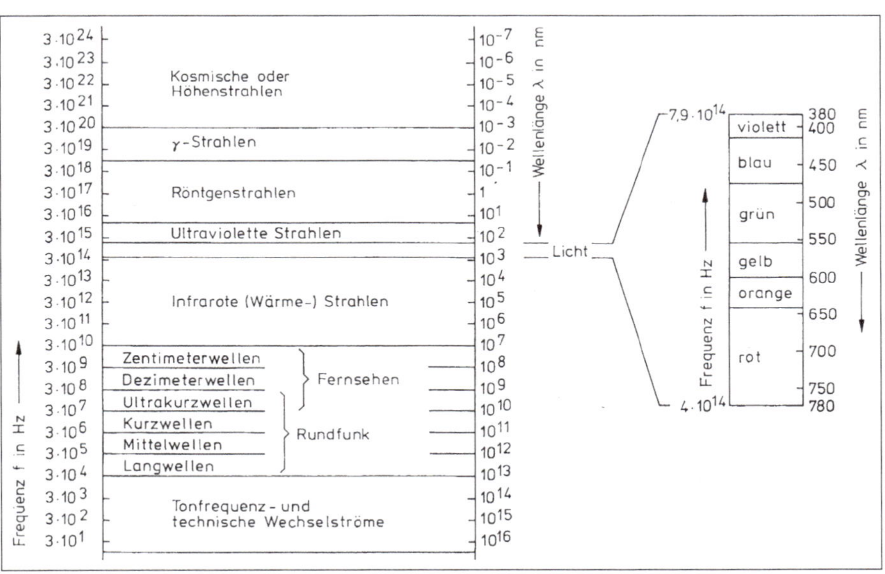


Bild 2.1 • Elektromagnetische Wellen und Licht (gefunden in [18]).

Elektromagnetische Strahlung (Licht) enthält Energie. Mittlerweile ist es alltäglich geworden, aus Licht Energie zu gewinnen. Hochleistungssolarzellen stehen zur Verfügung. Gerade deshalb ist das Geschäft des „Energy Harvesting" besonders einfach, wenn Licht zum Betrieb einer elektronischen Schaltung benutzt werden kann. Zumindest im Außenbereich lassen sich meist gute Ergebnisse erzielen.

Beim Licht gibt es eine besondere Einheit für die Energie: Es ist das *Lumen* (lateinisch für Licht, Leuchte), die SI-Einheit des Lichtstroms Φ. Der Lichtstrom ist mit der Strahlungsleistung $P_f$ (dem Strahlungsfluss) in Watt (W), über den Faktor $K_{cd}$ verknüpft. Dieser soll berücksichtigen, dass das menschliche Auge je nach Wellenlänge des Lichts unterschiedlich empfindlich ist. Genau genommen ist der Lichtstrom diejenige Strahlungsleistung, die ein leuchtender Körper (z.B. eine Glühbirne) im Bereich des sichtbaren Lichts abgibt.

$$K_{cd} = 683\,\frac{\text{lm}}{\text{W}}$$

$$P_f = \frac{\Phi}{K_{cd}} \tag{2.1}$$

Die Angabe 140 lm auf einem Leuchtmittel ist also äquivalent mit der Strahlungsleistung von

$$P_f = \frac{140\,\text{lm}}{683\,\frac{\text{lm}}{\text{W}}} = 205\,\text{mW}$$

Bei Leuchtmitteln ist der Zahlenwert in Lumen ein Maß für deren Helligkeit. Solarzellen erzeugen je nach Aufbau allerdings auch Strom aus nicht sichtbarem Licht. Somit ist der Lichtstrom nicht direkt übertragbar auf den Energiegewinn bei Solarzellen. Aber für eine grobe Überschlagsrechnung durchaus nutzbar.

Der Lichtstrom ist nicht so einfach zu messen, da man das gesamte Licht, dass ein Leuchtmittel abgibt aufsummieren müsste. Einfach zu messen ist die Beleuchtungsstärke $E$ in lx (Lux). Dafür gibt es Messgeräte („Luxmeter") in unterschiedlichsten Ausführungen und Qualitäten. Für die Beleuchtungsstärke gilt

$$E = \frac{\Phi}{A} \tag{2.2}$$

mit $A$ als Fläche in $m^2$. Es gilt

$$1\,\text{lx} = 1\,\text{lm/m}^2$$

Typische Beleuchtungsstärken sind in der Tabelle 2.1 abgedruckt. Sie variieren sehr stark, und damit auch die Energie, die man ernten kann.

| **Lichtverhältnis** | **Beleuchtungsstärke in Lux** |
|---|---|
| Mittagssonnenlicht im Sommer | 100.000 |
| Bedeckter Himmel im Sommer | 10.000 |
| Regenwetter mit dunklen Gewitterwolken | 1000 |
| Bürobeleuchtung/Montagewerkstatt | 500 |
| Wohnzimmerbeleuchtung | 200 |
| Treppenhausbeleuchtung | 100 |
| Straßenbeleuchtung | 10 |
| Dämmerlicht nach Sonnenuntergang | 1 |
| Mitternacht bei Vollmond | 0,2 |
| Mondloser Sternenhimmel bei Nacht | 0,0005 |

Tabelle 2.1 • Typische Beleuchtungsstärken.

## 2.1 • Solarzellen

Solarzellen erzeugen elektrische Energie aus Licht. Sie sind aus Halbleitermaterialien (meist aus Silizium) gefertigt und im Prinzip wie großflächige Photodioden aufgebaut. Sie werden aber eben nicht als Strahlungsdetektor, sondern als Stromquelle betrieben. Durch Lichteinfall werden im pn-Übergang Elektronen-Loch-Paare erzeugt [3]. Diese beweglichen Ladungsträger driften im elektrischen Feld des pn-Übergangs ihrem Vorzeichen entsprechend in verschiedene Richtungen und bewirken eine Ladungstrennung. Dadurch entsteht eine äußerlich messbare, elektrische Spannung, die zur Arbeitsleistung herangezogen werden kann.

Je nach Kristallaufbau unterscheidet man die folgenden Typen:

- **Polykristalline Zellen** bestehen aus Scheiben, die nicht überall die gleiche Kristallorientierung aufweisen. Sie können z. B. durch Gießverfahren hergestellt werden und sind vergleichsweise preiswert. Sie sind in Photovoltaikanlagen sehr weit verbreitet. Der Wirkungsgrad dieser Solarzellen kann 20% erreichen.
- **Monokristalline Zellen** werden aus einkristallinen Siliziumscheiben (Wafer) hergestellt. Diese Wafer werden auch für die Halbleiterherstellung verwendet. Monokristalline Zellen sind vergleichsweise teuer, es sind aber Wirkungsgrade bis ca. 24% erreichbar.
- **Amorphe Solarzellen** bestehen aus einer dünnen, nichtkristallinen (amorphen) Siliziumschicht und werden daher auch als Dünnschichtzellen bezeichnet. Sie können etwa durch Aufdampfen preiswert hergestellt werden. Im direkten Sonnenlicht haben diese Zellen einen geringen Wirkungsgrad von vielleicht 8%. Sie bieten jedoch Vorteile bei wenig Licht, Streulicht und bei hoher Betriebstemperatur. Zu finden sind amorphe Zellen beispielsweise in Taschenrechnern oder Uhren – typische „Energie Harvesting"-Anwendungen im untersten Leistungsbereich.
- **Mikrokristalline Zellen** sind Dünnschichtzellen mit mikrokristalliner Struktur. Sie weisen einen höheren Wirkungsgrad auf als amorphe Zellen und sind nicht so dick wie die gängigen polykristallinen Zellen. Sie werden teilweise für Photovoltaikanlagen verwendet, sind jedoch noch nicht sehr weit verbreitet.
- **Tandem-Solarzellen** sind übereinander geschichtete Solarzellen, meist eine Kombination von polykristallinen und amorphen Zellen. Die einzelnen Schichten bestehen aus unterschiedlichem Material und sind so auf einen anderen Wellenlängenbereich des Lichtes abgestimmt. Die zuoberst angeordneten Zellen absorbieren nur einen Teil des Lichtspektrums, der Rest kann hindurch gelangen und von der darunter angeordneten Schicht verwertet werden. Durch ein breiteres Ausnutzen

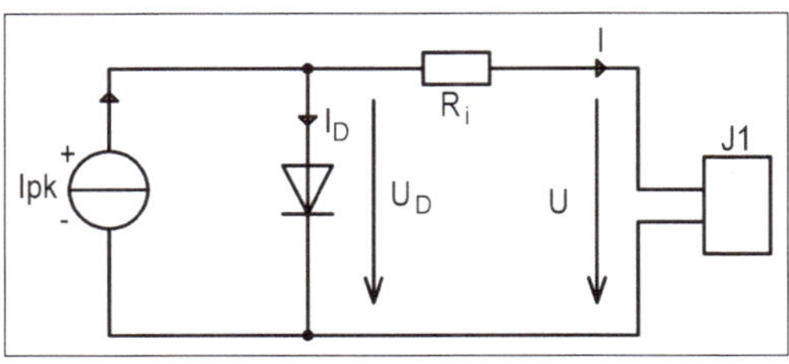


Bild 2.2 • Ersatzschaltbild für eine Solarzelle.

des Lichtspektrums haben diese Zellen einen besseren Wirkungsgrad als einfache Solarzellen. Sie werden auch bei Photovoltaikanlagen verwendet, sind jedoch teuer.

Die Strom-Spannungs-Kennlinie der unbeleuchteten, idealen Solarzelle (Dunkel-Kennlinie) entspricht der von William Bradford Shockley hergeleiteten Beziehung für die ideale Diode:

$$I_\mathrm{D} = I_0 \cdot \left( e^{\frac{U_\mathrm{D}}{U_\mathrm{T}}} - 1 \right) \tag{2.3}$$

Dabei ist

$I_\mathrm{D}$ = Strom durch die Diode
$I_0$ = Sperrstrom (typisch $10^{-12}$ bis $10^{-6}$ A)
$U_\mathrm{D}$ = Flussspannung (bei Silizium ca. 600....700 mV) und
$U_\mathrm{T}$ = Temperaturspannung in V (25 mV bei 20 °C)

Die abgegebene Leistung einer Solarzelle hängt bei konstanter Beleuchtung stark von der Belastung ab. Der Versuch, eine Solarzelle durch ideale Bauteile nachzubilden, ist im Bild 2.2 unternommen worden. Das Schaltbild besteht aus einer Stromquelle, die parallel zu einer idealen Diode geschaltet ist. Diese produziert einen Strom $I_\mathrm{pk}$, der von der Bestrahlungsstärke abhängt. Dieses Ersatzschaltbild hinkt etwas, denn es würde bedeuten, dass auch dann ein Strom durch die Diode fließt, wenn kein Verbraucher angeschlossen ist. Das ist aber nicht der Fall. Der Strom durch die Diode ist identisch mit dem durch den angeschlossenen Lastwiderstand fließenden Strom. Man kann sich vorstellen, dass die Diode die Ausgangsspannung auf dem Niveau der Durchflusspannung $U_\mathrm{D}$ reduziert. An einer beleuchteten Solarzelle stellt sich in einem angeschlossenen Verbraucher der Laststrom

$$I = I_\mathrm{pk} - I_\mathrm{D}$$

ein. Wobei gilt

$$I_\mathrm{pk} = \mathbf{f}(\Phi)$$

mit $\Phi$ = Photostrom (Lichtstrom)

Die Ausgangsstromstärke in Abhängigkeit von der Ermittlung der Ausgangsspannung $I = f(U)$ ergibt sich mit Hilfe von Gleichung (2.3) aus dem Ersatzschaltbild zu

$$I = I_\mathrm{pk} - I_0 \cdot \left( e^{\frac{U + I \cdot R_\mathrm{i}}{U_\mathrm{T}}} - 1 \right) \tag{2.4}$$

Eigentlich interessanter ist es umgekehrt: die Ausgangsspannung in Abhängigkeit vom Ausgangsstrom $U = f(I)$. Diese ist dann:

$$I = I_{pk} - I_0 \cdot \left( e^{\frac{U + I \cdot R_i}{U_T}} - 1 \right)$$

$$I - I_{pk} = -I_0 \cdot \left( e^{\frac{U + I \cdot R_i}{U_T}} - 1 \right)$$

$$I_{pk} - I = I_0 \cdot \left( e^{\frac{U + I \cdot R_i}{U_T}} - 1 \right)$$

$$\frac{I_{pk} - I}{I_0} + 1 = e^{\frac{U + I \cdot R_i}{U_T}}$$

$$\ln\left( \frac{I_{pk} - I}{I_0} + 1 \right) = \frac{U + I \cdot R_i}{U_T}$$

$$U_T \cdot \ln\left( \frac{I_{pk} - I}{I_0} + 1 \right) = U + I \cdot R_i$$

$$U = U_T \cdot \ln\left( \frac{I_{pk} - I}{I_0} + 1 \right) - I \cdot R_i \qquad (2.5)$$

Tatsächlich kann in diesem speziellen Fall $R_i$ je nach Arbeitspunkt auch negative Werte annehmen. Dies wurde bereits in [1] erwähnt. Mit den Gleichungen kann man jedenfalls bei konstantem Photostrom (Lichteinfall) für jeden Belastungsfall die zur Verfügung stehende Leistung berechnen.

Abgesehen von diesen Gleichungen ist im Falle des „Energy Harvesting" natürlich die Abhängigkeit des Stromes $I_{pk}$ vom einfallenden Licht (Photostrom) besonders wichtig. Hier spielt auch das Spektrum des einfallenden Lichtes – die Lichtfarbe – eine große Rolle. Der entnehmbare Strom ändert sich also in Abhängigkeit von der Intensität des einfallenden Lichts und auch von der Lichtfarbe (eigentlich Farbtemperatur).

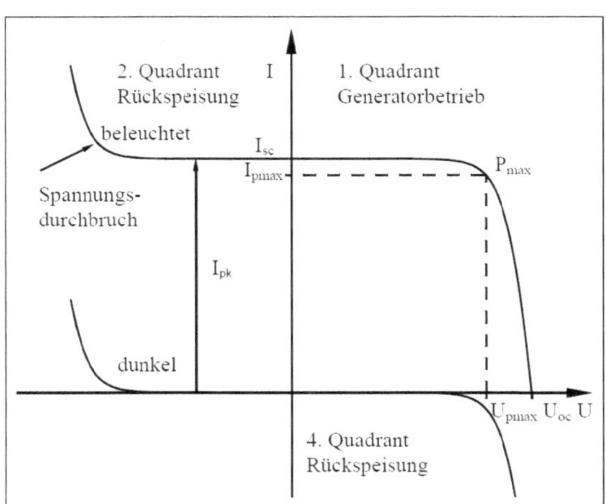


Bild 2.3 • Strom-Spannungs-Kennlinie einer Solarzelle bzw. eines Solarmoduls.

Der prinzipielle Verlauf der Strom-Spannungs-Kennlinie einer Solarzelle bzw. eines Solarmoduls (dunkel und beleuchtet) ist im Bild 2.3 dargestellt. Relevant ist nur der erste Quadrant, denn hier wird die Solarzelle bzw. wird das Solarmodul betrieben (als Generator). Es ist zu erkennen, dass in einem Arbeitspunkt die Leistungsabgabe maximal wird. Optimal ist es natürlich, wenn man die Zelle immer in diesem Arbeitspunkt betreibt. Im praktischen „Energy Harvesting"-Betrieb ist dies so gut wie nie möglich.

Um mit den Gleichungen (2.4) und (2.5) die Kennlinie rechnerisch behandeln zu können, müssen noch die Parameter festgelegt bzw. berechnet werden. Die konstanten Größen werden bei voller Lichtbestrahlung (Sonnenbestrahlung) gemessen und sollten im Datenblatt eines Solarmoduls aufgeführt sein.

$U_{OC}$ = Leerlaufspannung
$I_{SC}$ = Kurzschlussstrom
$U_{pmax}$ = Ausgangsspannung bei maximaler Leistung
$I_{pmax}$ = Strom bei maximaler Leistung

Aus Bild 2.2 geht hervor, dass die Ausgangsspannung einer einzelnen Solarzelle der Durchlassspannung (Schleusenspannung) einer Diode entspricht. Deshalb werden mehrere von ihnen in Modulen (Panels) in Reihe geschaltet. Bild 2.4 zeigt ein Solarpanel, dass mit den Abmessungen 25,5 cm x 25,5 cm x 3,4 cm für „Energy Harvesting" schon recht groß ist. Es ist angegeben mit einer Nennspannung von 12 V. Es beinhaltet 36 polykristalline Solarzellen aus Silizium. Die maximal mögliche Spitzenleistung, die für das Modul angegeben ist, beträgt *5* Wp (das p steht für „peak"). Bei Testmessungen in unserer Elektronik-Werkstatt hier in Aachen lies sich hinter einer Fensterscheibe auch bei direkter Sonneneinstrahlung (30000 lx) keine höhere Leistung entnehmen als 300 mW.

Bild 2.4 • Solarmodul mit 36 Solarzellen.

## 2.2 • Energie aus Licht im Außenbereich

Wie viel Energie steckt überhaupt im Licht? Im Außenbereich haben wir es gut, denn direktes Sonnenlicht enthält die meiste Energie. In Mitteleuropa steht die sommerliche Mittagssonne 60° bis 65° hoch und strahlt bei idealen Wetterbedingungen mit einer Stärke von etwa 700 W/m$^2$. Der Wirkungsgrad sehr guter Solarpaneels liegt bei ca. 20%. Unter optimalen Verhältnissen könnte man also mit Solarpaneels pro Quadratmeter eine Leistung von:

$$\eta = \frac{\text{gewünschte Energie}}{\text{aufgewendete Energie}}$$

$$\eta \cdot \text{aufgewendete Energie} = \text{gewünschte Energie}$$

$$0{,}2 \cdot 700\ \text{W} = 140\ \text{W}$$

entnehmen. Dazu muss das Sonnenlicht allerdings exakt orthogonal auf das Solarpaneel einfallen, denn die Solarzellen-Leistung hängt nicht nur von der Intensität der Sonnenstrahlen ab, sondern auch von ihrem Einfallswinkel. Je senkrechter die Sonnenstrahlen (Photonen) auf ein Solar-Modul treffen, desto geringer sind die Verluste durch Reflexion und desto höher die Strahlungsdichte. Da sich der Sonnenstand permanent ändert, gibt es diesen Zustand allerdings nur zu einer bestimmten Jahreszeit und dann nur bei einer bestimmten Tageszeit.

Im Winter steht die Mittagssonne nur 13° bis 18° über dem Horizont, und selbst zur Mittagszeit ergeben sich nur etwa 250 W/m$^2$. Damit sinkt die Energieausbeute bei 20% Wirkungsgrad auf maximal 50 W/m$^2$.

Bei diesen Werten wurde ein klarer Himmel ohne Wolken unterstellt. Tatsächlich liegt die jährliche Sonnenscheindauer zum Beispiel in Nordrhein-Westfalen aber bei 1500 Stunden pro Jahr [5][6]. Davon entfallen 1060 Stunden auf die Monate von April bis September. Die restlichen 440 Stunden verteilen sich auf die kältere Jahreshälfte Oktober bis März.

Bei bewölktem Himmel schwankt die einfallende Strahlungsleistung je nach Stärke der Bewölkung bzw. eventuell im Zusammenhang mit Nebel sowie der Jahreszeit zwischen 50 und 300 W/m$^2$. Einen groben Überblick über die Strahlungsleistung der Sonne in Nordrhein-Westfalen (Deutschland) gibt die Tabelle 2.2.

| | | | **Energiedichte (W/m$^2$)** | | |
|---|---|---|---|---|---|
| **Monate** | **Sonnenstand am Mittag** | **Stunden ohne Bewölkung** | **ohne Wolken** | **schwach bewölkt** | **stark bewölkt mit Nebel** |
| April bis September | 62° | 1060 | 700 | 300 | 100 |
| Oktober bis März | 15° | 440 | 250 | 150 | 50 |

Tabelle 2.2 • Ungefähre Strahlungsleistung der Sonne in Nordrhein-Westfalen.

Auf Grundlage dieser Tabelle kann man eine Strahlungsenergie im Jahr annehmen von:

$$E_S = 100\ \frac{\text{W}}{\text{m}^2} \cdot 440\ \text{h} + 700\ \frac{\text{W}}{\text{m}^2} \cdot 1060\ \text{h} = 786000\ \frac{\text{Wh}}{\text{m}^2} = 786\ \frac{\text{kWh}}{\text{m}^2}$$

$$E_W = 50\ \frac{\text{W}}{\text{m}^2} \cdot 1060\ \text{h} + 250\ \frac{\text{W}}{\text{m}^2} \cdot 440\ \text{h} = 163000\ \frac{\text{Wh}}{\text{m}^2} = 163\ \frac{\text{kWh}}{\text{m}^2}$$

$$E_{ges} = 949\ \frac{\text{kWh}}{\text{m}^2}$$

$E_S$ = Energie im Sommerhalbjahr
$E_W$ = Energie im Winterhalbjahr
$E_{ges}$ = Gesamtenergie

Bei einem Wirkungsgrad von 20% bleiben davon 189,8 kWh/m$^2$ übrig. Aber auch dieser Wert ist viel zu hoch angesetzt. Er gilt nur, wenn die Sonnenstrahlen orthogonal auf das Solarpaneel auftreffen. Beim „Energy Harvesting" wird dies fast nie der Fall sein, denn eine Nachführung des Moduls entsprechend dem Sonnenstand ist fast immer zu aufwändig. Eine solche Nachführung würde wahrscheinlich sogar den Energiebedarf des zu versorgenden Gerätes übersteigen. Realistisch ist deshalb, wenn man von diesem Wert 10% ansetzt. Das wären dann knapp 19 kWh/m$^2$. Bei typischen Anwendungen im „Energy Harvesting" sind die möglichen Flächen für die Solarzelle eher im Bereich von 10 cm · 10 cm. Damit ständen noch 0,19 kWh zur Verfügung.

Bisher blieb unberücksichtigt, dass die Energie nicht gleichmäßig konstant eintrifft, sondern im zeitlichen Verlauf mit sehr unterschiedlicher Intensität. Bei einem Gerät, das kontinuierlich betrieben werden soll muss deshalb ein Energiespeicher vorgesehen werden. Durch den Energiespeicher gehen bei sauberem Design und grober Schätzung nochmal 10% Energie verloren. Zuletzt bleiben als Größenordnung also 171 Wh als Realistisch. Diese Jahresenergie kann im Außenbereich für die Versorgung kleiner elektronischer Schaltungen geerntet werden.

## 2.3 • Energie aus Licht im Innenbereich

Im Innenbereich ist es deutlich schwerer, Energie aus Licht einzusammeln. Wenn man Glück hat, kann man das Paneel an ein Fenster stellen. Im schlimmsten Fall steht das Paneel in einem fensterlosen Raum. Hier steht dann nur künstliches Licht als Energiequelle zur Verfügung.

Betrachten wir eine normale (in Europa nicht mehr zugelassene) Glühlampe. Diese wandelt elektrischen Strom in Wärme und ein wenig Licht. Die Qualität des Lichtes entspricht der der Abendsonne. Die Wärme der Glühlampe trägt in sehr positivem Sinne zur Raumheizung bei - dies alleine schon deshalb, weil der elektrische Strom zunehmend klimaneutral erzeugt wird. Aber hier geht es nur um das freigesetzte Licht. Der Anteil der elektrischen Energie, der von der Glühlampe in Licht umgewandelt wird, beträgt etwa 5 bis 10%. Bei Halogenlampen werden ca. 15% der Energie in Licht umgewandelt. Angenommen eine Halogenlampe bescheint einen Arbeitstisch. Die Lampe hängt in 1,5 m Höhe über dem Tisch und ist angegeben mit einer nominalen Aufnahmeleistung von 50 W. Das Licht der Halogenlampe wird mit Hilfe eines Reflektors auf die Tischoberfläche geleitet. Der Reflektor hat einen Öffnungswinkel von 80°. Im vertikalen Schnitt stellt sich die Situation so dar wie im Bild 2.5. Die Lampe verteilt ihr Licht kreisförmig. Der Kreis hat in Tischhöhe einen Radius $r$. Wir wollen die Leistung des Lichts pro Fläche in Höhe der Tischplatte berechnen. Somit stört es nicht, wenn ein Teil des Lichtes neben dem Tisch auf den Boden fällt.

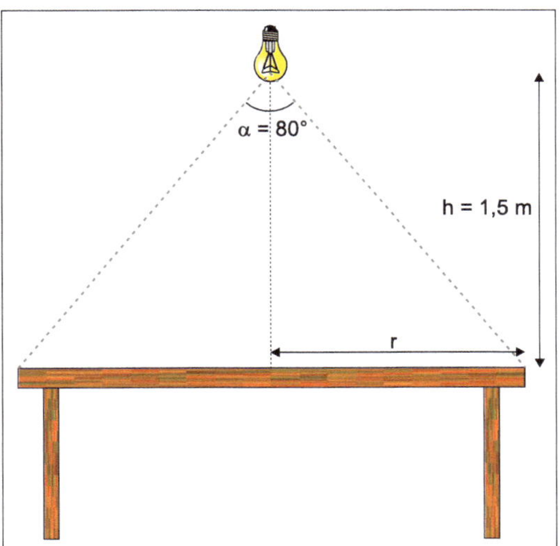


Bild 2.5 • Eine (Halogen)lampe beleuchtet einen Tisch.

Zur Berechnung der beleuchteten Fläche in Höhe der Tischplatte benötigen wir den Radius des Lichtkegels. Man kann ihn mit Hilfe der Geometrie berechnen:

$$\tan\left(\frac{\alpha}{2}\right) = \frac{GK}{AK} = \frac{r}{h}$$

$\alpha$ = Öffnungswinkel der Lampe
GK = Gegenkathete
AK = Ankathete
$r$ = Radius des Lichtkegels in der Höhe $h$
$h$ = Höhe der Lampe über dem Tisch

$$r = h \cdot \tan\left(\frac{\alpha}{2}\right) = 1{,}5\ \text{m} \cdot \tan(40°) \approx 1{,}26\ \text{m}$$

$$A = r^2 \cdot \pi = (1{,}26\ \text{m})^2 \cdot \pi \approx 5\ \text{m}^2$$

Es trifft also auf die Tischoberfläche:

$$\frac{P_L \cdot \eta}{A} = \frac{50\ \text{W} \cdot 0{,}15}{5\ \text{m}^2} \approx 1{,}5\ \text{W/m}^2$$

mit

$P_L$ = Leistungsaufnahme der Lampe in Watt
$\eta$ = Wirkungsgrad
$A$ = beleuchtete Fläche in m²

Das klingt zunächst nach viel. Mit dieser Leistung könnte man schon einige sparsame Elektronikschaltungen versorgen. Leider steht aber beim "Energy Harvesting" nie eine Fläche von einem Quadratmeter zur Verfügung. Selbst Solarzellen mit einer Größe von 10 x 10 cm sind meistens nicht unterzubringen. Hätten wir dennoch so viel Platz, dann träfe auf die Solarzelle noch ein Wert von 0,015 W auf. Aber auch dieser Wert ist leider noch zu hoch gegriffen. Wie bereits erwähnt, liegt der Wirkungsgrad bei den besten Solarzellen bei 20%. Somit bleiben zum Ernten noch 3 mW übrig. Bleibt das Licht am Tag 3 Stunden eingeschaltet, dann beträgt die Energie die man ernten kann, 9 mWh also 0,009 Wh. Spätestens jetzt sollte die Problematik erkennbar sein. Hier noch ein Beispiel:

Für Klassenräume in öffentlichen Schulen wird gemäß DIN EN 12464-1 eine Beleuchtungsstärke von 300 Lux empfohlen. Gemäß Gleichung 2.2 trifft dann auf unser Solarpaneel mit den Abmessungen 10 x 10 cm ein Lichtstrom von

$$\Phi = E \cdot A = 300\ \text{lx} \cdot 0{,}01\ \text{m}^2 = 3\ \text{lm}$$

Gemäß Gleichung 2.1 sind das dann ca. 4,4 mW, die auf das Solarpaneel auftreffen. Wir unterstellen einen Wirkungsgrad von 20% und es bleiben noch 880 µW übrig. Eine Unterrichtseinheit dauert normalerweise 1,5 Stunden. Somit kann in dieser Zeit maximal eine Energie von

$$880\ \mu\text{W} \cdot 1{,}5\ \text{h} = 1{,}32\ \text{mWh}$$

geerntet werden. Die in Innenräumen zur Verfügung stehende Lichtenergie ist also in aller Regel winzig klein.

Bei einer praktischen Messreihe wurde das Solarpaneel aus Bild 2.4 mit Glühlampenlicht bestrahlt. Die Qualität von Glühlampenlicht entspricht ungefähr dem natürlichen Licht der Sonne während der Dämmerung: flackerfrei und mit homogenem Spektrum. Bei diesem werden alle im Augen befindlichen Sinneszellen (Zapfen) angesprochen. Aus der Gesamtheit der Anregung der Sinneszellen ergibt sich die wahrgenommene Helligkeit. Bei diesem Versuch wurde an das Paneel ein Belastungswiderstand von 235 Ω angeschlossen. Die Ergebnisse sind in der Tabelle 2.3 zu sehen. Die vom Paneel abgegebene Leistung steigt ungefähr linear mit der Beleuchtungsstärke in Lux:

$$\frac{P}{\text{mW}} = 0{,}0179\,\frac{E}{\text{lux}} - 11{,}901$$

| Beleuchtungsart | E (lux) | Spannung (V) | Widerstand (Ω) | Strom (mA) | Leistung (mW) |
|---|---|---|---|---|---|
| Glühlampe | 805 | 0,61 | 235 | 2,60 | 1,583 |
| Glühlampe | 890 | 0,81 | 235 | 3,45 | 2,792 |
| Glühlampe | 1000 | 1,03 | 235 | 4,38 | 4,514 |
| Glühlampe | 1460 | 1,75 | 235 | 7,45 | 13,032 |
| Glühlampe | 2520 | 2,93 | 235 | 12,47 | 36,531 |
| Glühlampe | 4000 | 3,98 | 235 | 16,94 | 67,406 |
| Glühlampe | 5800 | 4,51 | 235 | 19,19 | 86,554 |

Tabelle 2.3 • Beleuchtung des Paneels aus Bild 2.4 mit Glühlampen.

Bei den bisherigen Betrachtungen wurde das Licht von Glühlampen oder Halogenlampe berücksichtigt (Halogenlampen erzeugen Licht wie Glühlampen – mit Hilfe eines Glühdrahtes bzw. einer Wendel). Diese strahlen das gesamte sichtbare Licht ab. Bei der Verwendung alternativer Leuchtmittel wie Energiesparlampen (also Leuchtstofflampen) oder LEDs ist die Ausbeute noch geringer, da sich deren Licht aus schmalbandigen Spektren zusammensetzt. Weißes Licht wird im schlimmsten Fall aus nur drei Grundfarben nach dem additiven Farbmischverfahren (RGB: rot, grün, blau) zusammengemischt. Die Solarzellen werden also nicht so gut ausgenutzt.

## 2.4 • Lichtenergie sammeln

Bei diesem Projekt wurde nun das Solarmodul aus dem Bild 2.4 für ein Energy-Harvesting-Projekt verwendet. Ziel war ein Solar-Ladegerät zu entwickeln, dass die von diesem Modul gelieferte Energie sammelt und speichert. Als Energiespeicher dienen hier vier AAA-Akkumulatoren (Typ NiMH). Es ist sinnvoll und wichtig, Typen mit besonderer Ausstattung zur Reduzierung der Selbstentladung zu wählen. Z.B. die „Eneloop"-Typen. Die Nennspannung dieses Energiespeichers beträgt 4,8 V (4 x 1,2 V). Es können beliebige Geräte, die für diese Versorgungsspannung vorgesehen sind, damit betrieben werden.

Die Spannung an einer Diode verändert sich in Abhängigkeit vom fließenden Strom nur wenig. Entsprechend wirkt die Solarzelle wie eine Stromquelle. Je mehr Licht auf die Zelle (bzw. auf das Modul) fällt, desto größer wird der Strom bei sich nur wenig ändernder Ausgangsspannung (Bilder 2.2 und 2.3).

Beim Experimentieren mit dem Solarmodul aus Bild 2.4 konnte ich feststellen, dass es im Leerlauf, je nach Beleuchtung, Ausgangsspannungen bis 21 V liefert. Bei Belastung sackt die Ausgangsspannung aber schnell zusammen. Allerdings wurde im Leerlauf bereits bei einer Beleuchtungsstärke von 2520 lx eine Leerlaufspannung von 19,7 V erreicht. Bei 5800 lx waren es 20,4 V. Als Lichtquelle wurden dabei Glühlampen verwendet (somit eine sehr ähnliche Lichtqualität wie die des Sonnenlichts während der Dämmerung).

Das Modul wurde nun gemäß Abschnitt 1.3.2.1 zur Aufladung eines Kondensators herangezogen. In diesem Fall wurde ein Elektrolytkondensator mit einer Kapazität von 4700 µF eingesetzt.

### 2.4.1 • Spannungskomparator

Kernstück des Energiesammlers ist ein Spannungskomparator. Die Spannung an einem Kondensator wird mit dem Komparator aus Bild 2.6 überwacht. Der Kondensator ist im Bild nicht dargestellt. Er ist mit dem Emitter von T8 und Masse (GND) verbunden.

Übersteigt die Spannung am Kondensator einen Schwellenwert, so schaltet der aus den Transistor T7 und T8 gebildete Darlingtontransistor des Komparators durch. Die Kondensatorspannung kann nun von Verbrauchern genutzt werden. In der Schaltung in Bild 2.6 wird mit Hilfe von IC2 (Spannungsregler LT3080) eine stabile Spannung von 3,3 V erzeugt. Es wurden nur einfache, handelsübliche Bauteile verwendet – die noch in unserem Werkstattlager als übriggebliebene Teile früherer Projekte herumlagen. Natürlich können anstelle der angegebenen PNP-Transistoren BC177 auch andere PNP-Kleinleistungstransistoren verwendet werden (BC212, BC556, BC557, etc.).

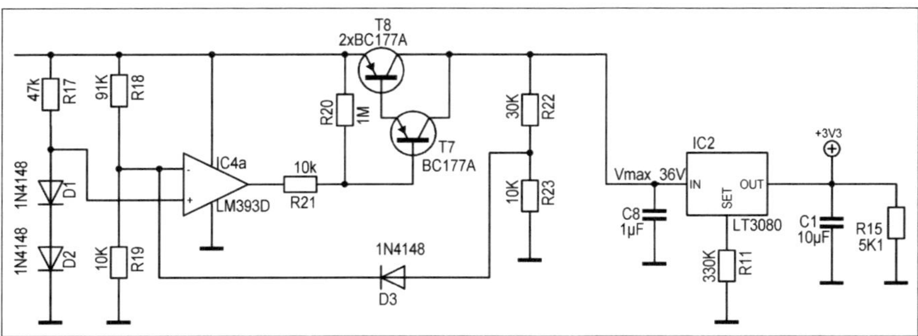


Bild 2.6 • Komparator für Anwendungen im Energy Harvesting.

Die Spannung an R19 steigt proportional mit der Eingangsspannung – also der Kondensatorspannung. Die Einschaltschwellspannung ist erreicht, wenn die Spannung an R19 die Spannung an der Anode von D1 überschreitet. Für die Eingangsspannung (die Spannung am Ladekondensator) muss demnach die folgende Bedingung erfüllt sein:

$$U_E \cdot \frac{R19}{R18+R19} > U_{D1}$$

$$U_E > U_{D1} \cdot \frac{R18+R19}{R19}$$

$U_E$ = Spannung am Emitter von T8.
$U_{D1}$ = Spannung an der Anode von D1.

Die Dioden D1 und D2 werden mit sehr geringem Strom betrieben. Man kann also von einer kleinen Schleusenspannung ausgehen. Werden 0,6 V pro Diode angesetzt, so erhält man für die Einschaltschwellspannung:

$$\frac{1{,}2\ \text{V} \cdot (91\ \text{k}\Omega + 10\ \text{k}\Omega)}{10\ \text{k}\Omega} = 12{,}12\ \text{V}$$

Verwendet man für R18 anstatt 91 kΩ einen Wert von 120 kΩ, dann ergibt sich rein rechnerisch eine Einschaltschwelle von etwa 15,6 V. Gemäß Gleichung (1.9) steigt die speicherbare Energie mit dem Quadrat der Kondensatorspannung. Es lohnt sich also, die Umschaltschwelle möglichst hoch zu wählen. Das macht natürlich nur Sinn, wenn die Urspannung $U_0$ (Bild 1.12) der angeschlossenen Quelle größer ist als die mit R18 eingestellte Einschaltschwelle. Ansonsten wird der Einschaltpunkt nie erreicht.

Die maximal erlaubte Eingangsspannung – und damit die maximale Urspannung der angeschlossenen Quelle – darf aber auch nicht größer sein als 35 V. Das wird durch die zulässigen Spannungs-Grenzwerte der verwendeten Bauteile bestimmt.

Wird ein Kondensator mit einer Kapazität von 4700 µF benutzt, gilt für die im Kondensator gespeicherte Energie [3]:

$$W_C = \frac{1}{2} \cdot C \cdot U^2 = \frac{1}{2} \cdot 4700 \cdot 10^{-6}\,\mathrm{F} \cdot (12{,}12\,\mathrm{V})^2 \approx 345\,\mathrm{mWs}$$

Würde man eine höhere Einschaltschwellspannung wählen, dann ergäbe sich natürlich mehr Energie, die in den Akkumulator umgeladen werden kann. Allerdings wäre dann auch der Aufladevorgang des Kondensators länger.

Beim Prototyp wurde bei R18 = 91 kΩ eine Einschaltschwellspannung von ca. 11 V gemessen, und bei R18 = 120 kΩ eine Einschaltschwelle von 14 V. Die Schwellspannung an den Dioden D1 und D2 ist also offensichtlich kleiner als 1,2 V (siehe dazu auch Abschnitt 1.3.3.1).

Nachdem T8 geöffnet ist, liegt die Spannung nun auch an R22 und R23. Der Komparator wird zurückgesetzt, wenn die Spannung an R23 kleiner ist als die Spannung an R19 zuzüglich der Schleusenspannung der Diode D3 $U_{D3}$.

$$\frac{U_E \cdot \mathrm{R19}}{\mathrm{R18} + \mathrm{R19}} + U_{D3} > \frac{U_E \cdot \mathrm{R23}}{\mathrm{R22} + \mathrm{R23}}$$

Das Ausschalten wird also vollzogen wenn

$$U_E < \frac{U_{D3}}{\frac{\mathrm{R23}}{\mathrm{R22} + \mathrm{R23}} - \frac{\mathrm{R19}}{\mathrm{R18} + \mathrm{R19}}}$$

Setzt man die Bauteilwerte ein und unterstellt eine Diodenschleusenspannung von 0,6 V, dann erhält man eine Schwellspannung für den Ausschaltvorgang von 3,97 V. Gemessen wurden 4,8 V, was auf eine Diodenschleusenspannung von 0,7 V deutet. Die Schleusenspannung von Siliziumdioden ist neben der Exemplarstreuung auch mit einem in weitem Bereich negativen Temperaturkoeffizienten behaftet (ca. –2 mV/K). Die berechneten Werte sind deshalb lediglich Anhaltswerte.

Diese Komparatorschaltung kann man nicht nur zur Gewinnung von Solarenergie verwenden. Jede beliebige Quelle mit ausreichend hoher Urspannung kann genutzt werden.

### 2.4.2 • Die Gesamtschaltung

Den Gesamtschaltplan erkennt man im Bild 2.7 (nächste Seite). C10 ist der Elektrolytkondensator mit der Kapazität von 4700 µF, der vom Solarpaneel aufgeladen wird. Das Solar-Paneel wird an die Buchse K1 angeschlossen (die Polarität ist zu beachten!). Im oberen Teil des Schaltbildes erkennt man den bereits besprochenen Komparator.

Der Kondensator C10 lädt sich nun auf. Je nach Innenwiderstand der Quelle (und damit je nach fließendem Strom) dauert es mehr oder weniger lange bis die Einschaltschwellspannung $U_o$ erreicht ist. Ist sie erreicht, dann schaltet der Komparator IC4 über T7/T8 die Kondensatorspannung zum Linearregler IC2 durch. Dieser versorgt einen Mikrocontroller mit Spannung (+3,3 V). Nun gibt der Kondensator seine Energie an den Mikrocontroller ab. Dieser entscheidet darüber ob noch andere Verbraucher außer er selbst versorgt werden. Dazu kann er über T2 den Transistor T1 öffnen und so die Energie aus dem Kondensator in den Akkumulator (der an der Klemme K2 angeschlossen ist) leiten. Der am Ausgang angeordnete Spannungsregler U2 (LM317) ist als Stromquelle geschaltet. Bei diesem IC

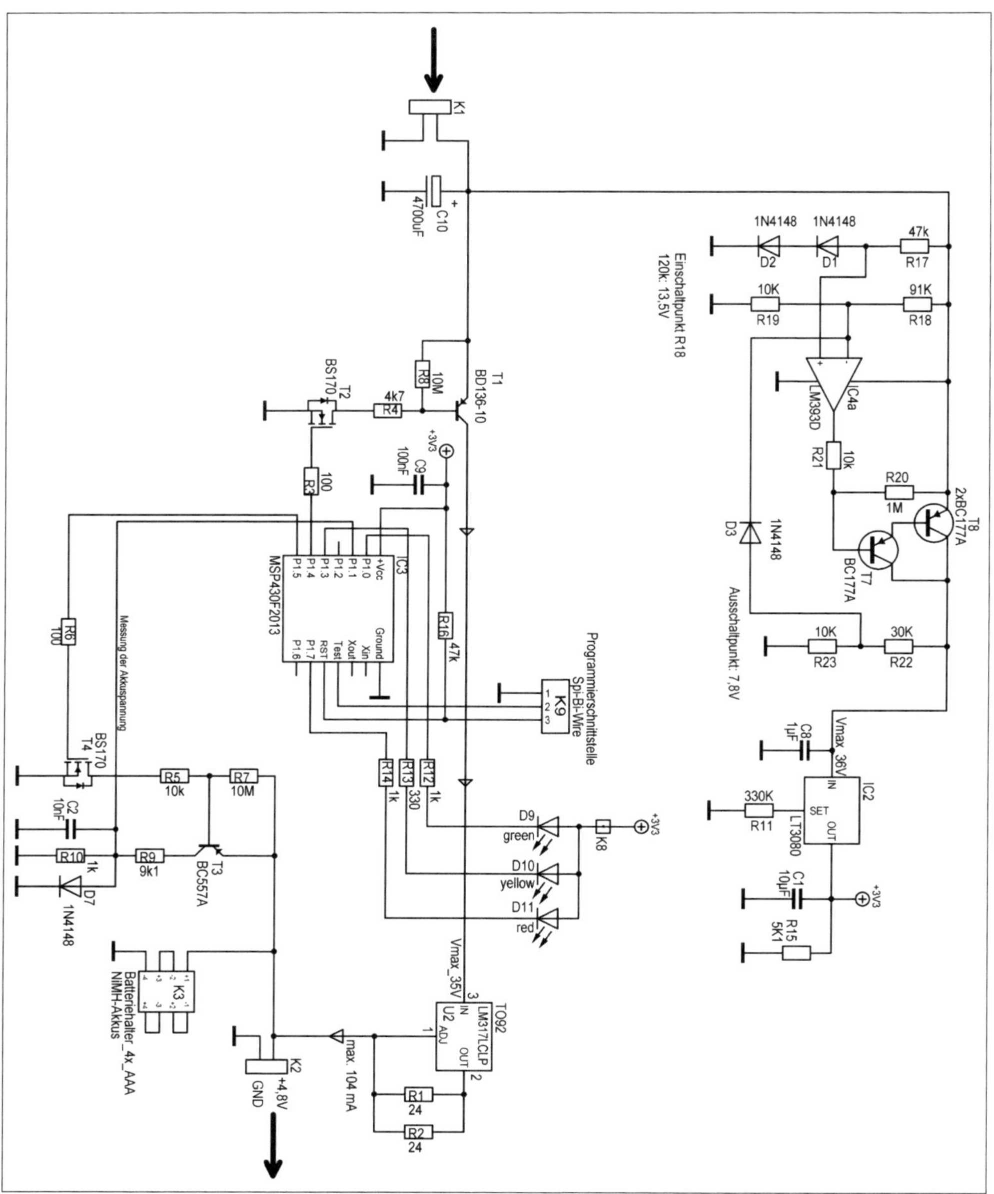


Bild 2.7 • Gesamtschaltbild des „Energiesammlers".

handelt es sich um einen Spannungsregler, der aber hier zur Strombegrenzung eingesetzt ist. Im Musteraufbau wurden vier NiMH-Akkumulatoren der Größe AAA (Micro) verwendet. Passend zu diesem Typ ist der Strom auf $I_L$ = 104 mA begrenzt. An den beiden parallel liegenden Widerständen R1 und R2 liegt die Referenzspannung (1,25 V) des Spannungsreglers. Deshalb gilt

$$I_L = \frac{1,25\ V}{12\ \Omega} \approx 104\ mA$$

Mit Blick auf möglichst wenig Verluste wurde für den Schalttransistor T1 ein PNP-Typ in entsprechender Schaltung (Emitterschaltung) gewählt. Bei einem herkömmlichen Emitterfolger (Kollektorschaltung) würde zu viel der kostbaren, gesammelten Spannung am Transistor selbst abfallen.

Während der Einschaltphase kann der Mikrocontroller über T4 den Transistor T3 durchschalten. Die Akkumulatorspannung liegt dann am Spannungsteiler R9, R10. Die Spannung an R10 ist ein Maß für die Akkuspannung. Die Messschaltung ist abschaltbar gestaltet, um möglichst wenig von der kostbaren eingehenden Energie zu vergeuden. Während der Ausschaltphase ist der Transistor T3 gesperrt. Der durch die Messschaltung noch fließende Strom liegt deutlich unter dem Selbstentladestrom des Akkumulators.

Der Mikrocontroller kann den Ladevorgang unterbrechen, wenn er feststellt, dass die Ladeschlussspannung des Akkus erreicht wurde (Überladeschutz).

Die Spannung am Kondensator sinkt. Ist die Abschaltspannung $U_u$ erreicht, unterbricht der Komparator den Stromfluss. Der Mikrocontroller erhält keine Versorgungsspannung mehr und stoppt. Auch eventuell angeschlossene Verbraucher bzw. Akkumulatoren erhalten nun keine Versorgungsspannung mehr. Der Vorgang beginnt von neuem. Bei entsprechend starker Beleuchtung bzw. wenn ausreichend große Energie eingespeist wird, bleibt die Einschaltschwelle des Komparators erhalten und der Akkumulator wird mit dem konstantem Dauerstrom von 104 mA geladen. Ansonsten wird (bei schwacher Beleuchtung) der Kondensator allmählich aufgeladen. Je schwächer die Beleuchtung, desto länger dauert der Aufladevorgang.

Im Bild 2.8 ist das Oszillogramm der Spannungen am Schalttransistor T1 zu sehen. Die blaue Kurve zeigt die Spannung am Emitter – also am Ladekondensator C10. Die lila Kurve zeigt die Spannung am Kollektor – also am Eingang des Strombegrenzers U2. Die Beleuchtungsstärke betrug 1000 lx. Wie aus dem Diagramm zu sehen ist gibt es ca. alle 13 s einen Ladepuls mit dem der Akkumulator aufgeladen wird. Zum Vergleich: in Räumen in denen feine mechanische Arbeiten verrichtet werden ist eine minimale Beleuchtungsstärke von 500 lx vorgeschrieben. Dort wären die Pausen zwischen den Ladepulsen länger. Entsprechend wären bei größeren Beleuchtungsstärken die Pausen kürzer.

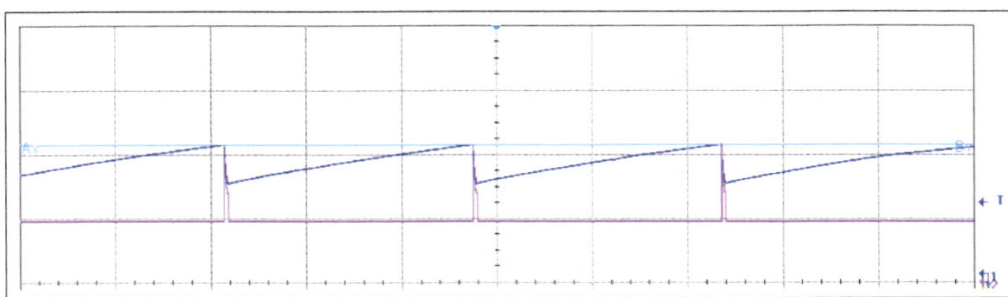

Bild 2.8 • Der Ladevorgang bei 1000 lx.
Blau: Spannung am Ladekondensator C10 bzw. am Emitter von T1; lila: Spannung am Eingang von U2 bzw. am Kollektor von T1. Y: 5 V/div; X: 5 s/div.

Im Bild 2.9 wurde ein Ladepuls, mit dem der Akkumulator aufgeladen wird, genauer untersucht. Die Ladedauer für den Akkumulator beträgt ziemlich genau 200 ms.

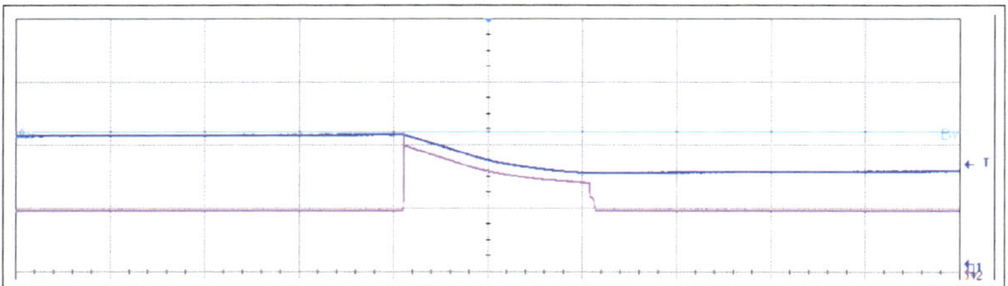

Bild 2.9 • Der Ladepuls beim Prototyp. Die Beleuchtungsstärke betrug 1000 lx.
Blau: Spannung am Ladekondensator C10 bzw. am Emitter von T1; lila: Spannung am Eingang von U2 bzw. am Kollektor von T1. Y: 5 V/div; X: 100 ms/div.

Die Diagramme lassen erkennen, dass der Mikrocontroller den Ladevorgang unterbricht, wenn die Kondensatorspannung auf ca. 7,5 V abgesunken ist. Der Spannungsteiler bestehend aus R22 und R23 wurde entsprechend angepasst. Das ist sinnvoll, da, um eine Ladung des Akkus zu ermöglichen, die Ladespannung deutlich größer sein muss als die Nennspannung der Akkumulatoren (4,8 V). Denn auch am Strombegrenzer U2 gibt es einen Spannungsabfall, der zu berücksichtigen ist. Somit wird pro Impuls lediglich eine Energie von etwa

$$\Delta E = \frac{1}{2} \cdot 4700 \cdot 10^{-6}\ \mathrm{F} \cdot \left((11\ \mathrm{V})^2 - (7{,}5\ \mathrm{V})^2\right) \approx 152{,}16\ \mathrm{mWs}$$

in den Akkumulator geladen.

Im Bild 2.10 ist die Platine des Prototyps zu sehen. Rechts ist Platz für den Akkumulator, der hier noch nicht montiert ist. Links unten ist der Ladekondensator (4700 µF/35 V) zu sehen. Links daneben ist der Schraubverschluss für die Quelle (hier für ein Solarmodul)

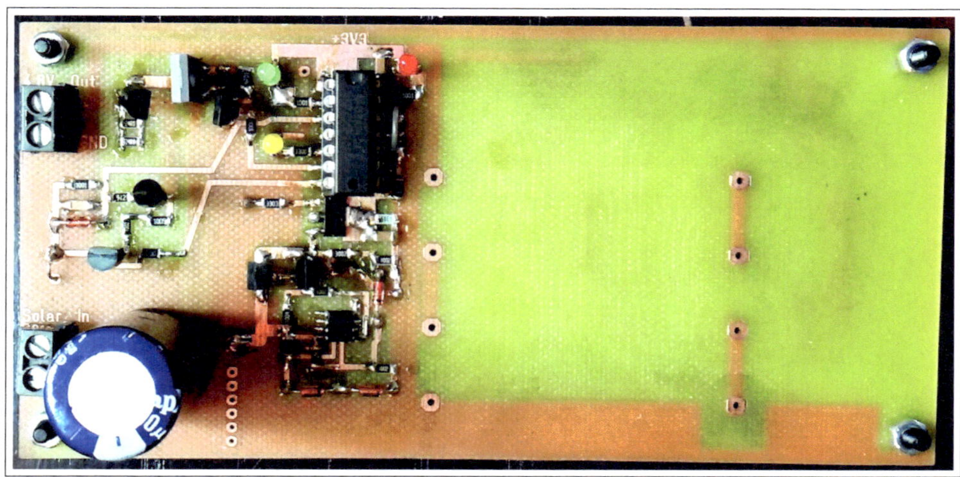


Bild 2.10 • Platine des Prototypen (Draufsicht).

Bild 2.11 • Programmierung des Prototypen noch ohne Ladekondensator und mit simuliertem Akkumulator.

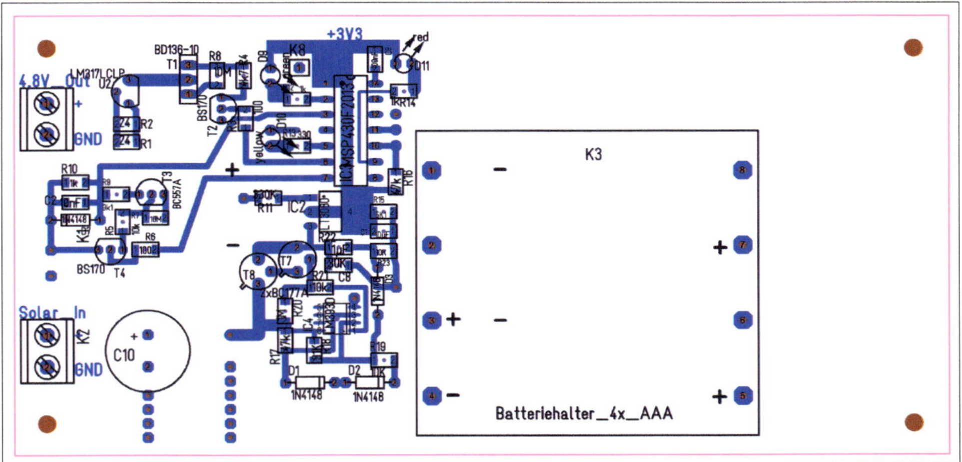


Bild 2.12 • Layout und Bestückung der Oberseiten beim Prototypen (nicht maßstabsgetreu).

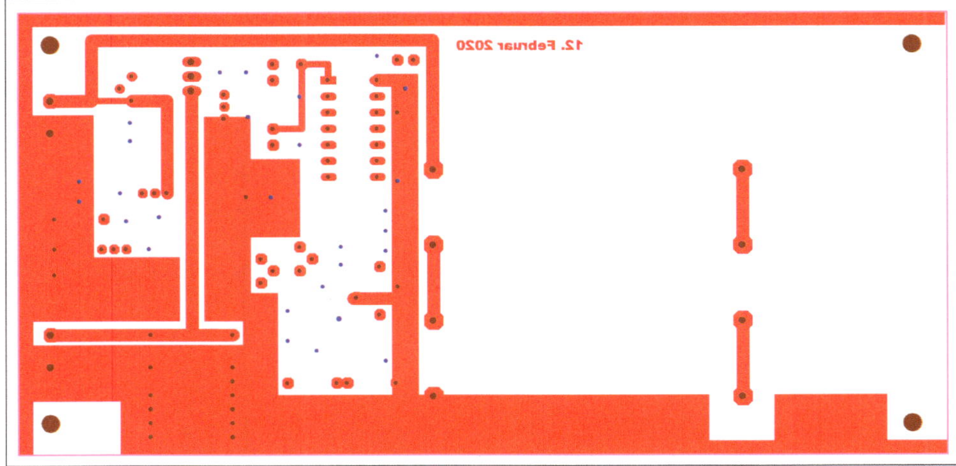

Bild 2.13 • Layout der Unterseite. Auf der Unterseite werden keine Bauteile angeordnet (nicht maßstabsgetreu).

angeordnet. Oben links ist der Schraubanschluss für den Verbraucher bzw. Akkumulator (4 x AAA NiMH-Zelle in Reihe). Der Komparator ist im SMD-Gehäuse der Mikrocontroller im normalen THT-DIL-Gehäuse. Für die Programmierung des Mikrocontrollers sind drei Lötpads vorgesehen. Es wird die Spy-Bi-Wire-Schnittstelle verwendet. Diese funktioniert mit nur drei Leitungen. Die Schnittstelle wird an einem LaunchPad „angezapft". Details dazu findet man in [2] und in [3]. Bild 2.11 zeigt die Programmierung beim Prototypen. Der Ladekondensator ist noch nicht angeschlossen. Der Akkumulator wird durch die Parallelschaltung eines Kondensators und einer Zenerdiode mit 4,7 V simuliert. An die blaue und rote Leitung ist ein Labornetzteil angeschlossen, dass als Stromquelle eingestellt ist. Damit wird die Solarzelle simuliert.

### 2.4.3 • Das Programm des Mikrocontrollers

Beim eingesetzten Mikrocontroller handelt es sich um einen MSP430F2013. Die MSP430-Mikrocontroller von Texas Instruments wurden in Deutschland entwickelt. Sie sind auf minimalen Energieverbrauch optimiert. Bei [9] handelt es sich um eine Einführung mit praktischer Anwendung zu diesem Mikrocontroller.

Sobald die Versorgungsspannung vom Komparator freigeschaltet wurde, startet der Mikrocontroller und das in ihm gespeicherte Programm wird abgearbeitet. Er schaltet die Kondensatorspannung zum Strombegrenzer U2 durch. Anschließend öffnet er mit Hilfe von T4 den Transistor T3 und misst die Spannung des Akkumulators. Ist die Ladeschlussspannung erreicht, so sperrt er T1 und unterbricht somit den Ladevorgang.

Bei den Diagrammen in den Bildern 2.8 und 2.9 war die Taktfrequenz des Mikrocontrollers auf 16 MHz eingestellt. Aus dem Bild 2.9 ist zu erkennen, dass die Breite des Ladepulses dort 200 ms beträgt. Für den Start werden nur wenige Taktzyklen benötigt. Insgesamt hatte der Mikrocontroller somit 3200000 Taktzyklen bis zur Stromabschaltung durch den Komparator zur Verfügung. Aus Sicht des Mikrocontrollers ist ein Zeitfenster von 200 ms also durchaus üppig.

Um den Eigenverbrauch des Mikrocontrollers zu verkleinern, habe ich die Taktfrequenz auf 117 kHz gesenkt. Auch bei dieser Frequenz stehen dem Mikrocontroller noch 23400 Taktzyklen bis zur Abschaltung zur Verfügung.

Nachfolgend ist der kommentierte Code in C abgedruckt. Er dient als Einstieg und sollte an die jeweilige spezielle Aufgabe angepasst werden. Mit dem Mikrocontroller hat man viele Möglichkeiten unterschiedlichste Aufgaben zu erledigen. Neben der niedrigen Taktfrequenz hat dieser Code die Besonderheit, dass das Ergebnis des Analog-Digital-Wandlers nicht über einen Interrupt abgerufen wird, sondern in einer Endlosschleife. Bei jedem Schleifendurchlauf wird der Analog-Digital-Wandler aktiviert und das Ergebnis aufgenommen. Es werden auf diese Weise nur so viele Ergebnisse geliefert, wie auch verarbeitet werden können.

```
//Eingang für die Analogspannung ist P1.1
//10. März 2020 / F.P. Zantis
#include <msp430F2013.h>
unsigned int medianval;                 //für den Median
unsigned int werteP11[11];              //array with the values where the
                                        //median should be found

const unsigned int numofvalues = 11;    //die Werte stehen dann auf den
                                        //Plätzen 0 bis 10
unsigned int findmedian(unsigned int[], unsigned int);
unsigned int counter = 0;

int main(void) {
    WDTCTL = WDTPW | WDTHOLD;         //Stop watchdog timer
    DCOCTL = 3;                       //DCO-Frequenzbereich
    BCSCTL1 = BIT7;                   //XT2 ausschalten
    //BCSCTL1 |= RSEL2;               //gemessen: 328 kHz
    //BCSCTL1 |= RSEL1;               //gemessen: 165 kHz
    BCSCTL1 |= RSEL0;                 //gemessen: 117 kHz


    P1DIR |= BIT0;                    //P1.0 als Ausgang, LED grün
    P1DIR |= BIT3;                    //P1.3 als Ausgang, LED gelb
    P1DIR |= BIT7;                    //P1.7 als Ausgang, LED rot
    P1DIR |= BIT4;                    //P1.4 als Ausgang
    P1OUT &= ~BIT4;                   //P1.4 Eingangsspannung nicht
                                      //durchschalten
    //P1SEL |= BIT4;                  //SMCLK ausgeben zur Prüfung
    P1DIR |= BIT5;                    //P1.5 als Ausgang; zur Aktivierung der
Messung der Akkuspannung

    P1DIR &= ~BIT1;                   //P1.1 ist der Eingangspin für den ADU
    SD16AE = SD16AE1;                 //Eingang über A4+; A4- intern auf GND
    SD16INCTL0 = SD16INCH_4;          //ADC-input via A4+; P1.1
    SD16CTL = SD16REFON;              //Referenzspg. des µC verwenden, 1200 mV
    SD16CTL |= SD16SSEL_1;            //Takt ist SMCLK
    SD16CTL |= SD16DIV_2;             //Taktteiler /16
    SD16CTL |= SD16DIV_0;             //Taktteiler /1  --> ADU-Takt ist
                                      //SMCLK/16
    SD16CCTL0 = SD16UNI;              //Unipolarer Input 0 bis FFFF
    SD16CCTL0 |= SD16SNGL;            //Single-Mode; immer nur eine Wandlung
                                      //machen
    SD16CCTL0 &= ~SD16XOSR;           //Filterlänge
    SD16CCTL0 |= SD16OSR_128;         //Filterlänge ist 128; Abtastrate =
                                      //ADUtakt/128

    while(1)
```

```
    {
        P1OUT &= ~BIT3;                         //P1.3 auf GND --> LED gelb an
        P1OUT |= BIT5;                          //Spannungsmessung aktivieren
         SD16CCTL0 &= ~ SD16IFG;                //clear ADC Interrupt Flag
         SD16CCTL0 |= SD16SC;                   //AD Wandler starten
         while (!(SD16CCTL0 & SD16IFG));        //AD Wandlung fertig ?

         werteP11[counter] = SD16MEM0;          //neuen Wert einsortieren - in
                                                //das Array schreiben
         counter++;
         if (counter == numofvalues)            //die Werte stehen auf Platz 0
                                                //bis numofvalues-1
         {
                counter = 0;
         }

         medianval = findmedian(werteP11, 11);       //Median finden
        P1OUT &= ~BIT5;                              //Spannungsmessung
                                                     //deaktivieren
        P1OUT |= BIT3;                          //P1.3 auf High --> LED gelb aus

         P1OUT &= ~BIT0;                             //P1.0 auf GND -->
                                                     //LED grün an
         if (medianval > 65000)                      //Ladeschlussspannung
                                                     //erreicht
         {
                P1OUT &= ~BIT4;                      //Spannung zum Akku
                                                     //unterbrechen
                P1OUT &= ~BIT0;                      //grüne LED an
         }
         else
         {
                        P1OUT |= BIT4;               //Spannung zum Akku
                                                     //durchschalten
                        P1OUT |= BIT0;               //grüne LED aus
         }
         P1OUT |= BIT0;                              //P1.0 auf Hig -->
                                                     //LED grün aus
    }
}

unsigned int findmedian(unsigned int thearray[], unsigned int arraysize)
{        //diese C-Funktion gibt aus dem eingehenden Array thearray[] den
         //mittelsten Wert
         //(Median) aus; Übernommen wird nebem den Array selbst auch die
         //Größe des Arrays
```

```
        //(gezählt ab 1)
        unsigned int ltmp;
        unsigned int li;
        unsigned int lj;
        for (li = 0; li < arraysize; ++li)   //hier beginnt der
                                             //Sortieralgorithmus
        {
                for (lj = 0; lj < arraysize - li - 1; ++lj)
                {
                        if (thearray[lj] > thearray[lj + 1])
                        {
                                ltmp = thearray[lj];
                                thearray[lj] = thearray[lj + 1];
                                thearray[lj + 1] = ltmp;
                        }
                }
        }
        ltmp = arraysize >> 1;             //arraysize geteilt durch 2 gibt
                                           //den Platz des Median;
                                           //z.B. 11/2 = 5 (Rest 0.5)
        return thearray[ltmp];             //den Median ausgeben;
}
```

### 2.4.4 • Energiebetrachtungen

Wie viel Energie mit der Schaltung geerntet werden kann, hängt primär von der Quelle ab. Die Schaltung ermöglicht allerdings lediglich, die Energie nutzbar zu machen. Wie viel Energie die Quelle abgibt, kann die Schaltung nicht beeinflussen. Voraussetzung für die Funktion ist in jedem Fall eine ausreichend hohe Urspannung.

Die Quelle lädt den Kondensator auf. Die Kondensatorspannung steigt proportional mit dem einfließenden Strom. Man kann das wie folgt schreiben:

$$U_C = \frac{1}{C}\int i \cdot dt \tag{2.6}$$

$U_C$ = Spannung am Ladekondensator
$C$ = Kapazität in F
$i$ = variabler Strom in A

Die meisten Quellen im Energy-Harvesting werden keinen konstanten Strom liefern. Wäre der Stromfluss doch konstant, dann kann man vereinfachen:

$$U_C = \frac{1}{C} \cdot I \cdot t \tag{2.7}$$

$U_C$ = Spannung am Ladekondensator
$C$ = Kapazität in F
$I$ = konstanter Strom in A

Wie gezeigt wurde, wird mit Hilfe eines Komparators die im Kondensator gespeicherte Energie bei Erreichen einer definierten Schwellspannung $U_o$ an den Stromverbraucher weitergeleitet. Dies ist beim Energy Harvesting häufig ein Akkumulator. Die dabei „umgeladene" Energie ist

$$\begin{aligned} E &= E_o - E_u \\ &= \frac{1}{2} \cdot C \cdot U_o^2 - \frac{1}{2} \cdot C \cdot U_u^2 \\ &= \frac{1}{2} \cdot C \cdot \left(U_o^2 - U_u^2\right) \end{aligned} \tag{2.8}$$

$E$ = Energie die genutzt werden kann
$E_o$ = Energie die der Kondensator beim Erreichen der Einschaltschwelle enthält
$E_u$ = Energie die der Kondensator noch gespeichert hat, wenn die Abschaltschwelle erreicht ist
$U_o$ = Spannung am Ladekondensator beim Erreichen der Einschaltschwelle
$U_u$= Spannung am Ladekondensator beim Erreichen der Ausschaltschwelle
C = Kapazität in F

Nach Gleichung 2.8 berechnet sich bei Verwendung eines Kondensators von 4700 µF und mit R18 = 120 kΩ die erfassbare Energie je Umladevorgang (vom Kondensator zum Akkumulator oder Verbraucher) wie folgt:

$$E = \frac{1}{2} \cdot 4700 \cdot 10^{-6}\ \mathrm{F} \cdot \left((14\ \mathrm{V})^2 - (4,8\ \mathrm{V})^2\right) \approx 0,406\ \mathrm{Ws}$$

Die Gleichung zeigt auch, dass die Energie pro Umladevorgang proportional mit der Kapazität des Kondensators steigt. Außerdem steigt sie natürlich mit der Spannungsdifferenz. Es lohnt sich also, den Komparator erst bei möglichst hoher Eingangsspannung einzuschalten und möglichst spät wieder auszuschalten. Was in der Praxis möglich ist, bestimmt die zu erwartende Spannung, die die Quelle liefert. Im Falle der Solarzelle sind vergleichsweise hohe Spannungen möglich. Die Abschaltspannung wird in unserem Beispiel bestimmt durch die Akkumulatorspannung. Unterhalb der Akkumulatorspannung abzuschalten, verlängert lediglich die nächste Aufladezeit. Sobald die Kondensatorspannung kleiner ist als die Akkumulatorspannung, kann kein Ladestrom mehr fließen. Die gespeicherte Energie wird nur noch durch die Überwachungselektronik „verbraucht".

In unserer Werkstatt habe ich noch einen älteren Elektrolykondensator mit einer Kapazität von 18000 µF gefunden. Damit wäre pro Umladevorgang eine Energie von 1,557 Ws möglich.

Bei einem Elektronik-Lieferanten habe ich sogar eine Kondensator mit 0,1 F/25 V gefunden. Damit wäre jeder Umladepuls ca. 8,6 Ws. Bei einer schwachen Quelle würde der Aufladevorgang bis zum Einschaltpunkt allerdings dann ziemlich lange dauern.

Soll z.B. ein Sensor zyklisch Daten senden – sagen wir pro Stunde einmal – dann könnte man die Energie auch statt in einem Akkumulator in einen Kondensator mit besonders

großer Kapazität sammeln. Die Kapazität muss so groß sein, dass die Zeiten, während dessen die Quelle nicht liefert, überbrückt werden können.
Allerdings sind bei diesen Kondensatoren, die sehr hohe Kapazitäten aufweisen, die Leckströme vergleichsweise groß. Der von der Quelle lieferbare Strom muss deutlich höher sein als der Leckstrom des verwendeten Kondensators.

## 2.5 • Versorgen eines Temperatur-Außenfühlers durch Solarzellen

Ein Temperatursensor, der an einem Schuppen im Garten angebracht ist soll nicht länger mit Batterien gespeist werden. Stattdessen soll der Sensor mit Hilfe von Solarzellen mit Energie versorgt werden. Der Sensor sendet ca. alle 5 Minuten einen Temperaturwert an die Station, die sich im Haus befindet.

Zunächst ist es gut zu wissen wie viel Energie benötigt wird. Der Sensor sendet nur kurz. Aber auch während der Zeit, die der Sensor nicht sendet benötigt er (sehr wenig) Energie. Die Versorgungsspannung wird normalerweise durch zwei Batterien oder Akkus bereitgestellt. Sie liegt somit zwischen 2,4 V und 3 V. Die Batterien können den Sensor etwa 1 Jahr mit Energie versorgen.

Die Energie-Harvesting-Quelle muss eine gleich große Spannung liefern können. Den Strom zwischen den Sendeimpulsen kann man mit einem Multimeter messen. Um den Strom zu messen, der beim Absetzen des Sendeimpulses vom Sensor gezogen wird ist ein Oszilloskop erforderlich. Für ein Multimeter ist dieser Impuls zu kurz. Allenfalls mit einem rein analogen Strommesser hat man eventuell eine Chance, den Strompuls abzuschätzen.

Manchmal steht der am Einsatzort positionierte Sensor nicht zu Verfügung, so dass die Leistung, die mindestens zur Verfügung gestellt werden muss, lediglich geschätzt werden kann. Gleiches gilt in Ermangelung geeigneter Messgeräte. Dazu ein Beispiel: Die zwei Batterien vom Typ AAA, die im zu versorgenden Sensor verwendet werden, haben eine Kapazität von 800 mAh. Da diese den Sensor etwa ein Jahr mit Energie versorgen können, benötigt der Sensor pro Tag 2,2 mAh, denn

$$\frac{800\ \text{mAh}}{365\ \text{Tage}} = 2{,}2\ \text{mAh/Tag}$$

Somit liegt die gemittelte Stromaufnahme bei 92 µA:

$$\frac{2{,}2\ \text{mAh}}{24\ \text{h}} = 92\ \mu\text{A}$$

Mit Blick auf weitere Verbraucher, die vielleicht zu einem späteren Zeitpunkt noch mit geernteter Energie versorgt werden sollen, habe ich die Versorgungseinheit nicht zu klein dimensioniert.

### 2.5.1 • Sperrwandler mit Übertrager

In einer Bastelkiste fand ich noch 5 Solarzellen, die ich auf eine kleine Holzkiste geschraubt und in Reihe geschaltet habe. Diese Solarzellen liefern bei bewölktem Himmel eine Spannung von 300....500 mV. Um diese Solarzellenreihe ganzjährig für das Energy-Harvesting-Projekt einzusetzen, muss also die Spannung erhöht werden. Dazu wird ein selbstschwingender Sperrwandler aufgebaut. Die grundsätzliche Funktion eines solchen Sperrwandlers wurde bereits im Kapitel 1 grob erläutert. Im Rahmen der hier aktuellen Aufgabenstellung möchte ich die Funktion der Schaltung nun detaillierter beschreiben.

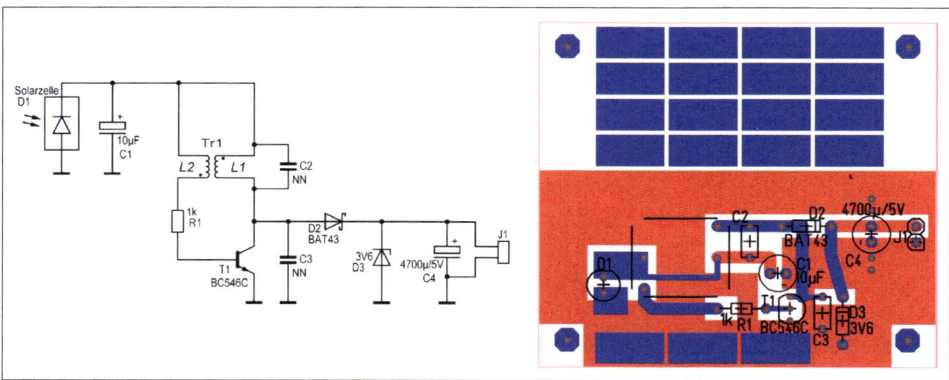


Bild 2.14 • Sperrwandler z.B. für die Versorgung von Sensoren an einem Schuppen.
Links: Schaltbild; Rechts: Vorschlag für ein Layout (nicht maßstabsgetreu).
Blau: Kupfer-Oberseite. Rot: Kupfer-Unterseite. Abmessungen: 62 x 62 mm.

Die Gesamtschaltung ist im Bild 2.14 zu sehen. Der Sperrwandler besteht im wesentlichen aus einem Transistor T1 und einem Übertrager Tr1 (VOGT 5460700400 bzw. Typ 31694; den hatte ich noch in der Bastelkiste gefunden). Diese Variante eines Sperrschwingers kann selbstständig anschwingen. Der Übertragern hat ein Übersetzungsverhältnis von 1:1 mit jeweils 22 µH je Wicklung.

Um die Funktionsweise des Sperrschwinger zu verstehen müssen einige Zusammenhänge bekannt sein. Wesentlich für die Funktion ist die Kopplung der beiden Spulen von Tr1. Zwei gut verkoppelte, selbst gewickelte Spulen können genau so gut funktionieren wie ein fertiger Übertrager. Die Wicklungen beider Spulen müssen gegensinnig ausgeführt werden. Im Schaltplan Bild 2.14 ist dies durch die Punkte gekennzeichnet. Es gilt dann

$$U_{L2} = -U_{L1}$$

L2 ist die Spule im Basiskreis, und L1 ist die Spule im Kollektorkreis (entsprechend n2 und n1 im Bild 1.3). Daher wirkt sich die Spannung über L2 direkt auf den Bipolartransistor aus. Bekannterweise ist der Kollektorstrom $I_C$ direkt abhängig vom Basisstrom $I_B$ über die Stromverstärkung $\beta$ bzw. $h_{FE}$. R1 begrenzt den Basisstrom.

Zunächst wird angenommen, dass die Solarzelle keine Spannung (und damit keinen Strom) liefert. Steigt nun die Spannung an der Solarzelle (z.B. in der Morgendämmerung), wird die Basis-Emitter-Strecke des Transistors irgendwann leitfähig und es beginnt durch L2 und R1 Strom in die Basis von T1 zu fließen. Dadurch wird die Kollektor-Emitter-Strecke leitfähig und die Kollektor-Emitter-Spannung nimmt ab. Zwangsläufig steigt die Spannung über L1. Wegen der Kopplung von L2 und L1 wird nun der Transistor noch besser leitfähig. Diese

Mitkopplung sorgt dafür, dass der Transistor in sehr kurzer Zeit seine maximale Leitfähigkeit erreicht.

Der Strom in L1 steigt, bis ein Maximalwert erreicht wird. Gleichzeitig wird in der Spule ein Magnetfeld aufgebaut. Die Höhe des Maximalwertes ist abhängig von R1 und der Stromverstärkung des Transistors.

Die Spannung an einer Spule hängt direkt von der Änderung des Stromes ab, der durch sie hindurch fließt. Da der Strom nicht mehr weiter ansteigt, kehrt sich die Spannung an der Spule um. Somit kehrt sich auch die Spannung an L2 um und der Transistor wird gesperrt. Die Energie, die im Magnetfeld steckt, treibt nun den Strom weiterhin durch die Spule. Da T1 keinen Stromfluss mehr zulässt, ist der einzig mögliche Pfad der Weg durch Diode D2. Über diesen baut sich das Magnetfeld in der Spule ab, bis der Strom nahe 0 A ist, womit die Schaltung wieder am Ausgangspunkt angelangt ist und der Vorgang sich wiederholt. Die zugehörigen Strom-/Spannungsverläufe sind im Bild 2.15 zu sehen.

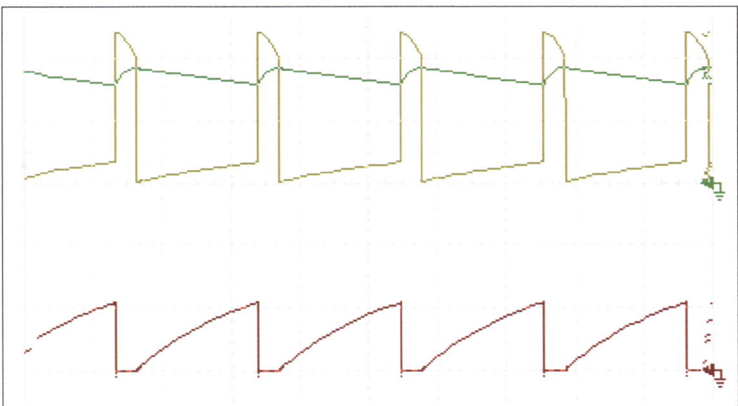

Bild 2.15 • Spannungs-/Stromverläufe bezogen auf Bild 2.14 von oben nach unten:
Spannung am Ausgangskondenstor C4.
Spannung am Kollektor von T1.
Strom durch die Spule L1.

Zur Berechnung der Ausgangsspannung ist es zunächst nötig, die Dauer der Leit- und Sperrphasen des Transistors zu ermitteln. Der Einfachheit halber wird vorausgesetzt, dass die beiden verkoppelten Spulen L1 und L2 die gleiche Windungszahl aufweisen (in der Praxis ist dies allerdings auch meistens der Fall). Außerdem wird von einem „eingeschwungenen Zustand" ausgegangen. Es müssen zur Berechnung viele Annahmen gemacht werden. Deshalb ist die Rechnung für das Verständnis der Schaltung hilfreich. Eine praxistaugliche Berechnung der Bauteile ist jedoch nicht zu erwarten. Praktische Versuche sind unerlässlich.

Zunächst wird die Phase betrachtet, bei der der Transistor leitet. Unter der Annahme, dass die Spannung an C1 (Betriebsspannung $U_{C1}$) und die Kollektor-Emitter-Sättigungsspannung am Transistor $U_{CEsat}$ annähernd konstant sind, ergibt sich die Spannung über der Spule von L1 wie folgt:

$$U_{L1} = U_{C1} - U_{CEsat} = L1\frac{di_L}{dt} \tag{2.9}$$

$U_{C1}$ = Spannung am Kondensator C1 = $U_{Batt}$
$U_{CEsat}$ = Kollektor-Emitter-Sättigungsspannung am Transistors
$U_{L1}$ = Spannung an der Spule L1
$L_1$ = Induktivität der Spule L1

Die linke Seite der Gleichung ist konstant, folglich steigt der Strom in der Spule linear an. Aus der Funktionsweise der Schaltung ergibt sich, dass der Spulenstrom immer bei 0 beginnt. Für den Spulenstrom $i_{L1} = \mathbf{f}(t)$ kann dann geschrieben werden:

$$i_{L1} = \frac{U_{C1} - U_{CEsat}}{L1} \cdot t \tag{2.10}$$

Der Spulenstrom ist gleich dem Kollektorstrom, dessen Maximalwert durch den Basisstrom begrenzt wird (der Bipolartransistor ist eine stromgesteuerte Stromquelle). Maßgeblich für den Basisstrom ist der Widerstand R1. Unterstellt man eine optimale Kopplung der Spulen L1 und L2, so fällt über beiden die gleiche Spannung mit umgekehrten Vorzeichen ab. Somit kann geschrieben werden:

$$U_{R1} + U_{BEsat} = U_{C1} - U_{L1}$$

$U_{R1}$ = Spannung am Basiswiderstand R1
$U_{BEsat}$ = Basis-Emitter-Sättigungsspannung am Transistor
$U_{C1}$ = Spannung am Kondensator C1 = $U_{Batt}$
$U_{L1}$ = Spannung an der Induktivität L1

$$U_{R1} + U_{BEsat} = U_{C1} + U_{L2} = 2 \cdot U_{C1} - U_{CEsat}$$

Der Maximalstrom $I_L$ ist dann mit der Stromverstärkung β wie folgt verknüpft:

$$I_L = \beta \cdot I_B = \beta \cdot I_{R1} = \frac{2 \cdot U_{C1} - U_{CEsat} - U_{BEsat}}{R1}$$

Mit Hilfe dieses Maximalstromes lässt sich ausgehend von Gleichung (2.10) nun die Zeit $T_1$ während dessen der Transistor leitet berechnen:

$$T_1 = \frac{L \cdot I_L}{U_{C1} - U_{CEsat}}$$

Weil der Strom durch die Spule nicht mehr steigt, wird der Transistor gesperrt; das wurde bereits erläutert. Die Spule versucht mit Hilfe der Energie, die im aufgebauten Magnetfeld steckt, den Strom aufrecht zu erhalten. Die einzige Möglichkeit dazu ist der Weg über die Diode D2. Dazu muss die Spannung an der Anode der Diode ansteigen auf einen Wert von

$$U_{L1} = U_{C1} - U_{C4} - U_D$$

$U_{L1}$ = Spannung an der Spule L1
$U_{C1}$ = Spannung am Kondensator C1 = $U_{Batt}$

$U_{C4}$ = Spannung am Kondensator C4 = Ausgangsspannung
$U_D$ = Spannung an der Diode D2

Wie bereits erwähnt: Der Strom durch L2 steigt bis zur Sättigung des Kollektorstroms – dieser Arbeitspunkt ist abhängig vom Basisstrom, der durch R1 mitbestimmt wird. Die nächste Annahme ist fällig: Angenommen alle Spannungen sind für die Dauer der Sperrphase des Transistors konstant. Das ist bei $U_{C1}$ für die Dauer der Sperrphase sicher erfüllt. Bei $U_D$ ist dies durch die Physik einer Diode sichergestellt. Bei $U_{C4}$ ist es erfüllt, wenn C4 ausreichend groß ist. Dadurch, dass alle Spannungen als konstant angesehen werden, baut sich das Magnetfeld mit Hilfe eines linear sinkenden Spulenstrom ab.

$$i_{L1} = I_L + \frac{U_{C1} - U_{C4} - U_D}{L1} \cdot (t - T_1)$$

Am Ende eines Zyklus ist der Strom durch L1 wieder bei 0 angelangt.

$$i_{L1} = 0 = I_L \cdot L1 + (U_{C1} - U_{C4} - U_D) \cdot (t - T_1)$$

Mit Einführung von $t = T_1 + T_2$ geht es weiter...

$t$ = Periodendauer der vom Sperrwandler erzeugten Schwingung
$T_1$ = Leitphase des Transistors
$T_2$ = Sperrphase des Transistors

$$T_2 = \frac{I_L \cdot L1}{U_{C4} + U_D - U_{C1}}$$

Da nun beide Zeiten bekannt sind, kann die Ausgangsspannung berechnet werden. Im stationären Zustand ändern sich die Ausgangsspannung und der Ausgangsstrom im zeitlichen Mittel nicht. Ebenso sind $T_1$ und $T_2$ konstant. Weiterhin gilt, dass der Strom durch C4 im zeitlichen Mittel 0 sein muss. Wäre der Strom ungleich null, so würde die Spannung am Ausgang ansteigen oder fallen. Das würde jedoch der Forderung widersprechen, dass sich die Schaltung im stationären Zustand befindet. Daraus ergibt sich nun, dass der mittlere Laststrom (der Strom der über J1 durch den angeschlossenen Verbraucher fließt) identisch sein muss mit dem mittleren Strom durch die Diode D2. Letztgenannter lässt sich leicht bestimmen. D2 ist nur für die Zeit $T_2$ leitfähig. In dieser Zeit nimmt der Strom linear von $I_L$ bis auf Null ab. Der gemittelte Strom ist aber über die gesamte Periode $T$ konstant (angenommen). Es gilt:

$$\overline{I_{D2}} = \frac{\frac{1}{2} \cdot T_2 \cdot I_L}{T_1 + T_2}$$

Im Schaltbild ist kein Lastwiderstand $R_L$ angeschlossen. Wäre einer angeschlossen, dann könnte man jetzt schreiben:

$$\overline{I_{D2}} = \frac{U_{C4}}{R_L} = \frac{1}{2} \cdot I_L \cdot \frac{T_2}{T_1 + T_2}$$

Im Term ganz rechts werden nun die Formeln für die Zeiten $T_1$ und $T_2$ eingesetzt.

$$\frac{T_2}{T_1 + T_2} = \frac{\dfrac{I_L \cdot L1}{U_{C4} + U_D - U_{C1}}}{\dfrac{L1 \cdot I_L}{U_{C1} - U_{CEsat}} + \dfrac{I_L \cdot L1}{U_{C4} + U_D - U_{C1}}}$$

$$= \frac{1}{\dfrac{U_{C4} + U_D - U_{C1}}{U_{C1} - U_{CEsat}} + 1}$$

$$= \frac{U_{C1} - U_{CEsat}}{U_{C4} + U_D - U_{CEsat}}$$

Setzt man den Term in die Ausgangsformel ein, dann liefert dies:

$$\overline{I_{D2}} = \frac{U_{C4}}{R_L} = \frac{1}{2} \cdot I_L \cdot \frac{U_{C1} - U_{CEsat}}{U_{C4} + U_D - U_{CEsat}}$$

Es gilt auch:

$$\overline{I_{D2}} = \overline{I_{R_L}} = \frac{U_{C4}}{R_L}$$

Simples einsetzen und Umstellen liefert daraus die folgende quadratische Gleichung:

$$U_{C4}^2 + (U_D - U_{CEsat}) \cdot U_{C4} - \frac{1}{2} \cdot R_L \cdot I_L \cdot (U_{C1} - U_{CEsat}) = 0$$

$$U_{C4} = \frac{U_{CEsat}}{2} - \frac{U_D}{2} + \sqrt{\frac{(U_D - U_{CEsat})^2}{4} + \frac{1}{2} \cdot R_L \cdot I_L \cdot (U_{C1} - U_{CEsat})} \qquad (2.11)$$

Der erste Term in der Wurzel ist eher klein und unbedeutend. Vernachlässigt man ihn, dann erhält man:

$$U_{C4} \approx \frac{U_{CEsat}}{2} - \frac{U_D}{2} + \sqrt{\frac{1}{2} \cdot R_L \cdot I_L \cdot (U_{C1} - U_{CEsat})} \qquad (2.12)$$

Mit diesen Formeln kann man nun eine Sperrwandler-Schaltung berechnen. Erfahrungsgemäß wird die danach praktisch aufgebaute Schaltung tatsächlich so grob funktionieren wie berechnet.

Typischerweise sind die gewünschte Ausgangsspannung und die zur Verfügung stehende Eingangsspannung bekannt. Außerdem natürlich die gewünschte Belastung. Die anderen Werte können Datenblättern entnommen oder geschätzt werden.

Bei größeren Leistungen muss sichergestellt werden, dass das verwendete Kernmaterial nicht in die magnetische Sättigung gerät (was allerdings in dieser Anwendung kaum zu erwarten ist). Verwendet man Luftspulen, so ist in dieser Hinsicht sowieso nichts zu beachten.

Zur Berechnung des erforderlichen maximalen Spulenstroms benötigt man den Lastwiderstand. Der Strom wurde mit 92 µA abgeschätzt. Die Anschlussspannung des Sensors ist maximal 3 V. Er arbeitet aber auch noch bei 2 V. Im ungünstigen Fall ist der Last-Ersatzwiderstand des Sensors also

$$R_L = \frac{2\text{ V}}{92 \cdot 10^{-6}\text{ A}} = 21739\ \Omega$$

Den benötigten maximalen Spulenstrom erhält man durch Umformen der Gleichung (2.10).

$$I_L = 2 \cdot \frac{(U_{C4})^2 + U_{C4} \cdot (U_D - U_{CEsat})}{R_L \cdot (U_{C1} - U_{CEsat})}$$

Im vorliegenden Fall ergibt sich unter Berücksichtigung einer Ausgangsspannung von 3 V, einer Dioden-Durchflussspannung von 0,3 V, einer Kollektor-Emitter-Sättigungsspannung von 0,2 V und einer angenommenen Eingangsspannung von 500 mV ein Wert von knapp 2,9 mA.

$$I_L = 2 \cdot \frac{(3\text{ V})^2 + 3\text{ V} \cdot (0{,}3\text{ V} - 0{,}2\text{ V})}{21739\ \Omega \cdot (0{,}5\text{ V} - 0{,}2\text{ V})} \approx 2{,}9\text{ mA}$$

Zumindest die Spule in der Kollektorleitung muss so dimensioniert sein, dass sie diesen Strom aushält. Auch der maximale Kollektorstrom des Transistors ist zu beachten. Beim Energy-Harvesting wie es hier betrieben wird, sind Standard Bauteile aber immer unterfordert.

Der bekannte maximale Spulenstrom ermöglicht die Berechnung des Basisvorwiderstandes R1 wie folgt:

$$\text{R1} = \beta \cdot \frac{2 \cdot U_{C1} - U_{CEsat} - U_{BE}}{I_L}$$

$$\text{R1} = 100 \cdot \frac{2 \cdot 0{,}5\text{ V} - 0{,}2\text{ V} - 0{,}6\text{ V}}{2{,}9 \cdot 10^{-3}\text{ A}} \approx 6897\ \Omega$$

Die Stromverstärkung wurde mit 100 angenommen. Die Spannung an der Basis-Emitter-Strecke mit 600 mV.

Bei den verwendeten Bauteilen könnte man durchaus einen kleineren Basiswiderstand verwenden und damit einen größeren maximalen Spulenstrom erreichen. Der Energieertrag erhöht sich damit.

Aus der Gleichung (2.12) ist ersichtlich, das die Ausgangsspannung nicht geregelt ist. Das ist zu beachten. Um die Ausgangsspannung einzustellen, kann eigentlich nur der Wert von $I_L$ verwendet werden, da alle anderen Parameter entweder Teil der Anforderung an die Schaltung sind ($U_{C1}$ und $R_L$) oder aber durch die verwendeten Bauteile gegeben sind ($U_D$ und $U_{CEsat}$). Eine nachgeschaltete Regelung verbraucht aber Energie und scheidet deshalb aus. Allenfalls die erwähnte Spannungsbegrenzung durch eine Zenerdiode macht Sinn (D3 in Bild 2.14).

Am besten ist es, einen Test durchzuführen (mit ohmschem Lastwiderstand als Verbraucher), die Schaltung so auszulegen, dass gar keine zu hohen Spannungen auftreten und ansonsten auf jede Spannungsbegrenzung/Regelung zu verzichten.

Die Gleichung zeigt auch, dass die Ausgangsspannung ohne Lastwiderstand ($R_L \rightarrow \infty$ ) hohe Werte annehmen kann.

Zu beachten ist noch, dass der Spitze-Spitze-Wert der Spannung in der Rückkoppelspule (Spule, die mit der Basis des Transistors verbunden ist) nicht wesentlich mehr als 5 V betragen darf, da dieser Wert auch an der Basis-Emitter-Strecke in Sperrrichtung auftritt und die meisten Transistoren nicht viel mehr vertragen. Bei allen ungeregelten Sperrwandlern ist ein Leerlauf nicht zulässig. Ohne Last kann die im Übertrager gespeicherte Energie, die pro Periode immer konstant ist, nicht mehr abgegeben werden und muss irgendwo im Wandler verheizt werden. Bei großen Wandlern, die viel Energie umsetzen, ist dann der Schalttransistor gefährdet. Er kann entweder durch die hochlaufende Spannung oder die zu große Hitzeentwicklung zerstört werden. Wenn allerdings von der Quelle sowieso nur ein paar Milliwatt geliefert werden, kommt die Zerstörung durch Hitzeentwicklung hier natürlich nicht vor.

Beim von mir eingesetzten Übertrager handelt es sich übrigens um den Typ VOGT 31694 (Bild 2.17, ganz rechts). Dieser hat ein Übersetzungsverhältnis von 1:1 und eine Wicklungsinduktivität von 22 µH. Die Auswahl des Übertragers ist nicht kritisch. Man kann auch jeweils 20 Windungen auf einen Ringkern wickeln oder sogar zwei Luftspulen anfertigen die man übereinander legt oder besser ineinander wickelt – wie im Bild 2.17 ganz links. Zu beachten ist der Wickelsinn der Spulen. Der Wicklungsanfang ist im Bild 2.14 jeweils durch einen Punkt gekennzeichnet. Etwas mehr Details zu den Spulen bzw. zum Übertrager findet sich weiter unten im Abschnitt 2.5.1.1.

Die fertige Versorgungsbox ist im Bild 2.21 zu sehen. Ich habe eine Holzbox verwendet, die der Aufbewahrung von Schrauben diente. Im Bild 2.22 sieht man die Versorgungsbox und den Sensor, montiert an einem Holzschuppen. Die Versorgungsbox kann durchaus mehrere Sensoren versorgen. Das Ganze wurde noch durch einen SuperCap-Kondensator ergänzt, der aufgrund seiner Größe auf den Deckel montiert werden musste.

Die Solarzelle D1 liefert die Energie. Im Beispiel besteht D1 aus fünf in Reihe geschalteten Solarzellen. Sobald diese Reihenschaltung eine Schwellspannung erreicht (je nach Dimensionierung und Aufbau liegt dieser bei ca. *50 mV* bis *300 mV*), beginnt der Sperrwandler zu schwingen.

Im Schaltbild erkennt man noch die beiden Kondensatoren C2 und C3. Diese beeinflussen ebenfalls die Schwingfrequenz des Sperrwandlers und auch das Aussehen des Impulses am Kollektor von T1. Im Musteraufbau besitzt C2 einen Wert von 470 pF. Das ist im Bild 2.18 zu erkennen. Es ist der gelbe Keramikkondensator. Das hat dazu geführt, dass die Amplitude der Spannungspulse am Kollektor des Transistors kleiner und breiter wurden.

Kleinere Spannungspulse bedeuten aber eine Entlastung für die Bauteile. Besonders der Transistor und die Gleichrichterdiode werden entlastet. Die Stromimpulse, die den Kondensator aufladen, sind in der Amplitude kleiner – der kleinere Strom fließt dafür länger. Bild 2.19 zeigt die Spannung am Kollektor von T1 – bei einem bestimmten Arbeitspunkt. Der Kurvenverlauf unter die Nulllinie wird durch den Kondensator C2 verursacht. Je nach Höhe der von der Solarzelle gelieferten Spannung und der Belastung ändern sich die Frequenz und auch das Aussehen der Pulsfolge.

Im Aufbau nach Bild 2.14 wird die Energie im Kondensator C4 gespeichert. Zum Schutz des Verbrauchers ist noch die Zenerdiode D3 vorgesehen. Bei der Auslegung dieser Diode sollte man bis an die Grenze der zulässigen Spannung gehen. Zu knapp ausgelegte Zenerdioden sind schnell selber „Verbraucher" und wandeln die mühsam gesammelte Energie in Wärme um. Die höchstzulässige Spannung des im Beispiel verwendeten Verbrauchers ist mit 3 V angegeben. Somit ist eine Zenerdiode mit 3,6 V oder besser (aber auch mutiger) 3,9 V sinnvoll. Nach ausgiebigen Test konnte ich keine für den Sensor gefährliche Spannung messen. So konnte ich in meinem Projekt letztendlich die Zenerdiode weglassen.

#### 2.5.1.1 • Anmerkungen zu Übertragern in Sperrwandlern

Viele Elektroniker tun sich schwer, wenn Spulen oder Übertrager eingesetzt werden. Deshalb hier noch ein paar Hinweise.

Der Übertrager hat natürlich Einfluss auf die Schaltfrequenz des Sperrwandlers. Bei Versuchen haben aber alle Varianten aus Bild 2.17 funktioniert. Bei Luftspulen sind höhere Windungszahlen notwendig, um die Schaltfrequenz des Sperrwandlers in sinnvolle Grenzen zu halten. Zu hohe Schaltfrequenzen steigern die Verluste im Transistor. Je weniger Windungen aufgebracht werden, desto niedriger ist die Induktivität der Spulen und desto höher wird die Schaltfrequenz sein. Besonders sinnvolle Schaltfrequenzen liegen bei unserer Anwendung oberhalb des Hörbereiches (ca. 20 kHz) aber noch unterhalb von 100 kHz. Stellt man die Gleichung (2.9) nach $di_L/dt$ um, dann erkennt man, dass der Stromanstieg mit steigender Induktivität sinkt. Damit sinkt dann auch die Schaltfrequenz, denn es dauert länger, bis das Strommaxima erreicht wird. Sofern es um Näherungswerte geht, lässt sich die Induktivität leicht berechnen.

Für die langen Luftspulen aus Bild 2.17 ganz links kann man rechnen mit

$$L = N^2 \cdot \frac{\mu_0 \cdot \mu_r \cdot A}{l} \tag{2.13}$$

$L$ = Induktivität in H
$N$ = Windungszahl
$\mu_0$ = Magnetische Feldkonstante, $4 \cdot \pi \cdot 10^{-7}$ Vs/Am
$\mu_r$ = Permeabilitätszahl; 1 im Vakuum und in Luft
$A$ = Querschnitt der Spulenstrom in m²
$l$ = Länge der Spule in m; es muss gelten $l >> $ Durchmesser

Bei den übereinander gelegten schmalen Luftspulen aus Bild 2.17 (zweites Foto von links) gilt

$$L \approx 10{,}3 \cdot 10^{-11} \cdot \frac{N^2 \cdot a \cdot D^2}{l} \tag{2.14}$$

$L$ = Induktivität in H
$D$ = Durchmesser der Spulen
$l$ = Länge der Spule; es muss gelten $D > l$
$a$ = Korrekturfaktor; $a \approx 0{,}944 \cdot (D/l)^{-0{,}874}$
$N$ = Anzahl der Windungen

Bezüglich der Kernmaterialien sei auf den Abschnitt 1.3.1 verwiesen. In den technischen Daten von Ringkernen (Bild 2.17, drittes Foto von links) findet man üblicherweise den $A_L$-Wert. Mit dessen Hilfe ist die Berechnung der Induktivität besonders einfach:

$$L = A_L \cdot N^2 \tag{2.15}$$

Meistens wird die Windungszahl benötigt. Also wird die Gleichung umgestellt

$$N = \sqrt{\frac{L}{A_L}}$$

Ein Beispiel: der Kern K5000 (Box73) ist angegeben mit $A_L$ = 1500 nH/Wdg². Um damit einen Übertrager mit der Induktivität von 100 µH je Einzelspule zu erhalten sind demnach zwei Spulen mit

$$N = \sqrt{\frac{100000\,\text{nH}}{1500\,\frac{\text{nH}}{N^2}}} = \sqrt{\frac{1000}{15}} \approx 8{,}17$$

Windungen aufzubringen. Es ist immer angebracht, aufzurunden – somit sind es 9 Windungen pro Spule. Diesen Übertrager kann man sicher mit Erfolg in der Schaltung nach Bild 2.14 einsetzen.

Oftmals gibt es noch einen Ringkern in der Bastelkiste, aber man kennt dessen technische Daten nicht. In so einem Fall kann man so vorgehen, dass man 10 Windungen isolierten Kupferdraht auf den Kern wickelt und dann die Induktivität misst. Das (grobe) Messen der Induktivität $L$ ist seit dem Erscheinen der universellen Bauteiltester (Bild 2.16) kinderleicht. Das Funktionsprinzip dieser Tester geht zurück auf Markus Frejek und Karl-Heinz Kübbeler. Man kann einen Bausatz zum Beispiel im Online-Shop *Box73* unter dem Namen „Bauteiltester FA-BT" beziehen. Hat man die Induktivität, dann ergibt sich der $A_L$-Wert einfach durch Umstellen der Gleichung (2.15):

$$A_L = \frac{L}{N^2}$$

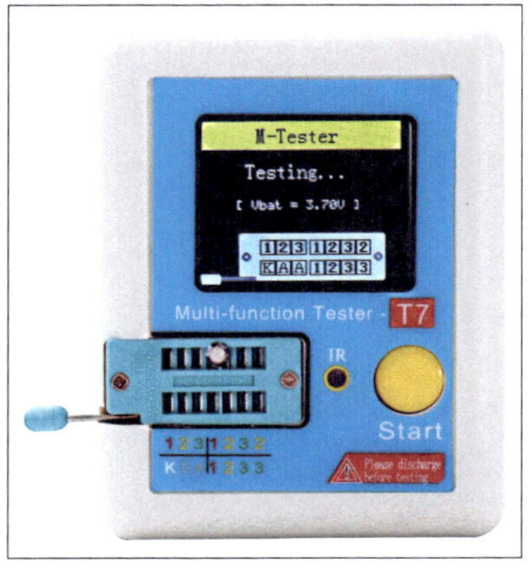


Bild 2.16 • Universeller Bauteiltester Ranuw LCR-T7.

Es lohnt sich auf jeden Fall, Versuche mit einigen Übertrager-Varianten durchzuführen. In der Bastelpraxis tauchen hinsichtlich des Übertragers viele Unwägbarkeiten auf. Eine exakte Berechnung, die über die oben aufgelisteten Gleichungen hinausgeht, ist deshalb weder sinnvoll noch möglich. Bei den praktischen Versuchen ist es allerdings hilfreich, wenn ein Oszilloskop zur Verfügung steht. Damit kann man die Funktion des Sperrwandlers leicht überprüfen.

Bild 2.17 • Verschiedene Ausführungen von Übertragern für die Verwendung in Sperrwandlern.
A: Luftspulen-Übertrager mit wenigen Windungen. Es wird nur wenig Draht benötigt. Die Schwingfrequenz kann ungünstig hoch ausfallen.
B: Luftspulen-Übertrager bestehend aus zwei übereinander gelegte Luftspulen. Die Windungen sind mit Heisskleber oder Klebeband fixiert. Luftspulen mit jeweils 100 Windungen ermöglichen eine sinnvollere (relativ niedrige) Schwingfrequenz.
C: Sperrwandler-Versuchsaufbau mit Ringkernspule. Wegen des Ferritmaterials benötigt man erstaunlich wenige Windungen pro Spule, um eine sinnvolle Induktivität und damit eine sinnvolle Schwingfrequenz zu erhalten.
D: Übertrager aus der Bastelkiste (hier der Typ 31694 der Firma Vogt; 1:1; 22 µH) sind besonders bequem einzusetzen; das Wickeln von Spulen ist nicht erforderlich.

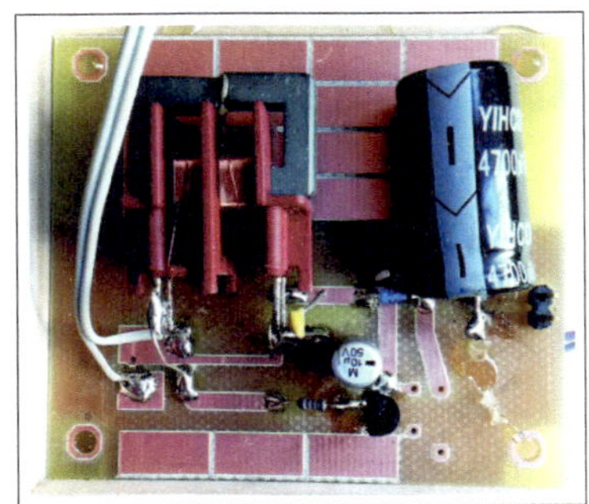

Bild 2.18 • Musteraufbau der Sensorversorgung mit Sperrwandler. Bei der grauen Leitung links handelt es sich um die Zuleitung von den 5 Solarzellen.
An den beiden Stiften rechts wird der Verbraucher angeschlossen.

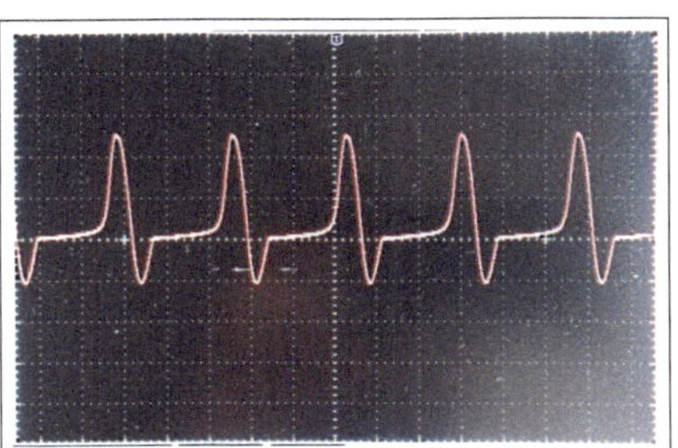

Bild 2.19 • Oszillografierte Spannung am Kollektor von T1.
Abszissenachse: 500 ns/div.
Ordinatenachse: 10 V/div.

Im Bild 2.20 ist das Schaltbild eines Übertragers für Sperrwandler nochmals im Ausschnitt dargestellt. Ein Anschluss jeder Wicklung ist jeweils mit Masse (GND) verbunden. Es soll die Bedeutung des Wickelsinns gezeigt werden. Oben ist der Wickelsinn unterschiedlich – so wie es beim Sperrwandler sein soll. Der Wickelsinn ist im Schaltbild durch einen Punkt gekennzeichnet. Rechts neben dem Schaltbild kann man die Auswirkung sehen. Die Spannungen am Übertrager verlaufen um 180° verdreht (= mit unterschiedlicher Polarität).

In der unteren Reihe ist der Wickelsinn bei beiden Wicklungen identisch. Entsprechend verlaufen die zugehörigen Signale mit gleicher Polarität.

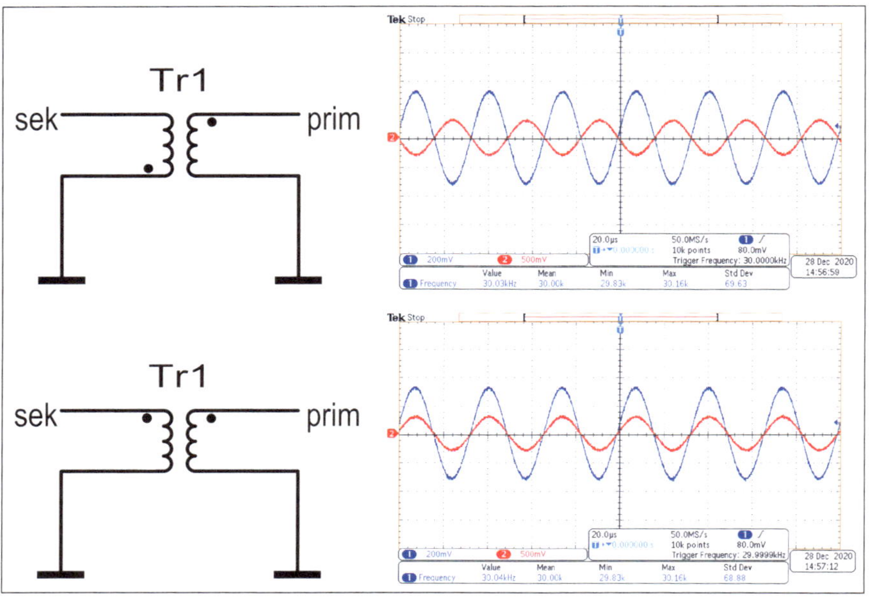


Bild 2.20 • Auswirkung des Wickelsinns.
Rot: sekundäre Wicklungen (Basiswicklung. Blau: primäre Wicklung (Kollektorwicklung).

Bild 2.21 • Links: Die fertige Box mit Sperrwandler zur Versorgung von Sensoren aus Lichtenergie. Rechts: In der geöffneten Box ist noch ein Anschluss auf dem Deckel zu erkennen, der nachgerüstet wurde.

Bild 2.22 • Versorgungsmodul und Sensor am Schuppen.

### 2.5.2 Energiebetrachtungen

In den meisten Fällen wird die im Bild 2.14 für den Kondensator C4 angegebene Kapazität nicht ausreichen. Zur Vereinfachung unterstellen wir einen konstanten Entladestrom von 92 µA. Tatsächlich funktioniert der Sensor im Beispiel auch noch bei einer Betriebsspannung von 2 V. Bei voll aufgeladenem Kondensator erhalten wir also einen linearen Entladevorgang. Die Spannung am Kondensator sinkt mit der Zeit (siehe [1]):

$$U_{(t)} = U_A - \frac{I}{C} \cdot t$$

$U_A$ = Anfangsspannung in V
$I$ = konstanter Entladestrom in A
$C$ = Kapazität des Kondensators in F
$t$ = Zeit in s
$U_{(t)}$ = Spannung zum Zeitpunkt $t$

Die Gleichung nach $t$ umgestellt liefert:

$$t = \frac{(U_A - U_{(t)}) \cdot C}{I}$$

Setzt man die Werte ein und nimmt eine Anfangsspannung von 3,6 V an, dann wird eine Spannung von 2 V nach einer Zeit von ca. 82 s erreicht. Wie vermutet, reicht das nicht aus um den Sensor auch während der Nacht weiter zu betreiben. Man kann die Formel nach $C$ umstellen und die Kapazität ausrechnen, die es ermöglicht, den Sensor 12 Stunden lang mit Energie zu versorgen.

$$C = \frac{t \cdot I}{U_A - U_{(t)}}$$

$$C = \frac{12\,\text{h} \cdot 3600\,\text{s} \cdot 92 \cdot 10^{-6}\,\text{A}}{3{,}6\,\text{V} - 2\,\text{V}} \approx 2{,}5\,\text{F}$$

An einem schönen Sonnentag wird der Kondensator vom Sperrwandler aufgeladen. Mit der gespeicherten Energie wird der Sensor dann während der dunklen Stunden versorgt.

Mittlerweile gibt es Lithium-Ionen-Kondensatoren mit Kapazitäten von 100 F oder auch mehr. Damit wären dann noch längere Zeiten ohne Tageslicht überbrückbar. Diese Kondensatoren können ähnlich viel Energie speichern wie NiMH-Akkumulatoren der Größe AAA. Einen beliebig großen Kondensator einzubauen macht aber keinen Sinn, wenn dieser von den Solarzellen und dem Sperrwandler nie vollständig aufgeladen werden kann.

# 3 • Energie aus elektromagnetischen Wellen

Elektromagnetische Wellen sind überall präsent. Es gibt elektromagnetische Wellen, die immer vorhanden sind und aus natürlichen Quellen stammen. Mehr Energie steckt jedoch in den elektromagnetischen Wellen, die anthropogenen Ursprungs sind. Dazu gehören „Rundfunkwellen" oder Wellen die für die Kommunikation mit mobilen Telefonen verwendet werden. Aber auch sehr niederfrequente Sender wie das Leitungssystem der Energieversorger erzeugen elektromagnetische Wellen.

Egal woher die Wellen stammen oder wofür sie vorgesehen sind: uns geht es nur um die Nutzung der darin enthaltenen Energie. Die Energiegewinnung aus elektromagnetischen Wellen wird international als „RF-to-DC" betitelt (**R**adio **F**requency **to** **D**irect **C**urrent).

## 3.1 • Ein persönliches Abenteuer

Als Junge im Alter von 13 oder 14 Jahren habe ich Detektorempfänger gebaut und damit Radio gehört. Damals (70er-Jahre) gab es noch amplitudenmodulierten Rundfunk (AM), was den Bau sehr einfacher Empfänger möglich machte. In etwa 15 km Luftlinie zu meinem Heimatort gab es bei der Stadt Jülich einen starken Kurzwellensender der „Deutschen Welle". Dieser sendete mit 10 Sendern mit Leistungen von 100 kW. Ich habe eine lange Antenne – also ein Stück Draht – quer durch den Garten meiner Eltern gespannt. Es ging vom Schuppen bis zum Fenster in meinem Zimmer, dass sich im ersten Stock befand. Die von mir gebastelten Empfänger funktionierten ohne jegliche Energiequelle. Die Energie für den „Antrieb" des Ohrhörers stammte nur von den Rundfunkwellen selbst. Ähnliche Schaltungen wurden und werden auch für Feldstärkemessgeräte benutzt. Dort wird mit der empfangenen Energie ein Zeiger-Instrument bewegt.

Dies und letztendlich ein dazu passender Beitrag aus [17] brachten mich auf die Idee, die Energie nicht für das Hören von Rundfunksendungen zu verwenden, sondern damit einen Kondensator aufzuladen. Dazu habe ich die Schaltung aus Bild 3.1 aufgebaut.

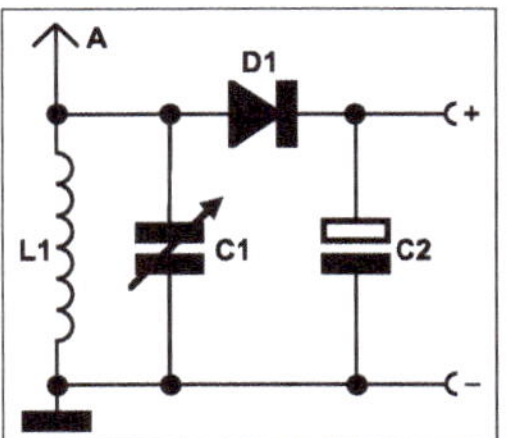


Bild 3.1 • Energie aus Rundfunkwellen.

Am einen Ende der Spule L1 wird die möglichst lange Antenne angeschlossen. Das andere Ende wird mit einer guten Erdverbindung verbunden. Ich hatte dazu ein Heizungsrohr benutzt. Als Spule hatte ich damals eine leere Toilettenpapierrolle benutzt und ca. 100 Windungen Kupferlackdraht darauf gewickelt. Die Induktivität einer solchen Spule kann mit der Gleichung (3.1) abgeschätzt werden:

$$L \approx \frac{\mu_0 \cdot N^2 \cdot \left(\frac{D}{2}\right)^2 \cdot \pi}{l + 0,9 \cdot \frac{D}{2}} \tag{3.1}$$

$\mu_0$ = magnetische Feldkonstante = $4 \cdot \pi \cdot 10^{-7}$ Vs/Am
$N$ = Anzahl der Windungen
$D$ = Durchmesser der Spule
$l$ = Länge der Spule

Die Abmessungen einer normalen Toilettenpapier-Papprolle sind $l$ = 90 mm und $D$ = 40 mm. Verteilt man die 100 Windungen auf diese Rolle, dann ergibt sich eine Induktivität von etwa 146 µH.

Bei dem Kondensator C1 handelt es sich um einen Drehkondensator mit einer maximalen Kapazität von 500 pF. Bei der Diode D1 handelt es sich um eine Germaniumdiode für Anwendungen im Hochfrequenzbereich (1N60, AA113, AA118, OA95 o.ä.). Alternativ stehen heute Schottky-Dioden zur Verfügung. Zum Beispiel der Typ BAT43, der für diese Anwendung geeignet ist. Diese Dioden sind aufgrund ihrer sehr niedrigen Durchflussspannung für den Einsatz in Detektor-Empfängern oder eben zum Energiesammeln aus Rundfunkwellen besser geeignet als Dioden aus Selen oder Silizium. Allerdings erreichen sie nicht die mit Germanium-Spitzendioden möglichen Ergebnisse. Weitere Details zu den Dioden folgen noch.

Für C2 kann man einen Elektrolytkondensator benutzen. Hier ist wieder eine Abwägung notwendig. Je größer die Kapazität eines Elektrolytkondensators, umso „undichter" ist er. Undicht heißt hier, dass Strom durch das Dielektrikum fließt und somit verloren geht. Elektrolytkondensatoren mit kleinerer Kapazität können zwar weniger Energie sammeln, sie sind jedoch „dicht". Ich kann mich erinnern, Kondensatoren mit 10...470 µF eingesetzt zu haben. Mit C1 habe ich den aus L1 und C1 bestehenden Schwingkreis auf einen starken Mittelwellensender abgestimmt. So erhielt ich eine Gleichspannung von ca. 4 V. Was einer gesammelten Energie von:

$$\begin{aligned} E &= \frac{1}{2} \cdot C \cdot U^2 \\ &= \frac{1}{2} \cdot 100 \cdot 10^{-6}\ \text{F} \cdot (4\ \text{V})^2 \\ &= \frac{1}{2} \cdot 1600 \cdot 10^{-6}\ \text{Ws} \\ &= 0,8\ \text{mWs} \end{aligned}$$

entspricht, wenn man für C2 einen Kondensator mit 100 µF verwendet. Heute stehen übrigens Vielschichtkondensatoren in SMD-Ausführung (Baugröße 1210) zur Verfügung. Die Nachteile der Elektrolytkondensatoren entfallen damit und man kann mehrere von diesen Kondensatoren parallel schalten.

Allerdings benötigt das Aufladen des Kondensators, je nach Standort und Länge der Antenne, mehr oder weniger viel Zeit. Mit geschickter Speicherung kann man auf diese Weise z.B. einen Sensor, der nur ab und zu eine Nachricht übermitteln muss, betreiben. Als Junge habe ich die Energie benutzt, um eine Leuchtdiode aufblitzen zu lassen.

Später habe ich auch Versuche ohne den Schwingkreis (bestehend aus L1 und C1) gemacht. Ich habe die Antenne einfach direkt an die Anode der Diode angeschlossen. Auch das hat funktioniert. Die Anordnung wurde mit dieser Maßnahme breitbandig – ein Abstimmen auf einen starken Sender konnte vollständig entfallen. Es werden Energien von unterschiedlichsten, auf die Antenne auftreffenden Strahlern erfasst. Andererseits können dann die möglichen, von einem bestimmten Sender gelieferten Energiemengen nicht vollständig ausgereizt werden.

Noch eine Anmerkung zu den in Feldstärkemessern verwendeten Drehspul-Zeigerinstrumenten: Wenn überhaupt, dann sind Zeigerinstrumente mit Drehspulmesswerk im Energy-Harvesting die einzig sinnvollen Anzeigegeräte. Mehr dazu folgt im Kapitel 5.

## 3.2 • Elektromagnetische Wellen

Zur Abschätzung, wie viel Energie aus elektromagnetischen Wellen denn zur Verfügung steht, ist eine Fallunterscheidung notwendig. Elektromagnetische Wellen bestehen aus einer elektrischen und aus einer magnetischen Komponente.

- Im Fernfeld stehen die elektrischen und die magnetischen Feldkomponenten senkrecht aufeinander. Ihre Größe ist über den Wellenwiderstand des Raumes miteinander verknüpft. Mit Hilfe einer Antenne kann man eine Leistungsanpassung erreichen und ein Maximum an Energie entnehmen. Dies wird in der Funktechnik so gemacht.
- Im Nahfeld ist es anders. Die elektrische und die magnetische Komponente müssen getrennt voneinander betrachtet werden. Das bedeutet auch, dass man sich entscheiden muss, ob man die Energie aus dem elektrischen oder aus dem magnetischen Feld bezieht.

Wo bei einer Funkquelle das Fernfeld beginnt ist frequenzabhängig, denn es gilt

$$\lambda = \frac{c}{f} \tag{3.2}$$

$\lambda$ = Wellenlänge in m
$c$ = Lichtgeschwindigkeit (ca. 300 000 000 m/s)
$f$ = Frequenz in Hz

Ganz grob kann man annehmen, dass das Nahfeld nach drei Wellenlängen Abstand vom Sender ins Fernfeld übergeht. Aus dem Bild 3.2 ist der Beginn des Fernfeldes für einige Frequenzen ablesbar.

| Frequenz | Wellenlänge | Nahfeld (ca.) |
|---|---|---|
| 100 kHz | 3 km | 10 km |
| 300 kHz | 1 km | 3 km |
| 1 MHz | 300 m | 1000 m |
| 3 MHz | 100 m | 300 m |
| 10 MHz | 30 m | 100 m |
| 30 MHz | 10 m | 30 m |
| 100 MHz | 3 m | 10 m |
| 300 MHz | 1 m | 3 m |
| 1 GHz | 30 cm | 1 m |
| 3 GHz | 10 cm | 0,3 m |

Bild 3.2 • Frequenzen von Funkwellen und das Ende des Nahfeldes.

### 3.2.1 • Energie aus dem Fernfeld

Wenn man auf die Idee kommt, die Energie von Hochfrequenzwellen „anzuzapfen", dann steht als Erstes wieder die Frage im Raum, wie viel Energie denn realistischerweise geerntet werden kann. Es geht darum, herauszufinden, ob es Sinn macht, sich mit dem Thema zu befassen. Wie beschrieben hatte ich als Jugendlicher Erfolg. Allerdings waren die Voraussetzungen günstig. Es waren die 70er Jahre. In dieser Zeit gab es viele starke Sender im Langwellen, Mittelwellen und Kurzwellenbereich. Heute, im Jahre 2020, hat sich das sehr geändert.

Befindet man sich im Fernfeld, dann stößt man in der Literatur immer wieder auf die folgenden Überlegungen, die aus der Theorie der Wellenausbreitung abgeleitet ist. Rein theoretisch kann man nämlich im Idealfall annehmen, dass sich die von einem Sender abgestrahlte Hochfrequenzenergie gleichmäßig in alle Richtungen auf einer gedachten Kugeloberfläche verteilt. Die Hochfrequenzenergie nimmt demnach quadratisch mit der Entfernung ab. Im Weltraum würde das tatsächlich auch so funktionieren.

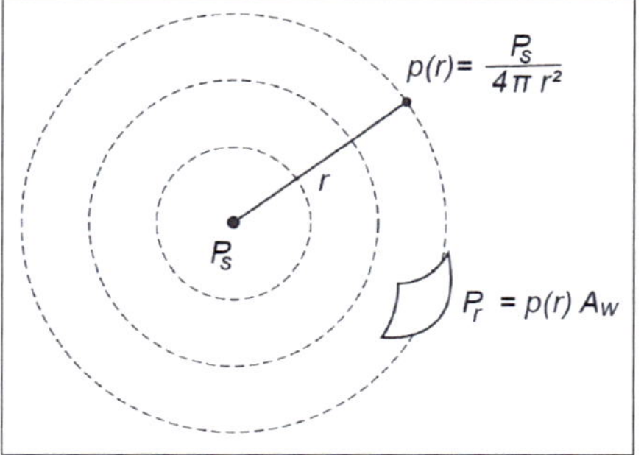


Bild 3.3 • Leistungsdichte im Abstand *r* vom Sender.

Die folgenden Formeln, die man zum Teil auch aus Bild 3.3 ableiten kann, sind demnach überall in der Fachliteratur zu finden. So auch in [13]. Für die in einer beliebigen Entfernung von einem Sender messbare Leistung ergibt sich:

$$S_S = \frac{P_S}{4 \cdot \pi \cdot r^2} \tag{3.3}$$

$P_S$ = vom Sender abgestrahlte Hochfrequenzleistung
$S_S$ = Leistungsdichte in W/m²
$r$ = Entfernung vom Sender in m

Die empfangbare Leistung ist aber abhängig von der Antennenfläche.

$$P_r = S_S \cdot A_w \tag{3.4}$$

$P_r$ = Leistung am Empfänger
$S_S$ = Leistungsdichte in W/m²
$A_w$ = wirksame Antennenfläche

Dabei ist wirksame (effektive) Antennenfläche eine Konstante und abhängig von der Wellenlänge. Man nimmt der Einfachheit halber an, dass die gesamte mögliche Leistung von der Antenne auch aufgenommen wird. Es gilt dafür:

$$A_w = \frac{\lambda^2}{4 \cdot \pi} \tag{3.5}$$

Daraus erhält man die Formel

$$P_r = \left(\frac{\lambda}{4 \cdot \pi \cdot r}\right)^2 \cdot P_S \tag{3.6}$$

Diese aus der Theorie hergeleiteten Formeln sollte zumindest eine grobe Abschätzung der Feldstärke ermöglichen. In der Praxis erfolgt die Abstrahlung nicht gleichmäßig über eine Kugeloberfläche. Sie wird vom Gelände (Berge, Seen, Wälder, Felder, Gebäude usw.) beeinflusst. Auch die wirksame Antennenfläche ist eine idealisierte Größe. Die notwendige Länge der Antenne hängt von der Frequenz und vom Aufstellort ab. Details findet man zum Beispiel in [11]. Trotzdem kann der beschriebene formale Zusammenhang eine Vorstellung von der Energie vermitteln, die angezapft werden könnte.

In den 70er und 80er Jahren gab es starke Lang- und Mittelwellensender, die tatsächlich ihre Energie in weitem Winkel oder sogar ungerichtet abgestrahlt haben. Manche hatten eine Leistung von 1 MW. Bei einer Sendefrequenz von 1 MHz (Mittelwelle) beträgt die zugehörige Wellenlänge etwa 300 m. Es ergibt sich mit der obigen Formel Gleichung (3.6) auch noch in 10 km Entfernung eine unter idealen Bedingungen theoretisch empfangbare Leistung von ca. 5,7 W. Wie Eingangs erwähnt, hat dieser Wert nur akademischen Charakter. Nach [13] ist die zugehörige Feldstärke

$$E = \sqrt{Z_0 \cdot S_E}$$

$$E = \sqrt{Z_0 \cdot S_S} = \sqrt{377\ \Omega \cdot S_S}$$

$$= \sqrt{377\ \Omega \cdot 5{,}7\ \mathrm{W}} \approx 46{,}4\ \mathrm{V/m}$$

Dabei ist $Z_0$ der Wellenwiderstand des freien Raumes. Diese hohe Leistung und Feldstärke erhält man nur, wenn man eine entsprechende Antenne hat. Eine Dipolantenne für diesen Frequenzbereich hätte eine Länge von 150 m. Beim Energy-Harvesting verwendet man ein Stück Draht und gewinnt so nur einen winzigen Teil dieser maximal möglichen Leistung.

Heute gibt es solch starke Sender in Deutschland sowieso nicht mehr. Wir sind aber umgeben von Mobilfunksendern mit einer Sendeleistung von vielleicht 5 bis 100 W im Frequenzbereich ab 890 MHz. Die zugehörige Wellenlänge ist dann 0,334 m oder kleiner. Die Sendeantennen stehen in Sichtweite. Aber in diesem Fall sind die ankommenden Leistungen leider extrem klein. So ergibt sich für einen GSM-Sender mit 100 W Leistung, der in einer Entfernung von nur einem km aufgestellt ist nach den Formeln (3.3) bis (3.6) nur eine empfangbare Leistung von ca. 71 nW.

Eine sehr wichtige Erkenntnis aus Gleichung (3.6) ist, dass die empfangbare Leistung stark von der Frequenz abhängt. Grund dafür ist die Wellenlänge, die mit sinkender Sendefrequenz immer größer wird. Daher gilt: je höher die Frequenz – desto schwieriger ist das Energy-Harvesting. Verstärkt wird dieser Effekt durch die zunehmende Richtcharakteristik bei steigender Frequenz. Dies führt mit steigender Frequenz zu sehr unterschiedlichen, ortsabhängigen Feldstärken.

Trotz des Fehlens der starken Mittel- und Langwellensender habe ich den Versuch aus meiner Jugendzeit in meinem Garten wiederholt. Dazu habe ich einen Draht von ca. 10 m Länge vom Fenster meines Arbeitszimmers im ersten Stock zum gegenüberliegenden Kirschbaum gespannt. Ohne Abstimmkreis hat sich am Kondensator keine Spannung aufgebaut.

#### 3.2.1.1 • Abstimmung mit einem Schwingkreis hoher Güte

Um auch heute noch mit dem „Detektor-Prinzip“ Energie zu gewinnen, benötigt man also zwingend einen Schwingkreis hoher Güte. Mit diesem wird dann auf einen Sender abgestimmt. Vorher ist wieder eine Abschätzung, ob es überhaupt Sinn macht, mit den aufgeführten Formeln möglich, oder besser noch mit Hilfe der Diagramme aus [13]. In den Diagrammen sind die Resultate praktischer Erfahrungen in der Funktechnik berücksichtigt. Sie sind deshalb wesentlich besser geeignet als die beschriebenen, aus den Maxwellschen Gleichungen hergeleiteten Formeln. Im Bild 3.4 ist ein Diagramm zu sehen, aus dem die Feldstärke in einer bestimmten Entfernung vom Sender abgelesen werden kann. Im Falle des Mittelwellensenders, der auf einer Sendefrequenz von 1 MHz strahlt, erhält man aus diesem Diagramm für die Entfernung 10 km eine Feldstärke von 70 dBµ. Die Sendeleistung in unserem Beispiel ist aber 1000-fach höher. Mit [12] findet man heraus, dass sich daraus 30 dB mehr ergeben.

$$\frac{F}{\text{dB}} = 10 \cdot \log \frac{1\ \text{MW}}{1\ \text{kW}}$$

$$F = 30\ \text{dB}$$

Somit hat die Feldstärke einen Wert von 100 dBµ. Dies entspricht einem Wert von von 100 mV/m. Ein durchaus realistischer Wert. Die zugehörige Leistung am Empfangsort ist dann 26,5 µW. Auch das erscheint realistisch.

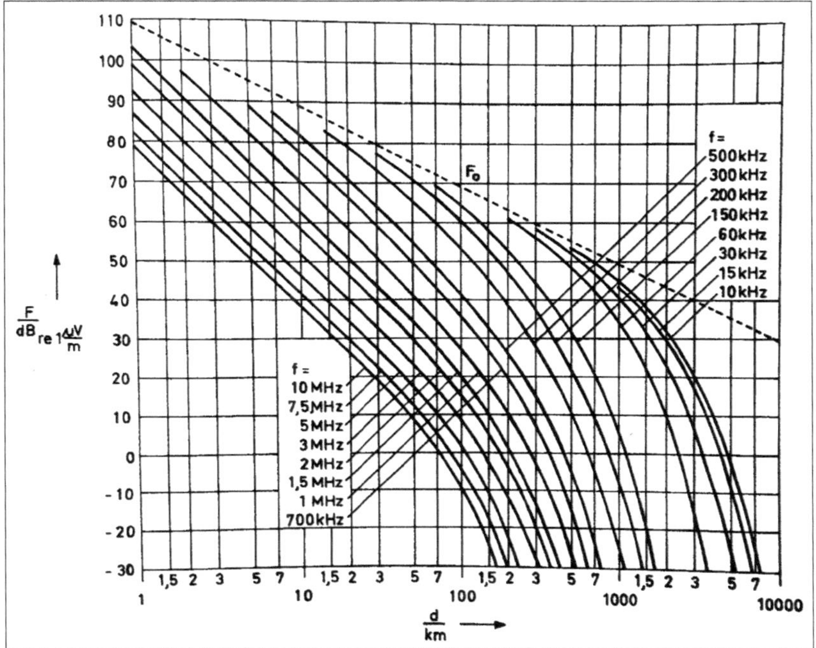


Bild 3.4 • Diagramm aus dem Buch von Prof. Erich Vogelsang [13] zur Abschätzung der Feldstärke. Gezeigt wird der Feldstärkepegel der Bodenwelle, wobei die Sendeleistung 1 kW beträgt.

Ziel ist das Erreichen von Spannungsamplituden, die mit handelsüblichen Dioden gleichgerichtet werden können. Die mit einem Schwingkreis aufgebauten „Energie-Sauger" sind dann natürlich nur für eine einzelne Frequenz brauchbar. Die Güte ist entscheidend für die Eignung der Schaltung zum Energy-Harvesting.

Um die Schwingkreisgüte zu verbessern, können anstelle von Spulen auch Schwingquarze verwendet werden. Diese lassen sich bis 300 MHz einsetzen. Bei höheren Frequenzen setzt man besser OFW-Resonatoren (Oberflächenwellen) ein. Allerdings ergeben sich dann noch ganz andere Schwierigkeiten, die in einem späteren Kapitel behandelt werden.

Die Schwingquarze werden für diese Anwendung in einem Frequenzbereich zwischen ihrer Serienresonanzfrequenz und ihrer Parallelresonanzfrequenz betrieben. In diesem Bereich wirken die damit aufgebauten Resonatoren nach außen hin induktiv. Resonatoren können durch das Ersatzschaltbild in Bild 3.5 näherungsweise beschrieben werden. Die einzelnen Komponenten können, wenn sie nicht im Datenblatt angegeben sind, z.B. messtechnisch mit Hilfe eines Netzwerkanalysators bestimmt werden. Die dynamische Kapazität $C_S$, die dynamische Induktivität $L$ und der Reihenwiderstand $R$ bilden einen verlustbehafteten Serienschwingkreis. Die statische Kapazität $C_P$ ist die an den Anschlüssen des Resonators unmittelbar messbare Kapazität, die zusammen mit $L$ und $C_S$ einen Parallelschwingkreis bildet. Das Reaktanzdiagramm (Bild 3.5, rechts) verdeutlicht, dass zwischen der Serienresonanzfrequenz $f_S$ und der Parallelresonanzfrequenz $f_P$ die Reaktanz des Resonators positiv ist und diese damit wie eine Induktivität wirkt. Je nach Resonanzfrequenz eignen sich verschiedene Resonatoren als Induktivität mit hoher Güte.

Die Serienresonanz lässt sich berechnen mit der bekannten Schwingkreisformel:

$$f_S = \frac{1}{2 \cdot \pi \cdot \sqrt{L \cdot C_S}} \tag{3.7}$$

Zum Berechnen der Parallelresonanz muss die aus $C_P$ und $C_S$ resultierende Kapazität verwendet werden:

$$f_P = \frac{1}{2 \cdot \pi \cdot \sqrt{L \cdot \frac{C_S \cdot C_P}{C_S + C_P}}} \tag{3.8}$$

Für die effektive Induktivität $L_{eff}$ des Resonators gilt dann:

$$L_{eff} = \frac{2 \cdot (f_a - f_S)}{f_S} \cdot L$$

Dabei ist $f_a$ die Arbeitsfrequenz, mit der der Resonator betrieben wird. Sie muss zwischen $f_S$ und $f_P$ liegen, damit der Resonator ein induktives Verhalten aufweist.

Die Güte für einen Schwingkreis ergibt sich aus der „Breite" der Übertragungsfunktion. Es gilt:

$$Q = \frac{f_0}{f_2 - f_1} \tag{3.9}$$

Dabei ist $f_0$ die Resonanzfrequenz des Schwingkreises, und $f_2$ und $f_1$ sind die obere und untere Grenzfrequenz, bei denen die Eingangsspannung am Schwingkreis auf den 0,7-fachen Wert des Maximalwertes sinkt. Im logarithmischen Bereich entspricht das –3 dB.

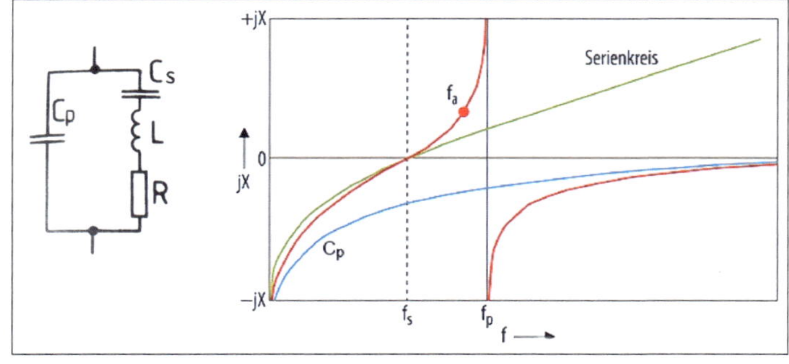


Bild 3.5 • Links: Ersatzschaltbild eines Schwingquarzes (aus [11]). Rechts: Resultierender Impedanzverlauf (siehe Text).

Im Bild 3.6 sind zwei Schaltungsvarianten zu sehen. Links zum Beispiel ist eine Schaltung mit einer Luftspule skizziert. Rechts ist die Spule durch einen Quarz ersetzt. Ziel ist es, eine möglichst hohe Spannung zu erhalten. Deshalb handelt es sich in beiden Fällen um Serienschwingkreise. Beim Serienschwingkreis steigt die Spannung an den Reaktanzen im Resonanzfall stark an. Der Spannungsabgriff erfolgt jeweils am Kondensator. Die Belastung dämpft natürlich die Resonanz und damit auch die Spannung. Sie darf deshalb natürlich nur sehr gering sein. Im Bild 3.6 erkennt man, dass die Belastungswiderstände Werte von 10 MΩ aufweisen. Kleinere Werte sind möglich, wenn die angezapfte Quelle genügend Leistung nachliefern kann. Sie muss dazu eine genügend hohe Sendeleistung aufweisen und/ oder der Abstand zum Sender muss ausreichend gering sein.

*L* und *C* bzw. der Quarz und *C* müssen dann auf die Frequenz des Senders abgestimmt sein, der „angezapft" werden soll. Bei einem Versuch auf der Frequenz 13 MHz war die am Ausgang messbare Spannung bei der Quarz-Variante deutlich höher. 13 MHz ist eine bei RFID-Systemen (*RFID = radio-frequency identification)* häufig genutzte Frequenz.

### 3.2.1.2 Quarzfrequenz ziehen

Es gibt nicht für jede beliebige Frequenz auch die entsprechenden Quarze. Die Frequenz eines Quarzoszillators lässt sich aber „ziehen" – das heißt etwas variieren. Dies geschieht durch einen in Reihe geschalteten Blindwiderstand. Allgemein gilt in Bezug auf Bild 3.5 die folgende Gleichung:

$$f_{XV} = f_S \cdot \left[ 1 + \frac{C_S}{2 \cdot \left( C_P - \frac{1}{\omega_S \cdot X_V} \right)} \right]$$

$f_{XV}$ = Frequenz auf die der Oszillator „gezogen" wird (Wunschfrequenz)
$f_S$ = Serienresonanz des Quarzes
$\omega_S$ = Kreisfrequenz des Quarzes ($2 \cdot \pi \cdot f_S$)
$C_S$ = Serienkapazität aus dem Ersatzschaltbild
$C_P$ = Parallelkapazität aus dem Ersatzschaltbild
$X_V$ = ein mit dem Quarz in Reihe geschalteter Blindwiderstand

Eine Serienkapazität $C_V$ erhöht die Frequenz demnach auf

$$f_{CV} = f_S \cdot \left( 1 + \frac{C_S}{2 \cdot (C_P + C_V)} \right)$$

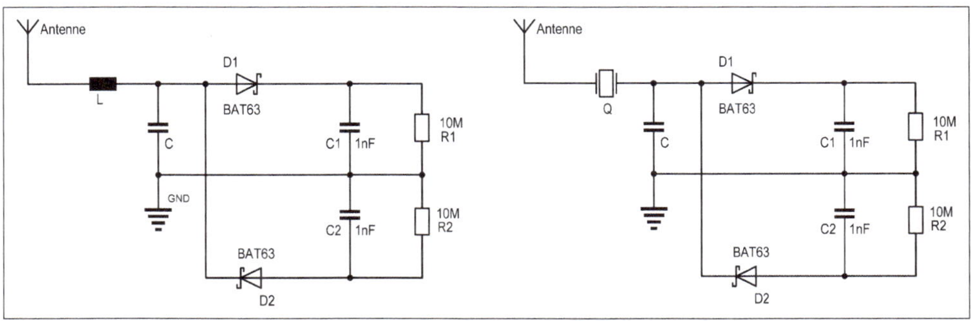


Bild 3.6 • Links: HF-Energy-Harvesting mit LC-Schwingkreis. Rechts: HF-Energy-Harvesting mit Quarz-C-Schwingkreis.

Eine Serieninduktivität $L_V$ reduziert die Frequenz entsprechend auf

$$f_{LV} = f_S \cdot \left[ 1 - \frac{C_S}{2 \cdot \left( \frac{1}{\omega_S^2 \cdot L_V} - C_P \right)} \right]$$

Diese Gleichungen sind mit ausreichender Genauigkeit für einen Ziehbereich bis 2% gültig. Am besten nimmt man für den Ziehkondensator bzw. die Ziehinduktivität einstellbare Bauelemente und stimmt diese dann auf die gewünschte Resonanzfrequenz ab.

#### 3.2.1.3 • Auswahl der Dioden

Bereits im Kapitel 1 habe ich etwas über die Dioden beim Energy-Harvesting geschrieben. An dieser Stelle nun ist es angebracht, auch ein paar Worte über die Auswahl der Dioden für die konkrete Anwendung zu sagen. Die richtige Auswahl der Dioden ist entscheidend für den Erfolg.

In Sperrrichtung verhält sich eine Diode wie eine Kapazität, wobei die Raumladungszone das Dielektrikum bildet. Diese parasitäre Parallelkapazität ist bei Gleichrichterdioden vergleichsweise hoch. In unserer Anwendung stört das massiv, denn die parallele Kapazität bildet für die HF-Wechselspannung eine „Brücke". Die Gleichrichterwirkung wird dadurch mit zunehmender Frequenz geschmälert oder ist gar nicht mehr vorhanden. Deshalb ist eine Spitzendiode (die es kaum noch zu kaufen gibt) hier wesentlich besser.

Weiterhin sollte die Schwellenspannung möglichst klein sein. Allerdings geht eine kleine Schwellenspannung einher mit einer niedrigen Sperrspannung und/oder mit einer hohen parasitären Kapazität. Deshalb ist immer ein Kompromiss vonnöten.

Noch entscheidender als die Schleusenspannung ist das Verhältnis Durchlasswiderstand zu Sperrwiderstand in der Nähe des Nullpunktes (Schleusenspannung ist fast Null). Das hatte ich im ersten Kapitel bereits beschrieben.

Im Bild 3.6 wurde die Schottky-Diode BAT63 eingesetzt. Bei dieser beträgt die Schleusenspannung $U_F$ bei einem Strom von 1 mA lediglich 190 mV. Das ist ein sensationell niedriger Wert und für die Anwendung „HF-Energy-Harvesting" bestens geeignet. Allerdings beträgt die maximale Sperrspannung $U_R$ nur 3 V. Für „HF-Energy-Harvesting" ist dies normalerweise ausreichend. Falls nicht (z.B. weil man in der Nähe eines der wenigen noch aktiven Mittelwellensender wohnt), kann z.B. der Typ BAT68 eingesetzt werden. Bei dieser Diode liegt die Schleusenspannung bei 318 mV – dafür kann die Diode mit einer Sperrspannung von 8 V beaufschlagt werden.

Neben den modernen Silizium-Schottky-Dioden lohnen sich in jedem Fall Versuche mit Germaniumdioden. Oftmals gibt es noch welche in der Bastelkiste. Leider sind sie heute schwer zu beschaffen. Aktuell habe ich die Typen 1N60 und AA113 tatsächlich auch im Elektronik-Versandhandel gefunden. In beiden Fällen handelt es sich um Germanium-Spitzendioden. Bei diesen Dioden ist die Schwellenspannung besonders niedrig. Vor allem aber ist die *U/I*-Kurve im Durchlassbereich weniger scharf. Bereits weit unterhalb der Schwellenspannung ist ein Gleichrichteffekt vorhanden. Da es sich um Spitzendioden handelt ist die parasitäre Parallelkapazität zudem besonders klein.

In jedem Fall ist es natürlich sinnvoll, Versuche mit unterschiedlichen Dioden-Typen durchzuführen.

#### 3.2.1.4 • Energie aus Mittelwellen

Eher akademische Betrachtungen sind für uns nur zu rechtfertigen, wenn es denn am Ende auch einen praktischen Nutzen gibt. Da, wie bereits erwähnt, starke Ortssender selten geworden sind, ist ein Schwingkreis vorgesehen. Mit diesem stimmt man auf eine Frequenz ab, auf der ein Sender gut zu empfangen ist. Das kann man z.B. mit einem Weltempfänger prüfen. Trotz der Abstimmung ist die zur Verfügung stehende Spannung so niedrig, dass sie sich nicht unmittelbar als Stromversorgung eignet.

Bei einem Test mit meiner Langdrahtantenne entsprach die verwendete Schaltung der Darstellung in Bild 3.1. Beim Drehkondensator handelte es sich um einen Luft-Drehkondensator (vom Trödelmarkt) mit einer Kapazität von ca. 60 bis 640 pF. Als Spule habe ich eine fertige Induktivität mit 100 µH benutzt. Die Diode war eine 1N60 (die es noch zu kaufen gibt). Als Ladekondensator habe ich einen keramischen Kondensator mit einer Kapazität von 100 nF eingesetzt. Damit konnte ich an meinem Wohnort in Alsdorf-Mariadorf an zwei Stellen in dem mit dem Drehkondensator einstellbaren Band tagsüber Gleichspannungen bis zu 20 mV ernten. Am Abend auch bis *88 mV* (Bild 3.7). Das passt zu den Ausbreitungseigenschaften der Mittelwellen bzw. ergibt sich daraus.

Bild 3.7 • Testaufbau nach Bild 3.1. An einer Stelle im verfügbaren Band ergaben sich am Abend 88,5 mV (Ort: Alsdorf-Mariadorf).

Zum Test habe ich anstelle der Diode einen alten Germanium-NPN-Transistors OC141 verwendet, der noch in meiner Bastelkiste herumlag. Dazu habe ich nach Tabelle 3.1, b) Kollektor und Basis miteinander verbunden (die Tabelle 3.1 befindet sich im nächsten Abschnitt). Diese bilden die Anode. Der Emitter ist dann die Kathode. Die Resultate waren ähnlich wie bei der Diode 1N60. Dies verwundert nicht, denn in beiden Fällen handelt es sich um aus Germanium gefertigte Halbleiter-Bauteile.

Deutlich mehr Energie kann man mit diesem „Detektor-Prinzip" gewinnen, wenn man das Glück hat, in der Nähe eines der noch übrig gebliebenen, starken Sender zu wohnen. Man stimmt dann den Schwingkreis auf die Sendefrequenz ab. Einige wenige Mittelwellensender gibt es noch innerhalb der Europäischen Union. Zum Beispiel in Frankreich oder in Tschechien. Wohnt man in der Nähe, kann man wie beschrieben diesen als Energiequelle für kleine autarke Schaltungen nutzen und auf die Vervielfacherschaltung verzichten.

Natürlich lässt sich auch diese Schaltung nutzen, um einen „großen" Kondensator oder einen Akkumulator aufzuladen.

Fast immer ist der Einsatz eines Spannungsvervielfachers [1] notwendig, um eine verwertbare Spannung zu erhalten. Dies ist im Bild 3.8 dargestellt. Dort wird die Diode BAT19 verwendet. Diese Schottky-Diode hat bei einem Strom von 1 mA eine Schwellspannung von $U_F$ = 400 mV. Ich empfehle auch Versuche mit Germanium Spitzendioden.

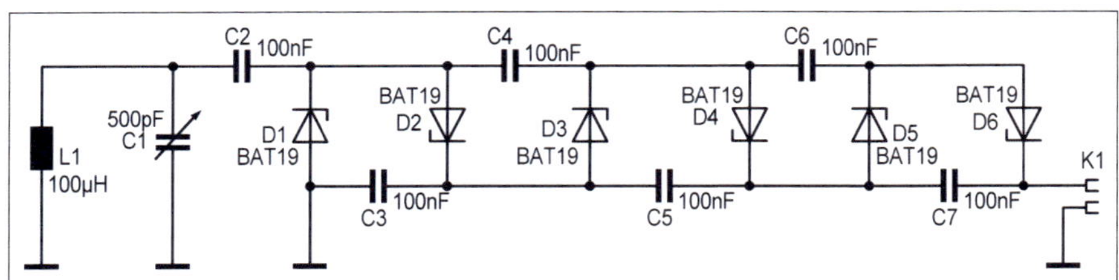


Bild 3.8 • Schwingkreis mit Spannungsvervielfacher.

### 3.2.1.5 • Intermezzo: Transistoren als Dioden

Manch einer hat zwar keine Germanium-Spitzendiode zur Hand aber vielleicht noch einen alten Germanium-Transistor. Es gibt auch noch Restbestände zu kaufen. Zu erkennen sind sie z.B. an der Bezeichnung ACxxx (xxx steht stellvertretend für eine Nummer – also z.B. AC121, AC125, etc.). Jeder bipolare Transistor enthält 2 Dioden. Die verschiedenen Möglichkeiten diese Diode zu nutzen sind in der Tabelle 3.1 zusammengefasst:

a) Die Basis-Emitter-Diode: In Durchlassrichtung verhält sie sich wie eine normale Diode mit einer Schwellspannung von ca. 0,35 V bei Germanium bzw. 0,7 V bei Silizium. In Sperrrichtung hat sie übrigens das Verhalten einer Z-Diode, wobei die Durchbruchspannung zwischen 5 V und 8 V liegt. Der Kollektor bleibt offen (unbenutzt).
b) Wie a), aber die Basis ist mit dem Kollektor verbunden. Die entstehende Diode hat eine kurze Erholzeit und eine kleine parasitäre Kapazität (beides gut für HF-Anwendungen). Die Sperrspannung wird wie bei a) von der Basis-Emitter-Diode bestimmt und liegt bei 5 V bis 8 V. Der mögliche Durchlassstrom ist größer als bei a).

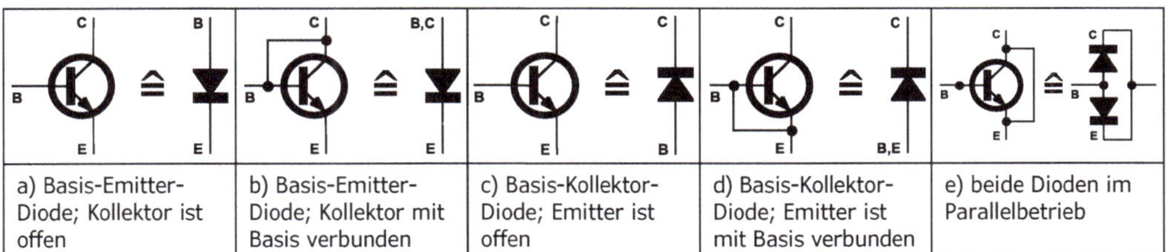

| a) Basis-Emitter-Diode; Kollektor ist offen | b) Basis-Emitter-Diode; Kollektor mit Basis verbunden | c) Basis-Kollektor-Diode; Emitter ist offen | d) Basis-Kollektor-Diode; Emitter ist mit Basis verbunden | e) beide Dioden im Parallelbetrieb |
|---|---|---|---|---|

Tabelle 3.1 • Verschiedene Möglichkeiten einen Transistor als Diode zu verwenden.

c) Nutzung der Basis-Kollektor-Diode. Der Emitter ist nicht angeschlossen. Diese Diode zeichnet sich durch einen geringen Sperrstrom aus.

d) Wie c) aber der Emitter ist nun mit der Basis verbunden. Dies ergibt eine Diode mit einer kleinen parasitären Kapazität wobei die Sperrspannung deutlich höher ist als bei a) oder b).

e) Beide Dioden werden parallel geschaltet. In Summe ergibt sich eine Diode mit einer langen Rückwärts-Erholungszeit und eine vergleichsweise große parasitäre Kapazität. Die Sperrspannung wird durch den Basis-Emitter-Übergang bestimmt und entspricht deshalb dem Wert wie bei a) und b).

**Anmerkung 1:** Eine kurzgeschlossene Diode ist immer im Sperrbereich, da an ihr keine Spannung anliegt. Man merkt es nicht, da sie kurzgeschlossen ist.
**Anmerkung 2**: Die Tabelle zeigt NPN-Transistoren. Bei PNP-Transistoren gilt die Tabelle ebenso – allerdings sind dann Kathode und Anode der eingezeichneten Dioden zu vertauschen.

### 3.2.1.6 • Kernmaterial aus Eisenpulver oder Ferriten

Dieser Abschnitt gilt in Ergänzung zum Abschnitt 1.3.1. Für mein aktuelles Experiment, mit dem ich Energie aus Mittelwellen gewonnen habe (Bild 3.7), hatte ich eine fertige Induktivität (ein fertiges Bauteil) verwendet. Wesentlich flexibler (vermutlich auch effizienter) ist es, die Induktivität selbst anzufertigen. Dabei helfen Ferritmaterialien. Im Gegensatz zu Luftspulen kommt man mit deutlich weniger Windungen aus. Ferrite bündeln die elektromagnetischen Wellen. Verwendet man einen langen Ferritstab, ist vielleicht sogar eine lange Antenne gar nicht mehr notwendig.

Weiterhin ist zu beachten: Im Energy-Harvesting werden oft Sperrwandler eingesetzt. Auch bei der Herstellung der dafür notwendigen Übertrager bieten Ferrite eine enorme Erleichterung. Das habe ich bereits im Abschnitt 2.5.1.1 gezeigt.

Für Sperrwandler verwendet man Ringkerne oder Topfkerne. Für HF-DC-Wandler nutzt man Stäbe. Sowohl Ringkerne und Topfkerne als auch Stäbe sind aus Eisenpulver oder Ferritmaterial gefertigt und weit verbreitet.

Oftmals finden sich noch einige Ferritstäbe oder Ringkerne in der Bastelkiste. Eventuell wurden sie irgendwo ausgebaut oder auf einem Amateurfunk-Trödelmarkt gekauft. In beiden Fällen fehlen in der Regel die technischen Daten – dann hilft nur noch ausprobieren.

Kauft man das Material beim Hersteller oder bei einem Distributor, dann kann man gezielt auswählen. Da wir es ausschließlich mit Wechselfeldern zu tun haben, kommt grundsätzlich nur sogenanntes weichmagnetisches Material in Frage.

Kerne aus Eisenpulver bestehen aus verschiedenen Silizium-Eisen-Verbindungen (SiFe) oder auch aus Carbonyl-Eisen. Die Ausgangsmaterialien werden unter hohem Druck kalt gepresst. Bei diesem Fertigungsvorgang erhält man einen verteilten Luftspalt innerhalb der Kernstruktur. Für den Praktiker sind drei Gruppen unterscheidbar:

a) Material mit hohen Permeabilitäten ($60 < \mu_r < 100$)
   für Anwendungen bis ca. 75 kHz
b) Material mit mittleren Permeabilitäten ($20 < \mu_r < 50$)
   für Anwendungen von 50 kHz – 2 MHz
c) Material mit niedrigen Permeabilitäten ($7 < \mu_r < 20$)
   für Anwendungen von 2 MHz – 500 MHz

Ein Eisenpulver-Kern hat eine typische Dichte von 5 - 7 g/cm$^3$. Der Temperaturkoeffizient der Permeabilität liegt je nach Typ zwischen 100 und 1000 ppm/°C. Der Einsatzbereich von Eisenpulver-Kernen reicht von –65 °C bis +75 °C.

Für Sperrwandler würde man das Material a) verwenden. Der Frequenzbereich bis 75 kHz reicht aus, und die hohe Permeabilität macht es möglich, mit wenigen Windungen auszukommen. Für Energiegewinnung aus Mittelwellen kann man das Material b) verwenden.

Ferrite sind elektrisch schlecht oder nicht leitende, keramische Werkstoffe aus dem Eisenoxid Hämatit ($Fe_2O_3$) oder aus Magnetit ($Fe_3O_4$) oder aus anderen Metalloxiden ohne Eisenanteil wie Nickel-Zink (NiZn) oder auch Mangan-Zink (MnZn). Ferrite leiten im nicht gesättigten Fall (der beim Energy-Harvesting immer vorliegt) den magnetischen Fluss sehr gut und haben eine hohe magnetische Leitfähigkeit (Permeabilität). Der magnetische Widerstand ist klein. Für die Umwandlung von Hochfrequenz in Gleichspannung und bei Sperrwandlern kann nur weichmagnetisches Ferritmaterial sinnvoll zum Einsatz kommen.

Die beim Energy-Harvesting aufkommenden Feldstärken $H$ sind sehr klein. Für die Klassifizierung der Ferrite ist die Anfangspermeabilität $\mu_i$ eine wichtige Materialgröße. Die Anfangspermeabilität entspricht dem Verhältnis der magnetischen Induktion zur magnetischen Feldstärke für kleine Feldstärken ($H \rightarrow 0$). Also für unsere Anwendung genau richtig.

Im Handel findet man Bezeichnungen wie F02 oder 3S1 für Ferritmaterialien. In der Praxis schaut man, welche Ferrite ein Distributor liefern kann und sucht sich dann im Internet die zugehörigen Datenblätter. In der Tabelle 3.2 habe ich einige Materialien und meine Vorschläge zur Verwendung zusammengestellt. Wer das Letzte aus seinem RF-to-DC-Projekt (HF zu DC) herausholen möchte, kommt nicht umhin, das verwendete Ferritmaterial sorgfältig auszusuchen.

| Handelsbezeichnung | Anfangspermeabilität $\mu_i$ (ca.) | Einsatz im Bereich Energy-Harvesting |
|---|---|---|
| F02 | 1800 | Sperrwandler |
| F08 | 700 | RF-to-DC bei Mittelwellen |
| F2 | 220 | RF-to-DC im Bereich 100 kHz bis 4 MHz |
| F10 | 120 | RF-to-DC im Bereich 500 kHz bis 12 MHz |
| F20 | 55 | RF-to-DC im Bereich 5 MHz bis 25 MHz |
| F100 | 14 | RF-to-DC im Bereich 20 MHz bis 200 MHz |
| 3E15 | 15000 | Sperrwandler |
| 3E26 | 7000 | Sperrwandler |
| 3S1 | 4000 | Sperrwandler |
| 4S3 | 250 | RF-to-DC im Bereich 30 MHz bis 1 GHz |

Tabelle 3.2 • Handelsbezeichnungen und empfohlener Einsatz beim Energy-Harvesting von verschiedenen Ferritmaterialien.

#### 3.2.1.7 • Energie aus UHF-Wellen

Versuche, aus UHF-Wellen, die aus unterschiedlichen elektromagnetischen Quellen (Sendern) stammen, also möglichst breitbandig, Energie zu gewinnen, haben in der Praxis bisher noch zu keinen verwertbaren Ergebnissen geführt. Grund dafür ist, dass die Signalstärke von DVB-T, WLAN oder auch von Mobilfunknetzen sehr stark ortsabhängig ist und in der Regel auch viel zu gering ist. An die Energiemengen, die mit Solarzellen oder Thermogeneratoren gewonnen werden können, ist bei diesem Verfahren nicht zu denken. Die Energiemengen sind nur winzig. Für diejenigen, die dennoch auf diesem Gebiet experimentieren, möchte habe ich in diesem Abschnitt einige Informationen zusammengestellt.

Ganz anders sieht es jedoch aus, wenn ein Sendesignal, dessen Energie für die Versorgung eines Systems eingesetzt werden soll, selbst erzeugt wird. Dann können Sender und Empfänger inklusive Energy-Harvester aufeinander abgestimmt werden. Bei der RFID-Technik wird dies schon lange so gemacht. Allerdings müssen dort auch nur wenige Meter überbrückt werden. In anderen Fällen ist dieses Konzept sinnvoll, wenn ein Sensor in einem Bereich installiert wird, der schwer zugänglich oder für Menschen gefährlich ist. Für diese Fälle wird die Energie nicht durch das zufällige Energy Harvesting mit Strom versorgt, sondern durch das Harvesting von Energie, die speziell auf den Sensor gerichtet wird. Der Techniker kann einen RF-Transmitter aus einer sicheren Entfernung direkt auf den zu versorgenden Verbraucher bzw. dessen Energy-Harvester richten.

Die einfache Gleichrichterschaltung wurde in [1] besprochen und z.B. im Bild 3.1 angewendet. Für die Anwendung im UHF-Bereich wird diese Gleichrichterschaltung (Bild 3.9, links) beim Energy-Harvesting oftmals mit einer Klemmschaltung (Clamp Circuit) kombiniert. Diese Schaltung besteht aus einem zusätzlichen, zum Verbraucher in Serie geschalteten Speicherkondensator und einer in Sperrrichtung gepolten Diode parallel zum Verbraucher. Sie verhindert, dass die Gleichspannung am Verbraucher negative Werte annimmt (Bild 3.9, Mitte).

Durch Kombination der beiden Grundschaltungen entsteht eine zweistufige Gleichrichterschaltung, welche nach dem Prinzip der Ladungspumpe (Charge Pump) arbeitet und als Spannungsverdoppler agiert (Bild 3.9, rechts). Wird die Eingangsspannung negativ, so fließt Strom vom Massepotential durch die untere Diode in den Kondensator. Dies hat zur Folge, dass die Energie der Periode bei der negativen Amplitude des Eingangssignals nicht vollständig ungenutzt bleibt, sondern im Kondensator gespeichert wird. Für positive Amplituden sperrt die parallel zum Verbraucher geschaltete Diode und die in Serie befindliche Diode wird durchgeschaltet. Dadurch wird der Ausgang mit Strom versorgt und gleichzeitig ein parallel zum Verbraucher geschalteter Speicherkondensator geladen. Durch das erhöhte Potenzial zwischen den beiden Dioden ergibt sich eine nahezu verdoppelte Ausgangsspannung.

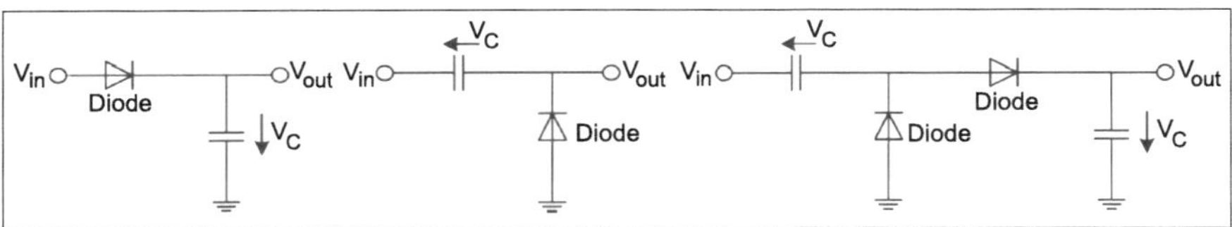


Bild 3.9 • Gleichrichtung beim UHF-Energy-Harvesting-Projekt.

Diese Schaltung wird nach ihrem Entdecker auch als Greinacher-Schaltung bezeichnet. Durch Kaskadierung mehrerer Spannungsverdoppler-Schaltungen ist es möglich, die Ausgangsspannung weiter zu erhöhen. Dieser Ansatz wird in der Literatur auch als *Dickson Charge Pump* bezeichnet. Prinzipiell kann durch Kombination mehrerer Greinacher-Stufen eine beliebige Ausgangsspannung erreicht werden. Allerdings nimmt der Wirkungsgrad der Schaltung mit steigender Anzahl der Stufen ab, da für jede weitere Stufe die Schwellenspannung der zusätzlichen Dioden erreicht werden muss und somit eine höhere Eingangsleistung notwendig ist. Letztere stellt jedoch bei vielen Applikationen den limitierenden Faktor dar. Zur Steigerung des Wirkungsgrads hinsichtlich der Energiegewinnung kann außerdem noch das Konzept des Ganzwellengleichrichters in Betracht gezogen werden. Dieses liefert eine höhere Effizienz als das Charge-Pump-Prinzip, da positive und negative Amplituden gleichermaßen gewandelt werden. Somit erhöht sich die am Ausgang zur Verfügung stehende Energie. Die schaltungstechnische Realisierung erfolgt mittels zweier gegenüber dem Massepotenzial gespiegelter Halbwellengleichrichter (siehe Bild 3.10).

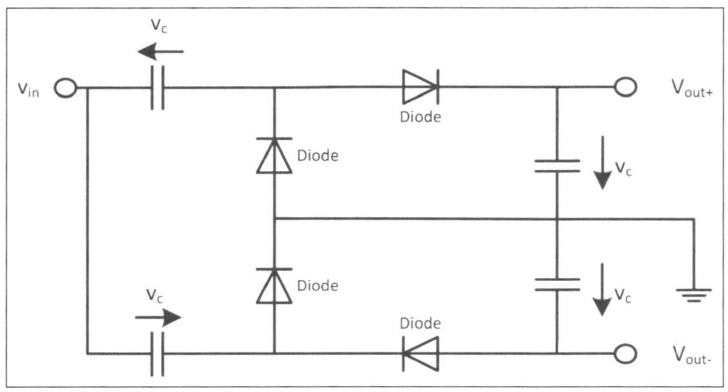


Bild 3.10 • Ganzwellengleichrichter aus Kombination zweier Halbwellengleichrichter nach Bild 3.9.

Die besondere Herausforderung besteht allerdings nun wieder in der Gleichrichtung des hochfrequenten Signals. UHF bewegt sich im Bereich 400 MHz bis etwa 1 GHz. Sie limitiert den Einsatz herkömmlicher Gleichrichterdioden und fordert schnellere Bauelemente. Für solch hohe Frequenzen eignet sich eine Schottky Barrier-Diode (SBD) als Gleichrichterelement, welche schnell genug reagiert, um dem hochfrequenten Signal folgen zu können, oder wiederum eine Germanium-Spizendiode. Zur RF-DC-Umwandlung des Trägersignals wird eine Empfangsantenne mit einer Gleichrichterdiode gekoppelt. Aufgrund dieser Kombination wird eine solche Schaltung auch als Rectifying Antenna (Kombination aus Antenna und Rectifier) oder kurz Rectenna bezeichnet. Angeregt durch das empfangene, hochfrequente Signal bildet sich auf der Antennenstruktur eine stehende Welle aus. Diese wird über eine Charge-Pump-Schaltung mittels Schottky-Dioden gleichgerichtet und einem Gleichstromschaltkreis, wie z.B. einem RFID-IC, zugeführt. Bild 3.11 zeigt den schematischen Aufbau eines gedruckten Halbwellengleichrichters für hohe Frequenzen. Die einfallende Welle wird am Ende der Antenne (Short Line) reflektiert, was zur Ausbildung der stehenden Welle führt. Die Schottky-Diode schaltet den Ausgang aktiv, sobald die Amplitude der stehenden Welle größer ist als die Schwellenspannung der Diode. Die nachgeschaltete, hier abgebildete Bandstopp-Filterstruktur (Schaltungsteil rechts der Diode D2) dient lediglich der Unterdrückung harmonischer Oberwellen und ist für das Funktionsprinzip des Gleichrichters nicht zwingend erforderlich.

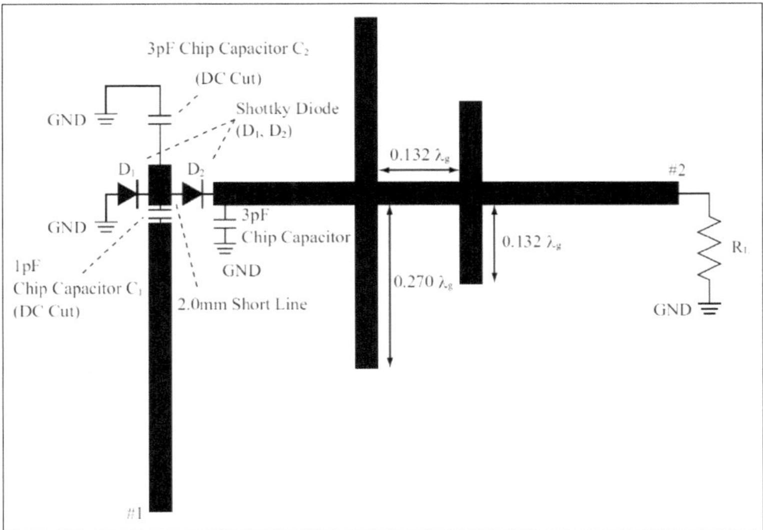


Bild 3.11 • Halbwellengleichrichtung nach Bild 3.9, rechts, als gedrucktes Design für Hochfrequenz-Anwendungen. $\lambda_g$ ist die Wellenlänge der anvisierten HF-Quelle.

Der Aufbau einer solchen Rectenna erfordert viel Erfahrung im Aufbau von Mikrowellen-Schaltungen auf Strip-Line-Basis. Es sind auch spezielle Materialien hilfreich oder sogar erforderlich, wie z.B. spezielles Platinenmaterial.

Den folgenden Vorschlag habe ich [15] entnommen. Bei einer auf eine Frequenz abgestimmten Schaltung kann man eine Diode durch eine λ/4-Leitung ersetzen. Die Idee ist im Bild 3.12 skizziert. Im Bild wird die Schaltung beispielsweise von einer Dipolantenne gespeist. Die Diode bildet zusammen mit der λ/4-Leitung einen Zweiwege-Gleichrichter. Dieses Prinzip eignet sich nur für hohe Frequenzen. Die meisten WLAN-Router senden mit 2,4 GHz. Somit sind „herumirrende" Hochfrequenzwellen mit dieser Frequenz zumindest in Städten allgegenwärtig. Für diese Frequenz ist das Konzept durchaus brauchbar, denn die Länge der Dipolantenne beträgt dann ca. 6 cm. Die Länge λ/4-Leitung entsprechend 3 cm. Man kann die Antenne und auch die Leitung als Stripline auf einer Platine vorsehen. In jedem Fall ist für eine Funktion eine gründliche Planung und eine präzise Ausführung notwendig. Die entnehmbaren elektrischen Leistungen sind winzig. Das Prinzip wird z.B. im Bereich RFID eingesetzt. Dort werden einfache Schaltungen, die sich lediglich kurz melden müssen, auf diese Weise mit Energie versorgt.

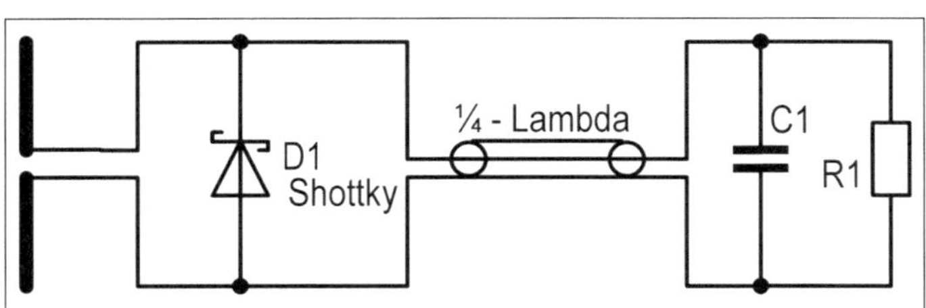


Bild 3.12 • Ersatz einer Diode durch eine λ/4-Leitung.

Etwas einfacher wird die Aufgabe, wenn man einen speziellen integrierten Schaltkreis einsetzt. Allerdings gibt es diese häufig nur in Gehäusen, die per Hand nur mit sehr feinen Lötgeräten unter einer Lupe gelötet werden können. Eines dieser Spezial-ICs ist der Typ P2110 der Firma Powercast Corporation aus Pittsburgh. Bei einer Frequenz von 915 MHz wurden bis zu 15 m entfernt stehende Geräte mit Energie (und Daten) zu versorgt.

Das IC mit der Bezeichnung P2110 wurde entwickelt, um Energie aus einem elektromagnetischen Feld im Frequenzbereich 902 MHz bis 928 MHz zu gewinnen. Dieses Frequenzband ist besonders aufgrund des dort arbeitenden Mobilfunkstandards Global System for Mobile Communications (GSM) interessant. Somit kann die umgangssprachlich als „Mobilfunkstrahlung" bzw. „Handystrahlung" bezeichnete Feldenergie zur Versorgung elektrischer Schaltkreise genutzt werden. Der Chip arbeitet allerdings auch in einem tieferen Frequenzband mit einer guten Performance. Für das europäische Nutzfrequenzband von UHF-RFID um 868 MHz gibt der Hersteller Powercast im Datenblatt einen Wirkungsgrad

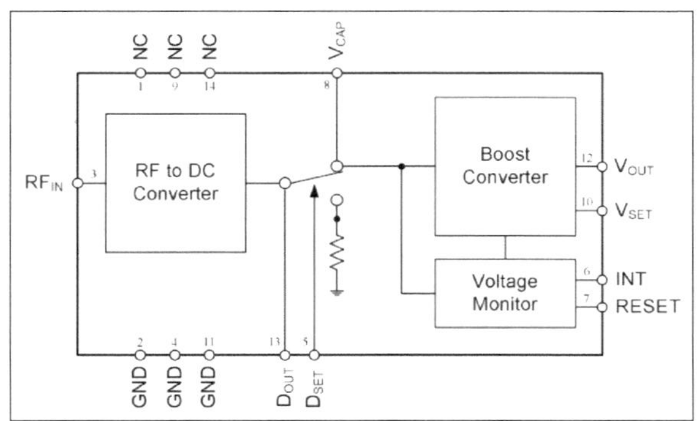


Bild 3.13 • Blockschaltbild des Chips P2110 (entnommen aus dem Datenblatt).

im Bereich von 40 bis 50% an. Dieser Wert liegt nur wenige Prozentpunkte unterhalb des spezifizierten Wirkungsgrads für das Nutzband zwischen 902 und 928 MHz.

Der Chip besteht aus einer primären Gleichrichterstufe, welche die Energie des elektromagnetischen Fernfelds in nutzbare DC-Energie wandelt, einem Schaltkreis zur Steuerung der Chip-Funktionalitäten, der auch eine Spannungsüberwachung enthält, und einem DC-DC-Boost-Konverter, der am Ausgang während des Entladezyklus eine konstante Spannung bereitstellt. Der Aufbau ist im Blockdiagramm Bild 3.13 dargestellt. Die Besonderheit ist hier, dass der Boost-Converter hinter dem Ladekondensator angeordnet ist.

Der HF-Eingang (Pin 3, $RF_{IN}$) ist ein unsymmetrischer Eingang, an dem eine Antenne direkt angeschlossen werden kann. Es kann jede Standard-50-Ω-Antenne verwendet werden. Sie darf keine Verbindung mit der Systemmasse (GND des Chips) haben.

Der Speicherkondensator wird an Pin8 ($V_{CAP}$) angeschlossen. Der Hersteller empfiehlt, dass der Leckstrom des Kondensators bei 1,2 V weniger als 1 µA betragen soll. Der Kondensator-ESR sollte 200 mΩ oder weniger betragen. Die Höhe der Kapazität kann abgeschätzt werden mit der Formel

$$C = 15 \cdot U_{OUT} \cdot I_{OUT} \cdot t_{ON}$$

$U_{OUT}$ = Ausgangsspannung (voreingestellt: 3,3 V)
$I_{OUT}$ = gemittelte Ausgangsstrom
$t_{ON}$ = Einschaltzeit des angeschlossenen Verbrauchers

Die Ausgangsspannung steht dann an Pin 12 ($V_{OUT}$) zur Verfügung. An Pin 10 ($V_{SET}$) wird die Höhe der Ausgangsspannung vorgegeben. Wird dieser Pin nirgends angeschlossen, dann gilt dies als Einstellung für 3,3 V Ausgangsspannung.

Pin13 wird nur zur Messung der eingehenden HF-Energie benötigt und kann offen bleiben. Bei Pin 6 (INT) handelt es sich um einen digitalen Ausgang. Dieser zeigt an, wenn die gewünschte und an Pin 10 eingestellte Ausgangsspannung zur Verfügung steht.

Legt man Pin 7 auf Masse (GND), dann wird der Ausgang abgeschaltet. Auch diesen Anschluss kann man offen lassen, wenn er nicht benötigt wird.

Man sieht also: die meisten Anschlüsse werden gar nicht benötigt.

Während des Betriebs variiert die Spannung am Anschluss VCAP (Kondensator) zwischen ca. 1,25 V und 1,02 V. Die Spannung am Kondensator ist intern geklemmt, um Niederspannungs-Superkondensatoren zu schützen. Die Klemmung beginnt bei ca. 1,8 V und begrenzt die Spannung auf weniger als 2,3 V.

Den Betrieb des Chips kann man dem Timing-Diagramm Bild 3.14 entnehmen. Bild 3.15 zeigt einen selbst gebauten Dipol, der an den Chip angeschlossen werden kann. Der Dipol ist aus zwei Kupferdrähten (1,5 $mm^2$) aufgebaut. Die Drähte sind auf zwei Kupferflächen gelötet, die sich auf einer kleinen Platine befinden. Die Länge des Dipols vom linken Anfang bis zum rechten Ende muss exakt der halben Wellenlänge entsprechen, die empfangen werden soll. Für eine Harvesting-Frequenz von 868 MHz wären das dann 34,5 cm.

Die Messung der Resonanzfrequenz des Dipols gelingt am besten mit Hilfe eines Netzwerk-Analysers. Durch Kürzen der Kupferdrähte erhöht sich die Resonanzfrequenz. Wenn man Zugang zu einem Netzwerk-Analyser hat [20], dann bietet es sich an, die Kupferdrähte des Dipols zunächst etwas zu lang anzufertigen. Die Resonanzfrequenz lässt sich dann durch Kürzen exakt abstimmen.

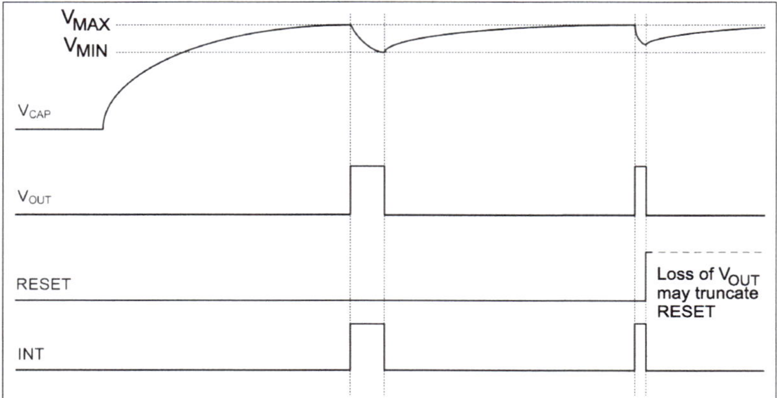


Bild 3.14 • Betrieb des Chip P2110. Die Spannung am Kondensator ist fest vorgegeben: $V_{MAX}$ = 1,25 V und $V_{MIN}$ = 1,02 V.

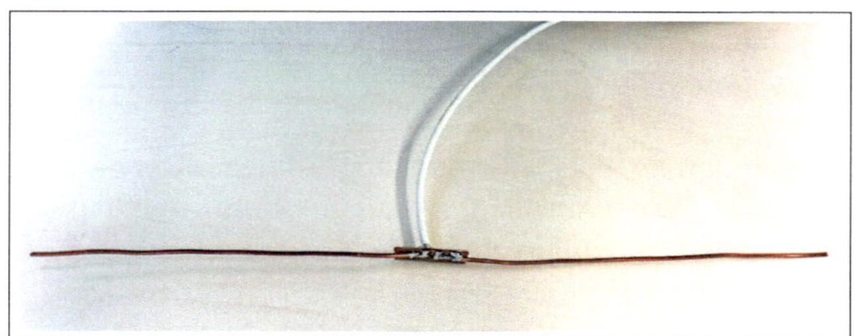

Bild 3.15 • Lambda/2-Dipol, selfmade.

### 3.2.2 • Energie aus dem Nahfeld

Im Nahfeld müssen das elektrische Feld und das magnetische Feld separat betrachtet werden. Aus dem Bild 3.2 ist zu erkennen, dass bereits bei Senderfrequenzen ab 100 kHz abwärts bis in 10 km Entfernung das Nahfeld vorherrscht. Allgegenwärtig sind die magnetischen Wechselfelder des Stromversorgungsnetzes. In Europa arbeiten die Stromversorgungsnetze mit einer Frequenz von 50 Hz. Die zugehörige Wellenlänge ist gemäß Gleichung (3.1) knapp 6000 km. Somit gibt es bei diesen Wellen auf der Erde nur das Nahfeld. In [10] habe ich mich auf die magnetische Komponente dieser tiefen Frequenzen konzentriert. Allerdings ging es dort lediglich um die Erfassung von Signalen – nicht von Energie. Dazu habe ich Ringspulen ohne Eisenkern – also Luftspulen eingesetzt. Das Bild 3.19 zeigt ein Exemplar im geöffneten Gehäuse mit abgeklemmter Elektronik. Der Spulendurchmesser ist 40 cm. Dieser Spulendurchmesser ergab sich aus der Anwendung, Signale aufzunehmen. Die Spule musste für meine Zwecke außerdem mechanisch hoch stabil sein. Beim Energy-Harvesting ist es jedoch nicht relevant, welche Signale ankommen und in welcher Qualität – beim Energy-Harvesting nutzen wir alles – Hauptsache wir erreichen eine Ausgangsspannung, die mit Dioden gleichgerichtet werden kann. Somit können wir beim Energy-Harvesting die Leiterschleife so groß wie möglich machen. Das geht auch aus dem Induktionsgesetz hervor. Die Wechselspannung die sich an einer Leiterschleife ergibt resultiert aus der Änderung der magnetischen Feldstärke Φ in der Zeit:

$$U = \frac{d\Phi}{dt} \tag{3.10}$$

Die Spannung steigt auch noch mit der Anzahl der Windungen (aus [14] ). Wesentliche für das Energie-Ernten ist die Tatsache, dass die magnetische Feldstärke Φ umso größer ist, je größer die aufgespannte Fläche A ist:

$$\Phi = \int_A \vec{B} \cdot d\vec{A} \tag{3.11}$$

Bei diesem Integral ist offensichtlich die Ausgestaltung der Fläche zunächst unbedeutend: als Kreis oder Rechteck oder irgendwie chaotisch – Hauptsache sie ist groß! Wir könnten also dort, wo die Energie benötigt wird, eine möglichst große Leiterschleife anbringen. Egal welche Form diese hat. Um zum Beispiel eine Wetterstation in einem einsamen Schuppen zu versorgen, könnte man eine Leiterschleife um diesen herum verlegen (Bild 3.17). Das macht Sinn, wenn sich in der Nähe des Schuppens vielleicht eine Überland- oder Bahnleitung befindet. Eine Erhöhung der Windungszahl verbessert das Ergebnis.

Ein Problem ist allenfalls die Berechnung der Induktivität, wenn wir nicht bekannte geometrische Formen haben. Eventuell benötigen wir die Induktivität, um den Schwingkreis auf die

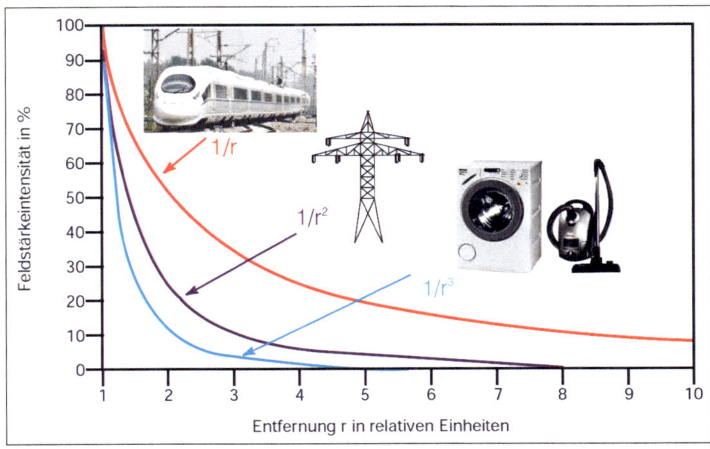


Bild 3.16 • Abnahme der Feldstärke magnetischer Wechselfelder.
$1/r$ : Feld eines geraden langen stromdurchflossenen Leiters (z.B. Bahnstromleitung)
$1/r^2$ : Feld durch Überlagerung zweier Leiter mit hin- und rückfließendem Strom (z.B. Versorgungsleitungen)
$1/r^3$ : Feld einer Zylinderspule („punktförmige Quelle" z.B. bei kleinen Elektrogeräten)

Frequenz der anvisierten Quelle abzustimmen. In [10] sind auch Möglichkeiten aufgeführt, wie man mit einfachen Messgeräten die Induktivität bestimmten kann. Ansonsten gilt für eine kreisförmige Leiterschleife die Formel aus [10], Seite 26. Weiterhin ist es natürlich möglich die Induktivität zu messen. Für eine grobe Bestimmung reicht ein kleiner Bauteiltester wie im Bild 2.16 gezeigt.

Die Frage ist, wie hoch die Energie überhaupt ist, die geerntet werden kann? Nahfeld bedeutet: Wir betrachten nur die magnetische Komponente der Welle. Das Magnetfeld hat im Gegensatz zum elektrischen Feld die Eigenschaft, dass es die meisten Materialien nahezu unvermindert durchdringt. Das ist für Energy-Harvesting vorteilhaft. Im Bild 3.16 ist die Abnahme der magnetischen Feldstärke verschiedener Quellen mit der Entfernung skizziert. Im besten Fall nimmt die Feldstärke nur mit dem Kehrwert der Entfernung ab. Das ist aber nur bei langen einzelnen Leitungen der Fall; zum Beispiel bei der Oberleitung der Bahn. Bereits wenn Hin- und Rückleitung eng beieinander angeordnet sind, so wie bei einer Überlandleitung, fällt die Feldstärke mit dem Quadrat der Entfernung ab. Die Energie, die im magnetischen Feld steckt kann mit Hilfe der Energiedichte $p_m$ angegeben werden.

$$p_m = \frac{B^2}{2 \cdot \mu_0} = \frac{1}{2} \cdot \mu_0 \cdot H^2 \tag{3.12}$$

$p_m$ = magnetische Energiedichte in Ws/m³
$H$ = magnetische Erregung in A/m
$B$ = magnetische Feldstärke in Tesla T bzw. Vs/m²
$\mu_0 = 1{,}256637 \cdot 10^{-6}$ Vs/(A·m)

Die Einheit der Energiedichte ist Ws/m³. Anhand der Einheit der Energiedichte ist zu erkennen, dass die Größe der Spule, die die Energie aus dem magnetischen Wechselfeld aufnimmt, eine wesentliche Rolle spielt. Je größer die Spule, umso größer ist der Anteil Energie, der aus dem Feld entnommen wird. Die in dicht bewohnten Gebieten ständig vorhandene, durchschnittliche Feldstärke kann mit B = 0,04 µT angenommen werden. Gemäß der Gleichung (3.12) resultiert daraus eine Energiedichte von:

$$p_m = \frac{\left(0{,}04 \cdot 10^{-6} \frac{\text{Vs}}{\text{m}^2}\right)^2}{2 \cdot 1{,}256637 \cdot 10^{-6} \frac{\text{Vs}}{\text{Am}}}$$

$$p_m = 636{,}62 \frac{\mu\text{Ws}}{\text{m}^3}$$

Ernten kann man von dieser Energie nur einen Bruchteil. Die Spule muss ausreichend groß sein und darf keine Verluste haben. In der näheren Umgebung ($l$ < 60 m) einer 380-kV-Hochspannungsleitung mit zwei Strängen und einer Vollast von knapp 2000 A können hingegen Feldstärken von $B$ = ...100 µT auftreten. Im besten Fall wären dies dann knapp 4 mWs/m³. Hier können Energiemengen geerntet werden, die einen sinnvollen Einsatz ermöglichen.

Bei einem Versuch habe ich eine Leiterschleife in meinem Arbeitszimmer (Fläche: ca. 25 m²) ausgelegt. Aus einem alten Transistorradio vom Trödelmarkt habe ich einen Übertrager ausgebaut (Bild 3.18). Der Übertrager hat ein Übersetzungsverhältnis von 1:3 und diente nur der Spannungsanhebung. Die als Primärseite verwendete Wicklung hat bei 50 Hz einen Widerstand von *200 Ω*. Hinter dem Übertrager habe ich eine Einweggleichrichterschaltung bestehend aus einer Schottky-Diode BAT43 und einem 3,3-µF-Kondensator angeordnet. Damit konnte ich ohne weitere Maßnahmen – also auch ohne Schwingkreis zur Frequenzabstimmung – am Kondensator eine Gleichspannung von knapp 300 mV messen. Die Belastung durch das Messgerät betrug 1 MΩ. Dieses Ergebnis lässt sich nicht verallgemeinern. An einem anderen Ort könnte die gewonnene Spannung auch kleiner oder auch größer sein, und an wieder anderen Orten funktioniert die Anordnung vielleicht sogar ohne Übertrager. Sicher ist, dass dieses Prinzip nur in bewohntem Gebiet funktioniert oder eben in der Nähe von Starkstromleitungen (Überlandleitungen, Bahnleitungen...).

Es gibt nun mehrere Möglichkeiten, die Spannung so zu erhöhen, dass das Sammeln der Energie in einem Kondensator möglich und sinnvoll ist. Anstelle des Einweggleichrichters kann man einen Spannungsvervielfacher wie im Bild 3.8 aufbauen. Weiterhin wäre der Einsatz eines Sperrwandlers wie aus dem Abschnitt 2.5.1 möglich. Noch besser ist in diesem Fall der Einsatz des Energy-Harvesting-Chips LTC3108. Dieser wird im nächsten Kapitel im Abschnitt 4.3.1 vorgestellt.

Bild 3.17 • Eine Leiterschleife um einen Schuppen (Zeichnung: Kurt Diedrich).

Bild 3.18 • Eine Leiterschleife an einem NF-Übertrager mit anschließender Gleichrichtung. Die Leiterschleife ist an der rechten Seite angeschlossen.

### 3.2.2.1 • Spannungserhöhung durch Resonanzkreis

Von allen im Projekt [10] eingefangenen Signale hatte das magnetische Wechselfeld des Energieversorgungsnetzes mit weitem Abstand die höchste Amplitude. Dies gilt zumindest in bewohnten Gebieten und auch dann, wenn ohne weitere Maßnahmen die ankommende Spannung für die Weiterverarbeitung zu klein ist. Es kann also Sinn machen, sich auf dieses Wechselfeld zu konzentrieren. Im Gegensatz dazu war dieses Wechselfeld in [10] störend und wurde unterdrückt.

Dazu wird ein Kondensator parallel zur Spule geschaltet und so ein Parallelschwingkreis gebildet. Wie in [10] nachzulesen ist, hat die dort eingesetzte Spule eine Induktivität von 11,5 H. Um eine Resonanz bei 50 Hz zu erhalten muss der Kondensator eine Kapazität aufweisen von

$$f_0 = \frac{1}{2 \cdot \pi \cdot \sqrt{L \cdot C}}$$

$$C = \frac{1}{(2 \cdot \pi \cdot f_0)^2 \cdot L} = \frac{1}{(2 \cdot \pi \cdot 50\,\text{Hz})^2 \cdot 11{,}5\,\frac{\text{Vs}}{\text{A}}} \approx 0{,}88\,\mu\text{F} \tag{3.13}$$

Diesen Wert gibt es nicht zu kaufen. Aber man kann sich durch Parallelschaltung von zwei oder drei Kondensatoren an den Wert nähern. Zum Beispiel aus der E6-Reihe: 0,68 µF und 0,22 µF (siehe [3]). Ich habe einfach einen 1-µF-Folienkondensator parallel geschaltet und so zufällig die Resonanzkurve aus Bild 3.21 erhalten. Die Resonanz bei 50 Hz wird sehr exakt getroffen. Kondensatoren der E6-Reihe haben eine Toleranz von 20%. Deshalb kann man auch durch Ausprobieren oder durch Ausmessen den geeigneten Kondensator finden.

Im Parallelschwingkreis ist der Strom zwischen Spule und Kondensator im Resonanzfall größer als der zugeführte Strom. Man kann in Reihe zur Empfangsspule die Sekundärseite eines möglichst kleinen Netztransformators schalten (Bild 3.20). Die zu erwartenden Energien sind winzig. Damit diese nicht durch parasitäre Elemente „verschluckt" werden, sollten nur winzige Transformatoren zum Einsatz kommen. Möglichst mit einer Nennleistung unter 1 VA. Für meine Versuche hatte ich einen Transformator mit den Daten 12 V/230 V und 1,5 VA, weil dieser gerade verfügbar war (Bild 3.22). Dazu ist es günstig, wenn die Induktivität der Empfangsspule wesentlich größer ist als die Induktivität des Transformators:

$$L_{Tr} << L1$$

Das Zwischenschalten des Transformators hat dann unter dieser Bedingung keinen oder nur einen vernachlässigbaren Einfluss auf die Resonanzfrequenz. Sollte es nicht möglich sein, diese Bedingung zu erfüllen, hilft die Erkenntnis weiter, dass sich die für die Resonanz relevante Induktivität aus der Summe der beiden Einzelinduktivitäten ergibt:

$$L_{ges} = L1 + L_{Tr1} \tag{3.14}$$

Notfalls muss dann der Kondensator C1 an die neue Gesamtinduktivität $L_{ges}$ angepasst werden. Es ergibt sich nun ein Parallelschwingkreis. Der überhöhte Strom bei Resonanz erzeugt auf der Niederspannungsseite des Transformators Tr1 ein Magnetfeld. Die an der Niederspannungswicklung (hier Primärwicklung) anliegende Spannung wird in die Oberspannungswicklung (hier Sekundärwicklung) transformiert und mit Hilfe des Übersetzungsverhältnisses des Übertragers in der Amplitude erhöht und dem Gleichrichter zugeführt. Im Bild 20 ist der Gleichrichter gleichzeitig eine Spannungs-Verdopplerschaltung. Die Energie wird dann im Kondensator C4 gespeichert. Damit wären wir wieder bei dem im Abschnitt 1.3.2 beschriebenen Prinzip.

Bei einem Versuch habe ich eine Spule eingesetzt, die etwas kleiner ist als die Spule aus Bild 3.19. Diese Spule hatte eine Induktivität von 1,2 H. Die Induktivität der Sekundärseite des Transformators betrug ca. 33 mH. Die Bedingung ist also erfüllt und die Induktivität des Transformators ist vernachlässigbar.

Der Resonanzkreis muss eine hohe Güte aufweisen. Dies bedeutet: Spulen mit niedrigem Serienwiderstand und Kondensatoren mit kleinem Verlustwinkel (tan $\delta$). Am Resonanzkreis (Spule oder Kondensator) bildet sich die Spannung ab. Eine gute Wahl bei den Kondensatoren sind Vielschicht-Keramik-Typen in SMD-Ausführung. Beim Wickeln der Spule ist es gut, etwas stärkeren Draht zu benutzen.

Ist sichergestellt, dass die Spannung am Resonanzkreis (bzw. hier an der Primärwicklung des Transformators) so groß ist, dass sie mit Dioden gleichgerichtet werden kann (im Idealfall größer als die Schleusenspannung der eingesetzten Dioden), dann lassen sich wieder Spannungs-Vervielfacherschaltungen einsetzen. Ähnliches wird in [1] im Abschnitt 3.4 beschrieben und wurde auch beim Energy-Harvesting im Fernfeld aus Mittel- oder Kurzwellen

Bild 3.19 • ELF-Spule im geöffneten Gehäuse. Diese Spule hat eine Induktivität von 11,5 H.

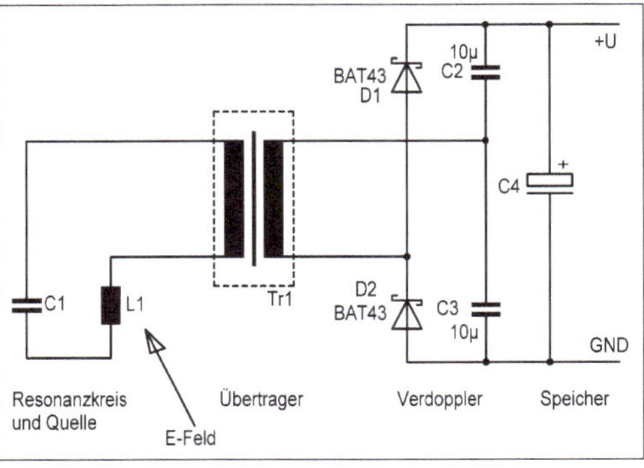


Bild 3.20 • Versuch, Energie aus dem Nahfeld zu ernten. L1 empfängt das magnetische Wechselfeld und bildet mit C1 eine Parallelresonanz. Bedingung: $L1 \gg L_{Tr1}$

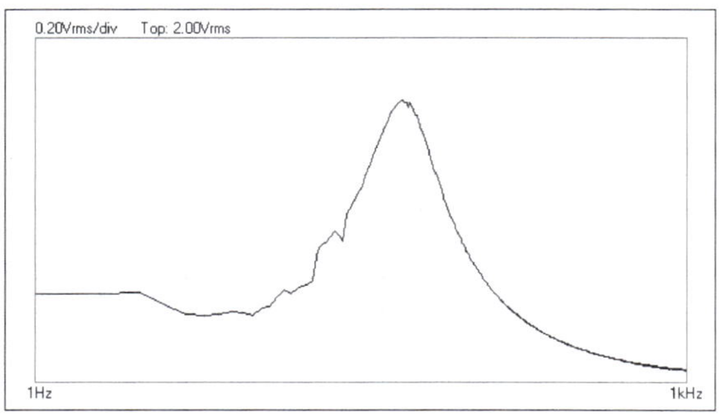


Bild 3.21 • ELF-Spule aus Bild 3.19 mit Kondensator als Resonanzkreis zur Energiegewinnung. Die Resonanz bei 50 Hz wird sehr gut getroffen.

bereits vorgestellt (Bild 3.8). Zu beachten ist, dass mit jeder Vervielfachung im besten Fall zwar die Spannung größer wird, der Innenwiderstand der so entstehenden Spannungsquelle aber auch. Deshalb sollte nur soweit vervielfacht werden, dass gerade noch eine verwertbare Spannung erzeugt wird.

Bild 3.22 • Kleiner Netztransformator 1,5 VA.

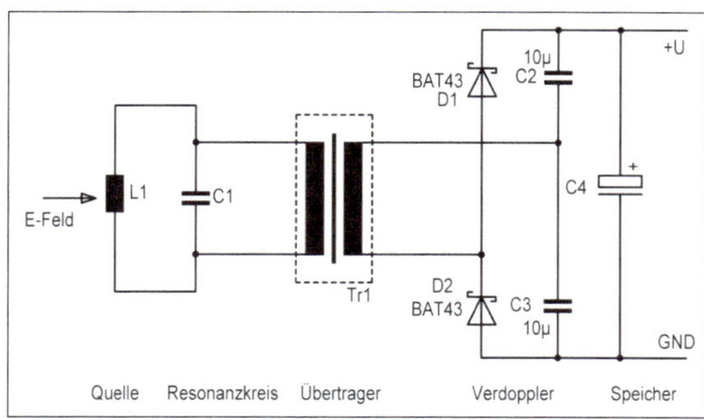


Bild 3.23 • Vorschlag für eine Anordnung zum Ernten von Energie aus "herum irrenden" magnetischen Wechselfeldern des Versorgungsnetzes. L1 empfängt das magnetische Wechselfeld. Die Niederspannungsseite des Transformators (linke Seite) bildet mit C1 einen Resonanzkreis.
Bedingung: Die von L1 und dem E-Feld gebildete Quelle ist hochohmig!

Bei Standorten in der Nähe einer elektrifizierten Bahnstrecke kann man versuchen, das Versorgungsnetz der Bahn zu benutzen. Die Frequenz des Bahnnetzes beträgt 16 $^{2}/_{3}$ Hz. Somit ist der Schwingkreis mit Hilfe der Gleichung (3.7) auf diese Frequenz abzustimmen.

Alternativ kann der Resonanzkreis mit der Induktivität der Niederspannungsseite des Transformators gebildet werden. Das funktioniert, wenn die angekoppelte Quelle hochohmig ist. Eine Wicklung wie im Bild 3.19 könnte damit funktionieren – eine Leiterschleife um einen Schuppen wie im Bild 3.17 funktioniert damit nicht. Bild 3.23 zeigt diese Variante. Die Spule L1 empfängt das magnetische Wechselfeld. Diese Spule bildet die Quelle, die den aus C1 und der Induktivität der Niederspannungsseite des Übertragers gebildeten Schwingkreis anregt. Um die Resonanzfrequenz bei 50 Hz zu erhalten muss der Kondensator in diesem Fall Werte von 100 bis 500 µF aufweisen. In Frage kommen nur keramische Vielschicht-Kondensatoren in SMD-Ausführung. Bild 3.24 zeigt den Versuchsaufbau in der Praxis und das Bild 3.25 das Resultat. Hier wurde testweise ein Generator über einen Widerstand eingespeist. Die Ausgangsspannung des Generators betrug 20 $mV_{ss}$.

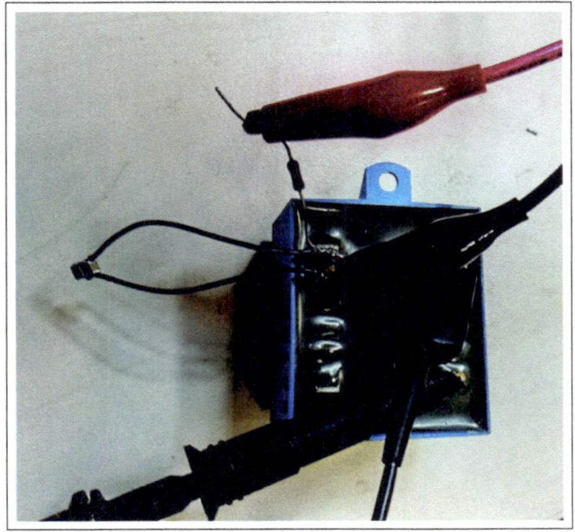

Bild 3.24 • Resonanzkreis mit Niederspannungswicklung und Keramik-Kondensator.

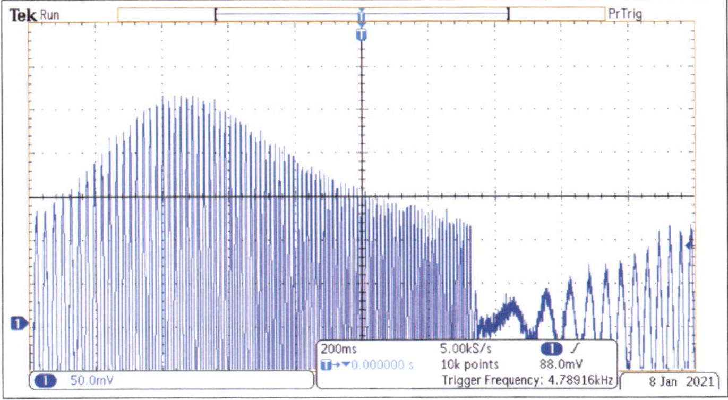


Bild 3.25 • Ergebnis des Messaufbaus aus Bild 3.24: die Resonanz bei 50 Hz zeigt sich deutlich.

Noch ein paar Hinweise zur Wahl des Transformators bzw. Übertragers: Wird ein Transformator verwendet, der eine kleine Niedervoltspannung hat (z.B. 5 V), dann ist der Scheinwiderstand *Z* des Transformators, an dem die Spannung abfällt, ebenfalls klein. Allerdings ist das Übersetzungsverhältnis *ü* groß (230 V/5 V = 46). Wird dagegen ein Transformator gleicher Leistung mit größerer Sekundärspannung verwendet (z.B. 24 V), dann ist der Widerstand *Z* vergleichsweise größer – aber das Übersetzungsverhältnis *ü* ist vergleichsweise klein (230 V/23 V = 10). Es ist also schwer zu sagen, welcher Transformator im jeweiligen Anwendungsfall die beste Wahl ist. Auch hier hilft eigentlich nur, Typen mit verschiedenen Übersetzungsverhältnissen auszuprobieren.

Wenn das Magnetfeld ausreichend stark ist, kann man auf den Übertrager bzw. Transformator verzichten. Mit einer Spannungs-Verdopplerschaltung und dem beschriebenen Parallelresonanzkreis konnte ich einen Elektrolytkondensator mit einer Kapazität von 4700 µF aufladen. Das funktionierte einfach, indem ich den Resonanzkreis samt Verdopplerschaltung auf meinen Arbeitstisch stellte. Nach einigen (vielen) Minuten betrug die Spannung am Kondensator 1171 mV. Die Schaltung des Gesamtaufbaus ist im Bild 3.26 zu sehen. Es ist spannend zu sehen, wie sich der Kondensator „aus dem Nichts" auflädt. Die gespeicherte Energie betrug dann

$$E_C = \frac{1}{2} \cdot C \cdot U_C^2$$
$$= \frac{1}{2} \cdot 4{,}7 \cdot 10^{-3}\,\frac{\text{As}}{\text{V}} \cdot (1{,}171\ \text{V})^2 \approx 3{,}2\ \text{mWs}$$

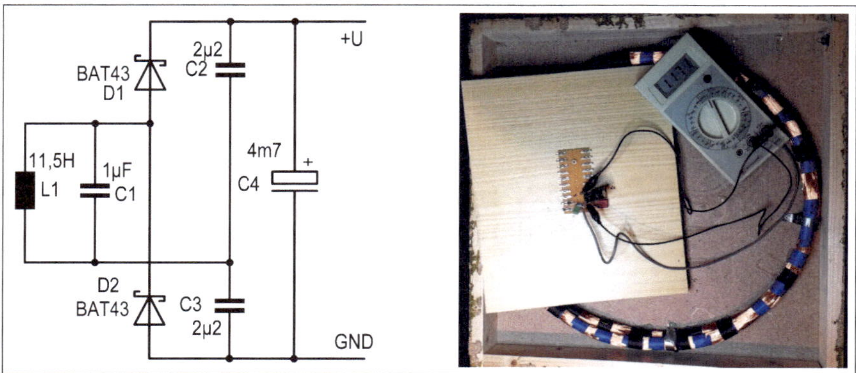


Bild 3.26 • 50-Hz-Resonanzkreis mit Spannungsverdoppler, provisorisch aufgebaut.
Links: das Schaltbild. Rechts: der praktische Aufbau: Energy-Harvesting auf dem Basteltisch.

Bei der Dimensionierung ist die Frequenz der vorherrschenden Wellen entscheidend. Bei Wellen mit höheren Frequenzen sollten kleinere Kapazitätswerte benutzt werden. Ich habe auch Versuche gemacht bei denen C2 und C3 eine Kapazität von 100 nF hatten und der Ladekondensator C4 eine Kapazität von 10 µF. Das hat auch im 50-Hz-Feld funktioniert – allerdings führt das zur Erhöhung des Innenwiderstandes der Gesamtanordnung.

Anzumerken ist, dass die Anordnung auf dem Basteltisch funktioniert hat. Auch ein Versuch auf dem Dachboden war erfolgreich. Allerdings ist die Schaltung nicht ortsunabhängig. Dort wo viele Leitungen verlegt sind und elektrische Verbraucher arbeiten, ist sie anwendbar. Auf dem freien Feld oder im Wald wird sie so nicht funktionieren, dort hat das magnetische Wechselfeld des Energieversorgungsnetzes deutlich kleinere Amplituden, es sei denn, man befindet sich in der Nähe einer Freileitung.

Ob und wie schnell der Kondensator aufgeladen wird hängt von vielen Bedingungen ab:

- die Güte des Resonanzkreises
- die Eigenschaften des Übertragers

- die Stärke des magnetischen Wechselfeldes
- die Güte des Kondensators

Falls sich keine Spannung am Ladekondensator (im Bild 3.26 ist das C4) aufbaut, kann das am zu hohen Leckstrom liegen. Nach Gleichung (1.10) kann die Verwendung eines Kondensators mit niedrigerer Kapazität eventuell Abhilfe schaffen. Auch das Ersetzen des Elektrolytkondensators C4 durch einen Typ aus Vielschicht-Keramik kann die Erfolgschancen verbessern.

Das nachfolgende Speichern der Energie wird in einem späteren Abschnitt besprochen, denn es gilt für alle anderen Energy-Harvesting-Methoden auch.

In den meisten Fällen muss noch ein Komparator folgen. Dies hat mehrere Gründe und wurde bereits im Kapitel 1 thematisiert. Im Kapitel 2 wurde im Beispielprojekt bereits ein Komparator eingesetzt. Dort war es vergleichsweise einfach, da bei der Variante „Energie aus Licht" ausreichend Spannung zur Verfügung stand. Hier nun soll die Notwendigkeit etwas näher erläutert werden.

Schwingkreis, Übertrager und Gleichrichter bilden zusammen eine Spannungsquelle mit hohem Innenwiderstand. Meistens ist der Innenwiderstand deutlich höher als der elektrische Widerstand der zu versorgenden Schaltung. Wäre nun die zu versorgende Schaltung ständig mit dieser Quelle verbunden, dann würde sich die notwendige Betriebsspannung erst gar nicht aufbauen, denn es bildet sich ein Spannungsteiler wie im Bild 3.27. Dort ist $R_i$ der Innenwiderstand unserer Spannungsquelle und $U_0$ die Urspannung, die man im Leerlauf, also ohne Lastwiderstand $R_v$ messen würde. Im Energy-Harvesting ist der Innenwiderstand der Spannungsquellen meistens ziemlich hoch. Um eine Ausgangsspannung zu erhalten, die etwa so hoch ist wie $U_0$ müsste die Bedingung

$$R_v > R_i$$

eingehalten werden, was vermutlich fast nie möglich sein wird. Erst wenn der als „Energiesammler" eingesetzte Kondensator genügend Ladung anhäufen konnte, ist es möglich, für eine kurze Zeit auch einen Lastwiderstand anzuschließen der kleiner ist als der Innenwiderstand der Quelle.

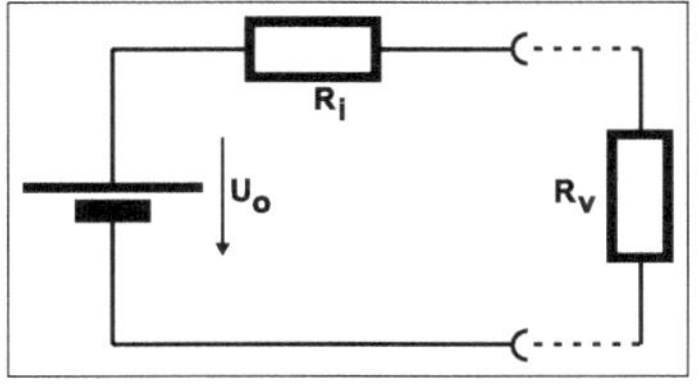


Bild 3.27 • Quellenwiderstand und Verbraucherwiderstand.

Schließen wir den Verbraucher aber unmittelbar an den Kondensator an, dann sinkt die Ausgangsspannung nach einer eulerschen Funktion schnell ab. Um die Zeit während der eine ausreichend hohe Spannung zur Verfügung steht zu verlängern, kann man

1. die Kapazität des Speicherkondensators *C* erhöhen. Diese Maßnahme ist besonders einfach und schnell umsetzbar. Allerdings wird damit der Leckstrom erhöht, der die maximal einsetzbare Kapazität grundsätzlich begrenzt.
2. die Energie vom Kondensator in einen Akkumulator umladen. Alle Nachteile des Akkumulatorbetriebes wie etwa die Temperaturabhängigkeit von Innenwiderstand und Kapazität sowie die vergleichsweise geringe Haltbarkeit müssen dann hingenommen werden.
3. wie in [1] im Kapitel 2.5 beschrieben, einen Hochsetzsteller (Boost-Konverter) einsetzen. Das ist sicher der Königsweg. Bei sorgfältiger, auf minimalem Eigenverbrauch optimierter Schaltungsauslegung hält der Hochsetzsteller die Spannung für den Verbraucher so lange wie möglich konstant. Die Energie des Kondensators wird optimal ausgenutzt.

## 3.3 • „Low-Drop-Komparator"

Das Bild 3.29 enthält einen Schaltungsvorschlag für einen „Low-Drop-Komparator". Den Standard-Komparator aus dem Abschnitt 2.4.1 kann man noch mit Teilen aus der Bastelkiste zusammenlöten. Beim Energy-Harvesting aus Funkwellen kommt man nicht umhin, Spezial-Bauteile zu verwenden. Mittlerweile gibt es spezielle Chips, die mit extrem wenig Energie auskommen. Durch Verwendung dieser Bauteile kann der Eigenverbrauch der Komparatorschaltung minimiert werden. Bei der Schaltung im Bild 3.29 wurden solche Komponenten eingesetzt. Der Komparator MIC833 der Firma Microchip benötigt zum Betrieb typischerweise 1 µA. Bild 3.28 zeigt die aus dem Datenblatt entnommene Innenschaltung dieses ICs. Es sind zwei Komparatoren und ein Flip-Flop integriert. Am Ausgang des Flip-Flops folgt ein Feldeffekt-Transistor mit Open-Drain-Anschluss.

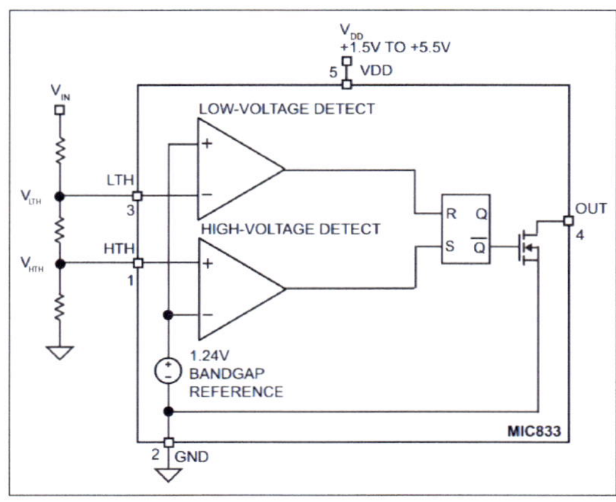


Bild 3.28 • Innenschaltung des Komparators MIC833.

Für den Betrieb muss die Bedingung

$$U_{LTH} > U_{HTH}$$

eingehalten werden ($U_{LTH}$ und $U_{HTH}$ sind Spannungswerte die z.B. in der Schaltung aus Bild 3.8 an K1 anliegen bzw. am Speicherkondensator). Die Referenzspannung im Innern des ICs hat einen Wert von 1,24 V. Wird $U_{LTH}$ überschritten, so schaltet der Ausgang auf High-Signal. Wird $U_{HTH}$ unterschritten, dann wird der Ausgang auf GND-Level gelegt.

Der nachgeschaltete Low-Drop-Spannungsregler TPS78001 benötigt im Betrieb lediglich 500 nA. Er wird vom Komparator über den Enable-Anschluss (EN) aktiviert. So lange am Enable-Anschluss GND-Potenzial liegt, ist der Ausgang gesperrt.

Im Ruhezustand (der Ausgang ist gesperrt), setzt sich der Gesamtverbrauch der Schaltung zusammen aus dem Strom durch die Widerstände R4, R5, R6, dem Strom durch den Komparator MIC833 von 1 µA, dem Strom durch R1 und dem Ruhestrom des Spannungsreglers TPS78001 von 18 nA.

Sobald der Spannungsausgang freigeschaltet ist, kommt noch der Strom durch die Widerstände R2 und R3 hinzu und der Spannungsregler benötigt dann wieder 500 nA.

**Anmerkung**: Standard Low-Drop-Regler sind wegen ihres hohen Eigenverbrauchs hier völlig ungeeignet. Der beliebte Typ LM1117 zum Beispiel benötigt bereits einen Betriebsstrom von mindestens 5 mA.

Die Schaltschwellen werden mit den Widerständen R4, R5 und R6 festgelegt. Der Gesamtwiderstand dieser drei Bauteile sollte 3 MΩ nicht überschreiten. Höhere Werte können Probleme auf Grund der Belastung durch den Chip selbst verursachen. Ein Gesamtwert von 2 MΩ ist also ein sinnvoller und sicherer Wert. Er sorgt für minimalem Stromverbrauch ohne signifikante Beeinflussung der Genauigkeit.

Bei Erreichen der Schwellspannung $U_{HTH}$ schaltet der Ausgang auf high – der Open-Drain-Ausgang wird also hochohmig. Beim Unterschreiten der Schwellspannung $U_{LTH}$ schaltet der Ausgang zurück auf low – der Open-Drain-Ausgang liegt dann auf Ground.

$$U_{LTH} = \frac{U_{ref}}{R5+R6} \cdot (R4 + R5 + R6)$$

$$U_{HTH} = \frac{U_{ref}}{R6} \cdot (R4 + R5 + R6)$$

In der Regel sind die Schaltschwellen gegeben und die Widerstände sollen berechnet werden. Ausgehend von einem Gesamtwiderstand von $Rges = 2\ M\Omega$ berechnet man zunächst mit Hilfe der oberen Schaltschwelle (der Einschaltschwelle) R6:

$$\frac{U_{ref}}{R6} = \frac{U_{HTH}}{R_{ges}}$$

$$R6 = \frac{U_{ref}}{U_{HTH}} \cdot R_{ges}$$

Dabei ist $R_{ges}$ = R4 + R5 + R6 und $U_{ref}$ = 1,24 V. Nun kann R5 bestimmt werden:

$$R5 = \frac{U_{ref}}{U_{LTH}} \cdot R_{ges} - R6$$

R4 ergibt sich dann ganz einfach aus:

$$R4 = R_{ges} - (R5 + R6)$$

Mit der im Bild 3.29 verwendeten Dimensionierung schaltet der Ausgang bei einer Eingangsspannung von 5,6 V auf high. Dann nämlich wird an R6 die Referenzspannung von 1,24 V erreicht. Am Ausgang erscheinen dann die mit dem Regler TPS78001 vorgesehenen 3,2 V. Wenn die Eingangsspannung 2,82 V unterschreitet, schaltet der Ausgang wieder zurück auf GND-Potenzial. Dann nämlich werden am Pin 3 des ICs 1,24 V unterschritten. Die Ausgangsspannung geht auf 0 V zurück.

Mit Gleichung (2.8) ergeben sich pro Ladevorgang knapp 12 mWs, die geerntet werden können. Der Wert ist relativ klein, weil die maximale Eingangsspannung aufgrund der Grenzwerte der Bauteile nur 6 V beträgt. Er steigt linear mit der Kapazität des Ladekondensators C1. Die Schaltung eignet sich für Quellen mit einer Urspannung bis 6 V.

Die Dimensionierung des Ladekondensators C1 am Eingang hängt von der speisenden Quelle ab. Eventuell muss die Kapazität einen anderen Wert haben.

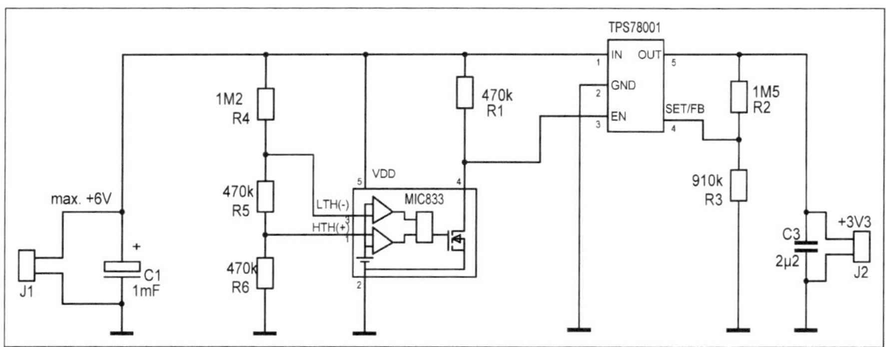


Bild 3.29 • Ein „Low-Drop-Komparator".

Bild 3.30 zeigt einen Versuchsaufbau. Die aktiven Bauteile sind nur im SMD-Gehäuse erhältlich. Zum Löten ist ein Mikroskop sinnvoll. In unserer Werkstatt bevorraten wir SMD-Widerstände der Größe 1206 bis *1 MΩ*. Deshalb wurden die Werte R4 und R2 jeweils aus der Reihenschaltung zweier Standard-Widerstände zusammengesetzt.

Zum Speichern bzw. Sammeln der Energie kann, wie bereits besprochen ein Kondensator mit großer Kapazität verwendet werden (sogenannter „SuperCap"). Die Einschränkung bei diesen Kondensatoren ist zur Zeit (anno 2020) noch die maximale Spannung, die angeschlossen werden darf, sowie der mögliche Leckstrom. Im konkreten Projekt hier ist die maximale Spannung kein Problem, da am Ausgang nur 3,3 V erzeugt werden. Bei anderen Projekten wird dieser Wert schnell überschritten. Es gibt aber bereits heute Typen (z.B. von Vishay), die 8,4 V verkraften. Die Reihenschaltung von Super-Kondensatoren ist dagegen sehr problematisch. Zum einen verkleinert sich dann die Kapazität [3] – zum anderen ist nicht sicher, dass sich die Spannung zu gleichen Anteilen auf die Kondensatoren verteilt.

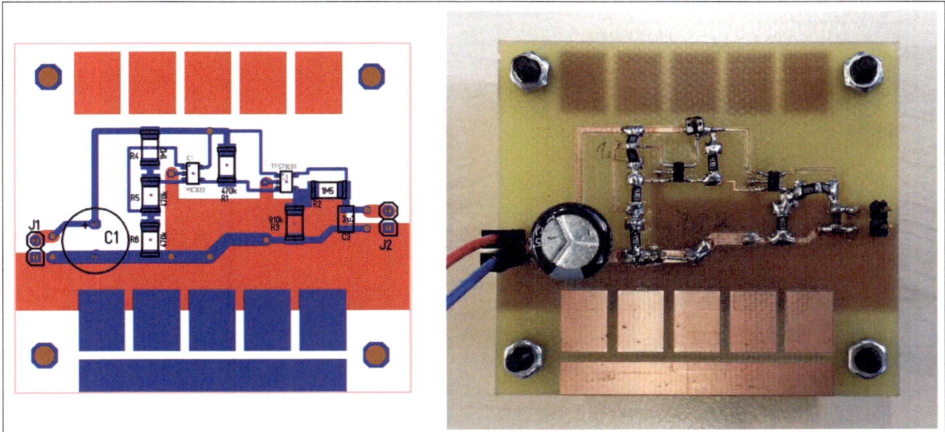


Bild 3.30 • Ein „Low-Drop-Komparator".
Links: Das verwendete Layout (nicht maßstabsgetreu). Rechts: die aufgebaute Platine.
Abmessungen der Platine: 60 x 53 mm. Die Kupfer-Pads können für spätere Erweiterungen, Versuche, etc. als Lötstützpunkte dienen.

Grund dafür ist eben der Leckstrom – der aus den in den Kondensatoren vorhandenen, parasitären Parallelwiderständen resultiert.

# 4 • Thermoelektrizität

Energie aus Wärme bedeutet in Wirklichkeit „Energie aus Wärmeströmung". Wärme stellen wir uns als „Energievorrat" vor. Um daraus nutzbare Energie zu machen benötigen wir eine Temperaturdifferenz und einen „Stoff", durch den die Wärme strömt. Die wärmere Stelle wird dann kälter, und die kältere Stelle wärmer.

Das kann man sich in etwa analog zum elektrischen Stromkreis vorstellen:

| | | |
|---|---|---|
| Elektrische Spannungsquelle | ↔ | Wärmequelle mit konstanter Temperaturdifferenz; z.B. zwei Stellen mit unterschiedlicher aber konstanter Temperatur |
| Elektrische Stromquelle | ↔ | Wärmequelle mit konstantem Wärmestrom; z.B. die Wärmeströmung durch eine Wand mit konstantem thermischem Widerstand und konstanter Temperaturdifferenz |
| Elektrischer Widerstand | ↔ | Thermischer Widerstand $R_{Th}$ in K/W |
| Elektrischer Strom | ↔ | Wärmestrom oder Wärmefluss $Q$ in W bzw. $kg \cdot m^2 \cdot s^{-3}$ |
| Elektrische Spannung | ↔ | Temperaturunterschied $\Delta T$ in K |

Der elektrische Strom ruft an einem elektrischen Widerstand einen Spannungsunterschied bzw. Spannungsabfall hervor. Der Wärmestrom ruft an einem thermischen Widerstand einen Temperaturunterschied hervor.

Ein Pendant zur Elektrischen Spannungsquelle wären zwei Objekte mit unterschiedlicher Temperatur. Sind diese thermisch isoliert, fließt kein Wärmestrom. Brückt man die Teile z.B. mit einem Metallstab, dann fließt die Wärme von dem Gegenstand mit der höheren Temperatur zu dem Gegenstand mit der niedrigeren Temperatur.

Bei der elektrischen Stromquelle gibt es das auch: Zum Beispiel ein Warmwasserboiler, der bei annähernd konstanter Zimmertemperatur Wasser mit einer Temperatur von 60 °C bereit halten muss. In diesem Fall muss der Wärmestrom vom Heizelement zur Außenhaut des Warmwasserboilers konstant sein. Somit ist auch der vom Heizelement erzeugte Wärmestrom konstant.

Beim thermischen Widerstand ist es leicht einzusehen: jeder Übergang von einer Wärmequelle zu einer Wärmesenke stellt gleichzeitig einen thermischen Widerstand dar. Auch die Vorstellung eines Wärmestroms fällt dem Elektroniker leicht. Zwischen zwei Stellen mit unterschiedlicher Temperatur fließt ein Wärmestrom $Q$. Bei dem Wärmestrom handelt es sich um eine Leistung. Hier erkennen wir einen Unterschied zum Stromkreis: dort fließt ein elektrischer Strom – der aber erst am elektrischen Widerstand eine Leistung hervorruft. Der elektrische Strom selbst ist noch keine Leistung.

Zur Verdeutlichung des angewandten Prinzips beim Energy-Harvesting mit Wärme hier ein Gedankenexperiment im Großen: Denken wir uns ein Haus im Winter. Im Innern des Hauses herrscht eine Temperatur von 22 °C. Draußen friert es. Die Außentemperatur ist 0 °C. Die Wärme strömt nun von Innen nach Außen. Um die Temperatur im Innern konstant zu halten, muss die Heizung in Betrieb sein. Diese gibt kontinuierlich Energie in Form von Wärme in das Innere des Hauses ab. Vielleicht läuft sie gerade mit einer Leistung von 5000 W. Dann hätten wir einen (als linear unterstellten) Koeffizienten von 5000 W / 2 °C = 227 W pro °C. Berechnen wir die Außenhaut des Hauses („Thermische Gebäudehülle") und unterstellen eine gleichmäßige Wärmeströmung in alle Richtungen (was natürlich alleine schon wegen der vorhandenen Fenster in der Praxis unrealistisch ist), dann könnte man auch angeben, welche Leistung pro Flächeneinheit durch die Wand strömt. Baut man nun in die Wand einen Wärme-Elektrizitätswandler ein, dann kann man einen Teil der Leistung vom Wärmestrom abschöpfen.

Das ist das Prinzip. Es stellt sich zunächst die Frage: „Wie kann ich eine Wärmeströmung in elektrische Leistung umwandeln?".

## 4.1 • Peltier-Effekt, Seebeck-Effekt

1834 berichtete der französische Uhrmacher und Physiker Jean Peltier über Temperaturbesonderheiten, die an der Berührungsstelle zweier verschiedener Leiter bei Stromfluss auftreten. Je nach Stromflussrichtung kühlt sich der Kontakt ab oder er erwärmt sich. Die Stärke des Effekts ist von der Materialkombination abhängig. Neuerdings findet man dafür die Abkürzung „TEC", was für „thermoelectric cooler" steht.

Dieser Effekt ist umkehrbar und heißt dann Seebeck-Effekt, weil bereits 1822 Thomas Johann Seebeck darüber berichtete. Dabei wird die Metallverbindung, die „Thermoelement" genannt wird, an einer Seite abgekühlt oder erhitzt, so dass zwischen den Metallen ein Temperaturunterschied und damit ein Wärmestrom entsteht. Dieser Wärmestrom bewirkt im Thermoelement einen nutzbaren elektrischen Strom. Dafür ist die Verwendung der Abkürzung "TEG" für "thermoelectric generator" gerade modern.

Allerdings ist die Spannungsdifferenz bei Metallen gering. Verbindet man z.B. Eisen und Konstantan (z.B. durch Verschweißen oder Verlöten), dann ergibt sich eine sogenannte Thermospannung von 0,0537 mV pro Grad Kelvin Temperaturunterschied:

$$\Delta T = \vartheta_{\text{warmeSeite}} - \vartheta_{\text{kalteSeite}}$$

Für Messzwecke ist das ausreichend – für Energy Harvesting ist es aber eher zu wenig.

**Anmerkung**: Die absolute Temperatur gebe ich mit $\vartheta$ in °C an. Temperaturdifferenzen gebe ich mit $T$ in °K an. Bei Differenzen sind die Zahlenwerte von °C und °K identisch. Beim K wird das ° normalerweise weggelassen.

## 4.2 • Thermoelement als elektrischer Generator

Mit folgender Formel kann sehr vereinfacht dargestellt werden, von welchen Faktoren die Spannung, die ein Thermoelement als Generator erzeugt, abhängig ist. Sie ist abhängig von den Seebeck-Material-Koeffizienten $S_{\text{MaterialA}}$ und $S_{\text{MaterialB}}$ und von der Temperaturdifferenz:

$$U_{TEG} = (S_{MaterialA} - S_{MaterialB}) \cdot \Delta T \tag{4.1}$$

Physiker würden hier übrigens nicht Temperaturdifferenz sagen, sondern Temperaturgradient. Dies deshalb, weil die Richtung des Wärmeflusses eine Rolle spielt. In der Praxis spielt dies für uns keine Rolle, denn wir wissen, wie das Thermoelement anzuordnen ist, damit der Wärmestrom hindurchfließt und elektrischer Strom erzeugt wird. Allenfalls ist die Polarität der Ausgangsspannung nicht so, wie erwartet. Abhilfe schafft das einfache Vertauschen der beiden Anschlussdrähte.

Erst mit der Entwicklung spezieller Halbleitermaterialien wurde eine praktische Anwendung dieses Effektes zur Energieversorgung aktuell. Das Halbleitermaterial musste optimiert werden. Einerseits sind hohe Seebeck-Koeffizienten und eine gute elektrische Leitfähigkeit gefordert, andererseits soll die thermische Leitfähigkeit möglichst niedrig sein. Dies ist notwendig, damit sich auch bei niedriger Wärmeströmung ein ausreichend großes $\Delta T$ einstellen kann.

Das Material Bismuttellurid ($Bi_2Te_3$) hat Halbleitereigenschaften. Daraus aufgebaute Peltierelemente liefern deutlich mehr Spannung pro Grad Temperaturunterschied. Heute kann man damit aufgebaute Thermoelemente fix und fertig kaufen. Der schematische und reale Aufbau ist in Bild 4.1 zu sehen.

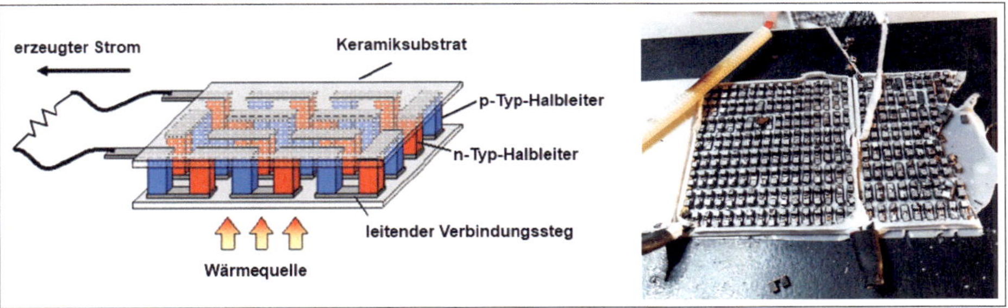


Bild 4.1 • Links: Schematischer Aufbau eines Thermoelementes zur Stromerzeugung (TEG). Es besteht aus vielen elementaren Thermoelementen, die elektrisch in Reihe geschaltet sind. Rechts: Thermoelemente geöffnet.

Ein Beispiel eines kleinen handelsüblichen Thermoelements ist im Bild 4.2a zu sehen. Treibt man einen Strom durch dieses Element, dann kühlt sich eine Seite ab während die andere Seite sich aufheizt. Es wird eine Wärmequelle erzeugt, der als Folge einen Wärmestrom hervorruft. Diese Bauteile sind als Peltier-Elemente Massenware und z.B. auch in mobilen Kühlboxen eingebaut. Damit sind Peltier-Elemente als fertige Bauteile die erste Wahl für uns Praktiker, wenn Energie aus Wärme gewonnen werden soll. Das Prinzip wird dabei umgekehrt. Eine Seite des Peltier-Elementes wird erwärmt – die andere wird kühl gehalten. Man spricht dann von Thermogeneratoren – abgekürzt eben TEG. Die nutzbare elektrische Leistung steigt annähernd mit dem Quadrat des Wärmestromes bzw. der Wärmeleistung an. Strom und Spannung sind hingegen jeweils grob angenähert proportional zum Wärmestrom.

$$U_{PE} \sim \Delta T \qquad\qquad I_{PE} \sim \Delta T \tag{4.2}$$

$U_{PE}$ = Leerlaufspannung, die der TEG abgibt
$I_{PE}$ = Kurzschlussstrom, den der TEG abgibt
$\Delta T$ = Temperaturunterschied zwischen warmer und kalter Seite des Thermoelementes

Thermoelemente als Peltier-Elemente – also Elemente mit denen man Wärme oder Kälte erzeugt – gibt es mit einer Vielzahl von Abmessungen. Die meisten Module sind quadratisch, mit Kantenlängen zwischen 10 mm und 50 mm sowie einer typischen Höhe von 2 mm bis 5 mm. Ihre Leerlauf-Ausgangsspannung liegt, abhängig von ihrer Größe, im Bereich von 10 mV/K bis 50 mV/K. Größere Module erzeugen größere Ausgangsspannungen für ein gegebenes $\Delta T$, haben aber einen geringeren thermischen Widerstand. Somit ist es umso schwieriger, ein hohes $\Delta T$ aufzubauen, je größer das Element ist.

Eine statistische Auswertung von 28 willkürlich ausgewählten Peltier-Elementen ergab den folgenden Zusammenhang für den thermischen Widerstand:

$$\frac{R_{ThG}}{\mathrm{K/W}} \approx 0{,}000561 \cdot \frac{\mathrm{A}^2}{\mathrm{m}^2} - 1{,}117 \tag{4.33}$$

gültig für $A < 0{,}01\ \mathrm{m}^2$

$R_{ThG}$ = thermische Widerstand des TEG
$A$ = Fläche des TEG in $\mathrm{m}^2$

Erwartungsgemäß fällt der thermische Widerstand quadratisch mit steigender Element-Fläche. Man kann nun folgendes überlegen:

$$\Delta T \sim U_{PE}$$

$$\Delta T = R_{th} \cdot Q$$

$$\Delta T \approx \underbrace{(0{,}000561 \cdot A^2 - 1{,}117)}_{\text{ergibt K/W}} \cdot Q$$

Das ist eine „zugeschnittene Größengleichung". Die Einheiten ergeben sich nur dann richtig, wenn die vorbestimmten Einheiten eingesetzt werden. Umgestellt nach dem Wärmestrom $Q$:

$$Q \approx \frac{\Delta T}{0{,}000561 \cdot A^2 - 1{,}117} \tag{4.4}$$

Wichtig ist hier wieder, dass $A$ in $\mathrm{m}^2$ eingegeben werden muss und $T$ in K. Nur dann kommt als Ergebnis die Leistung $Q$ heraus. Vom Wärmestrom $Q$ kann man nun den sich durch den Wirkungsgrad des verwendeten Thermoelementes ergebende Anteil ernten. Das Problem ist allerdings das Aufrechterhalten des Temperaturunterschieds $\Delta T$.

Die Ausmaße des benötigten TEG für eine vorgegebene Applikation hängen ab vom verfügbaren $\Delta T$, der maximalen Leistung, die der Verbraucher benötigt und dem thermischen Widerstand des Kühlkörpers, mit dem eine Seite des TEG gekühlt wird.

Für jede Applikation in der ein TEG Energie liefern soll, gibt es eine optimale Größe (Bild 4.2b). Durch Vergrößern des TEG wird die abgegebene Leistung erhöht. Gleichzeitig verkleinert sich aber der thermische Widerstand des Elementes. Bei Überschreiten einer bestimmten Größe sinkt die abgegebene Leistung wieder, weil aufgrund des geringeren thermischen Widerstandes auch das $\Delta T$ und damit der Wärmefluss sinkt. Um die optimale Größe vorhersagen zu können benötigt man detaillierte Angaben über

- den thermischen Widerstand zwischen Thermoelement und Umgebungsluft
- den thermischen Widerstand zwischen Thermoelement und Heizquelle
- die Größe des Wärmeflusses.

Meist sind diese Angaben nur vage bekannt. Meist sind sie auch wieder abhängig von anderen Größen. Vor allem der Wärmefluss ist fast nie konstant. Eine genaue Berechnung würde umfangreiche Messungen erfordern. Der Aufwand lohnt sich für eine einzelne Applikation meist nicht. Davon unabhängig müssen die Zusammenhänge genau bekannt sein um dann empirisch eine funktionierende Lösung zu finden.

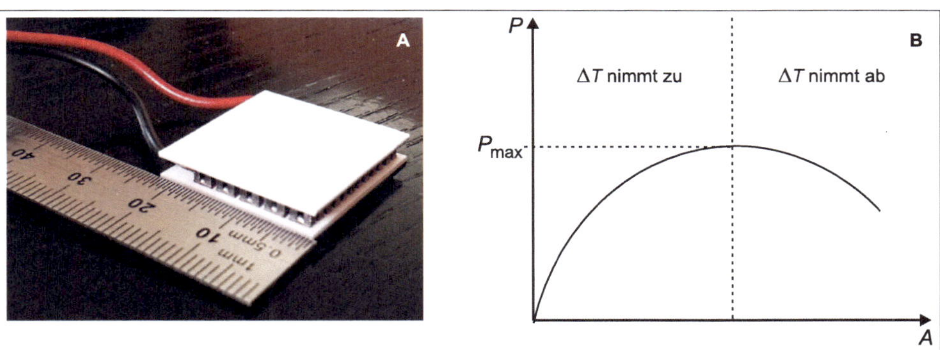


Bild 4.2a • Ein handelsübliches Peltier-Element 7 V, 2 A aus China. $Q_{max}$ = 10,6 W; $\mathbf{T}_{max}$ = 67 °C. Die Außenabmessungen sind etwa 23x23 mm. Die wirksame Element-Fläche ist 18x18 mm. Die Dicke ist 3,4 mm.
Bild 4.2b • Qualitativer Verlauf der von einem TEG abgegebenen Leistung *P* in Abhängigkeit von dessen Größe *A* bei konstantem Wärmestrom.

### 4.2.1 • Thermisches Modell

Um Energie zu ernten, muss an der kalten Seite des Thermoelementes immer ein Kühlkörper angebracht sein. Damit wird eine Wärmeableitung über die Umgebungsluft ermöglicht. Da die handelsüblichen Thermoelemente leider einen geringen thermischen Widerstand haben (typisch 1 K/W bis 20 K/W), wird man die volle mögliche Temperaturdifferenz in der Praxis nie erreichen können. Das einfache thermische Modell für einen Aufbau mit Thermoelement und Kühlkörper ist im Bild 4.3 dargestellt (mehr über Wärmeübergangswiderstände und Wärmekoeffizienten finden Sie unter [1]).

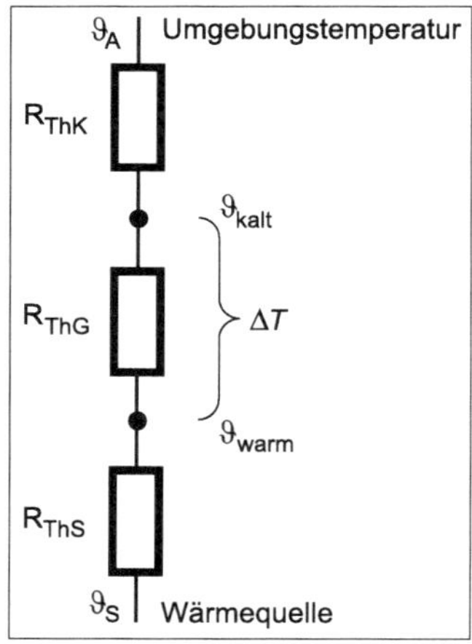


Bild 4.3 • Einfaches thermisches Modell eines Thermoelementes mit Kühlkörper.

$\vartheta_{kalt}$ = Temperatur an der kalten Seite des Thermoelementes in °C oder °K
$\vartheta_{warm}$ = Temperatur an der warmen Seite des Thermoelementes in °C oder °K
$\Delta T$ = Temperaturunterschied zwischen kalter und warmer Seite in K
$\vartheta_A$ = Umgebungstemperatur in °C oder °K
$\vartheta_S$ = Temperatur der Wärmequelle in °C oder °K
$R_{ThK}$ = Wärmewiderstand des Kühlkörpers (inkl. Wärmeübergangswiderstände) in K/W
$R_{ThG}$ = Wärmewiderstand des Thermoelementes in K/W
$R_{ThS}$ = Wärmeübergangswiderstand der Quellenanbindung in K/W

Für die Temperaturdifferenz $\Delta T$ zwischen warmer und kalter Seite des Thermoelementes kann nun auch geschrieben werden:

$$\Delta T = \frac{\vartheta_S - \vartheta_A}{R_{ThS} + R_{ThG} + R_{ThK}} \cdot R_{ThG} \tag{4.5}$$

Entsprechend dem einfachen thermischen Modell in Bild 4.3 soll angenommen werden, dass ein Thermoelement an einer Kuh angebracht wird. Die normale innere Körpertemperatur einer Kuh liegt bei ca. 38,4 °C. Angenommen die Oberflächentemperatur der Kuh ist 28,4 °C und die Umgebungstemperatur ist 18,4 °C. Der Kühlkörper soll sich auf der kühlen Außenseite befinden (Umgebungstemperatur). Der thermische Widerstand des Kühlkörpers und des Thermoelementes bestimmen, welche Menge des gesamten $\Delta T$ von 10 °C am Thermoelement verfügbar ist. Angenommen, der thermische Widerstand der Wärmequelle $R_{ThS}$ ist vernachlässigbar, wenn der thermische Widerstand des Thermoelementes $R_{ThG}$ 4 K/W – und der thermische Widerstand des Kühlkörpers $R_{ThK}$ auch 4 K/W beträgt. Dann hat das resultierende $\Delta T$ am Thermoelement nur einen Wert von 5 K.

Große Thermoelemente besitzen wegen ihrer größeren Oberfläche geringere thermische Widerstände als kleinere und benötigen deswegen einen größeren Kühlkörper, um von Vorteil zu sein. In Applikationen, in denen auf Grund von Platz- oder Kostengründen ein relativ kleiner Kühlkörper eingesetzt werden muss, kann ein kleineres Thermoelement eine größere Ausgangsleistung erzeugen, als ein größerer. Ein Kühlkörper mit einem thermischen

Widerstand, der gleich oder geringer als der des Thermoelementes ist, maximiert die Ausgabe der elektrischen Energie, da er den Temperaturabfall am Thermoelement maximiert.

Es sollte klar geworden sein: Der thermische Widerstand von Thermoelement und Kühlkörper sind im konkreten Projekt und auch üblicherweise ähnlich groß. Genau das macht es schwierig, einen hinreichend großen Temperaturabfall am Thermoelement zu erreichen.

### 4.2.2 Ausgangsspannung und Ausgangsleistung

Bei Thermogeneratoren – also TEGs – gibt es zur Zeit (2020) leider relativ wenig Auswahl. Meistens werden Peltier-Elemente angeboten, die zur Heizung oder Kühlung vorgesehen sind.

Ein weit verbreiteter Typ ist der TEC1-12706 (Bild 4.5). Dieses Element ist mit 40 mm · 40 mm größer als das aus Bild 4.2. Auch dieses Element ist eigentlich für Heiz- bzw. Kühlzwecke gedacht. Bei uns wird es aber wieder in umgekehrter Richtung – zur Erzeugung elektrischer Energie – verwendet. Dementsprechend ist die Farbe der Leitungen nun „verkehrt". Die rote Leitung ist beim Energy-Harvesting der Minuspol. Die schwarze Leitung ist der Pluspol. Die Typenbezeichnung enthält Informationen, die im Bild 4.4 dargestellt sind.

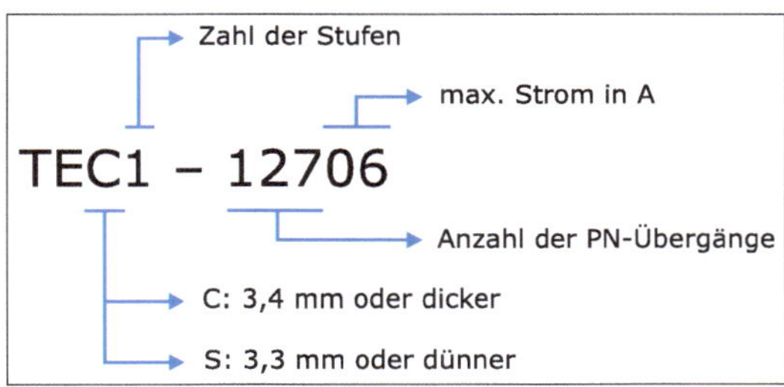


Bild 4.4 • Bedeutung der Typenbezeichnung. Stufe bedeutet hier die Anzahl der Elemente, die in Serie geschaltet sind.
Beim maximalen Strom ist der Strom für den Heiz- oder Kühlbetrieb gemeint. Diese Angabe ist also für das Energy-Harvesting uninteressant.

Um festzustellen, wie hoch die Energie ausfällt, die geerntet werden kann, habe ich auf einer Seite des Elementes mit selbstklebender Wärmeleitfolie einen Kühlkörper angebracht. Die verwendete Folie (SEPA TCT42) ist beidseitig klebend. Die Klebekraft ist hoch. Einmal hergestellte Verbindungen lassen sich nur sehr schwer wieder lösen. Dann habe ich das Element in einem Stück DIN-A4-Karton „eingebaut". Dieser Karton dient zur Isolation zwischen warmer und kalter Seite (Bild 4.5).

Bild 4.5 • Das Peltier-Element TEC1-12706, versehen mit einem kleinen Kühlkörper und eingebaut in eine DIN-A4-Pappwand.

Dieses Gebilde habe ich auf eine Heizplatte gelegt. Ausschlaggebend für die Energiemenge, die geerntet werden kann, ist der Temperaturunterschied zwischen den beiden Seiten des Elementes. Das habe ich bereits erklärt. Das Element selbst leitet die Wärme leider ziemlich gut. Es ist für jeden Arbeitspunkt eine Wartezeit erforderlich, bevor die jeweiligen Messwerte aufgenommen werden können. Es gilt den „ausgeglichenen Zustand" zu erreichen.
Das Diagramm im Bild 4.7a zeigt die Ausgangsspannung bei Belastung mit 560 Ω in Abhängigkeit von der Temperaturdifferenz am Element zwischen warmer Seite (Herdplatte) und kalter Seite (Kühlkörper). Es ist zu erkennen, dass die entnehmbare Spannung nicht sehr groß ist. Meistens sind die möglichen Temperaturdifferenzen in der Harvesting-Praxis unter 20 K, so dass zumindest mit der angegebenen Last die entnehmbare Spannung nicht wesentlich über 100 mV ansteigt. Der Spannungs-Temperatur-Koeffizient kann mit 5,5 mV/K angegeben werden.

*Ein Hinweis für Maker, die ein Peltier-Element selbst ausmessen möchten bzw. müssen:* Es gibt Grenzwerte die nicht überschritten werden dürfen! Auf einer Herdplatte kann man leicht Temperaturen weit über 100 °C erreichen. Es ist die maximal erlaubte Temperatur des verwendeten Peltier-Elementes zu beachten! Zu hohe Temperaturen zerstören das Element. Die maximal erlaubte Temperatur ist im betreffenden Datenblatt angegeben. Für das Peltier-Element TEC1-12706 hat der Hersteller Hebei I.T. (Shanghai) 138 °C angegeben. Das ist meiner Erfahrung nach ein vergleichsweise hoher Wert.

Bessere Ergebnisse erzielt man bei der Verwendung eines größeren Kühlkörpers – so wie im Bild 4.6 oder bei einer Anwendung die z.B. draußen den Wind zur Kühlung nutzt.

Bild 4.6 • Ein Peltier-Element TEC1-12706 (ähnlich wie im Bild 4.2) aufgeklebt auf einen großen Kühlkörper und in eine DIN-A4-Pappwand integriert.

Eine Messung mit einem größeren Kühlkörper ergab die Kennlinien, die im Bild 4.7b zu sehen sind. Der aus dieser Messung resultierende Spannungs-Temperatur-Koeffizient ist 8,3 mV/K. Das ist immerhin deutlich besser als bei dem Aufbau mit kleinem Kühlkörper. Bei den meisten Anwendungen im Energy-Harvesting werden die Temperaturdifferenzen unter 20 K liegen. Aber dank des großen Kühlkörpers wird bereits bei ca. 12 K eine Ausgangsspannung von 100 mV erreicht.

Die beiden Experimente haben nochmals auf praktische Weise gezeigt: entscheidend für den Erfolg ist die Stärke des Wärmeflusses. Dieser ist wieder abhängig vom Temperaturgradienten. Dafür muss die nicht erwärmte Seite ausreichend kühl gehalten werden. Je größer der verwendete Kühlkörper, desto größer wird der Temperaturgradient sein, und desto stärker ist der Wärmefluss und einhergehend damit die Höhe der Ausgangsleistung.

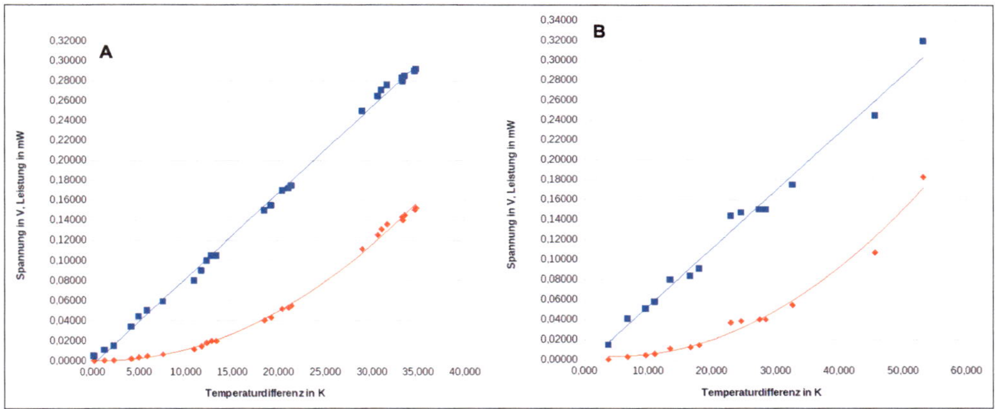


Bild 4.7a • Messergebnisse zum Aufbau nach Bild 4.5 (Thermoelement mit kleinem Kühlkörper). Blau: Spannung an 560 Ω. Rot: Leistung an 560 Ω.

Bild 4.7b • Messergebnisse zum Aufbau nach Bild 4.6 (Thermoelement mit großem Kühlkörper). Blau: Spannung an 560 Ω. Rot: Leistung an 560 Ω.

Leider benötigen große Kühlkörper auch viel Platz – das könnte dann für manche Applikationen ein Ausschluss-Kriterium für die Verwendung des Energy-Harvesting aus Wärme sein. Eine Übersicht gibt folgende Schreibweise:

$$P_{\text{thermisch}} = f(\Delta T, A_{\text{Element}})$$

mit

$$\Delta T = f(T_{\text{Energiequelle}}, A_{\text{Kühlkörper}}, R_{\text{Thermisch}})$$

## 4.3 • Energie aus dem Bienenstock

Ein Imker stellt seinen Bienenstock häufig irgendwo am Waldrand ab oder in der Nähe eines blühenden Feldes oder einer Obstplantage. Im Innern eines Bienenstocks ist es stets warm. Abgesehen vom Hochsommer ist es meistens innen wärmer als außen. Integriert man ein oder mehrere Thermoelement(e) in das Gehäuse des Bienenstocks, so kann man mit der gewonnenen Energie z.B. einen Sender speisen, der ein Datenpaket mit Informationen über den Zustand der Bienen übermittelt. Das könnte vor allem im Winter interessant sein. Dann sollte es im Bienenstock stets wärmer sein als außen, so dass ständig eine Temperaturdifferenz vorhanden ist, aus der Energie gewonnen werden kann.

Das Brutnest der Bienen hat eine Temperatur von 35 °C. Vermutlich hat nicht die gesamte Luft im Bienenstock diese Temperatur. Um abzuschätzen, wie viel Energie verfügbar ist, müssen einige Annahmen gemacht werden. Der Bienenstock sei ein Würfel mit einer Kantenlänge von 50 cm. Dann ist das Raumvolumen 0,125 $m^3$ oder 125 l. Die mittlere Lufttemperatur im Stock sei 30 °C.

Trockene Luft hat eine spezifische Wärmekapazität von ca. 1 kJ · kg$^{-1}$ · K$^{-1}$. Sie wiegt 1,293 g pro Liter. Die im Bienenstock verfügbare Wärmeenergie kann man nun berechnen. Ich habe die Formel aus [16] entnommen. Die Außentemperatur habe ich mit 15 °C angenommen.

$$Q = m \cdot c \cdot (T_2 - T_1) \tag{4.6}$$

$Q$ = Wärmemenge in Ws
$m$ = Stoffmenge (also die Masse)
$c$ = spezifische Wärmekapazität; für Luft ca. 1 kWs · kg$^{-1}$ · K$^{-1}$
$T_2 - T_1$ = Temperaturdifferenz

$$Q = 0{,}162\ \text{kg} \cdot 1\ \frac{\text{kWs}}{\text{kg} \cdot \text{K}} \cdot (30 - 15)\ \text{K}$$

$$Q \approx 2{,}43\ \text{kWs}$$
$$Q \approx 2430\ \text{Ws}$$

Benutzt man handelsübliche Thermoelemente als TEG, so liegt der Wirkungsgrad bei maximal 10% (im denkbar besten Fall). Das wären dann 243 Ws, die theoretisch geerntet werden können, wenn man die gesamte Fläche des Bienenstocks ausnutzen könnte. Tatsächlich besitzen große handelsübliche Thermoelemente in Quaderform eine Kantenlänge von vielleicht 9 cm.

Alle Flächen des Bienenstocks zusammen ergeben 1,5 m$^2$ oder 15000 cm$^2$. Unter Verwendung eines Thermoelementes mit 9 cm Kantenlänge könnten also von den 243 Ws nur 9/15000 geerntet werden. Das wären dann etwa 146 mWs. Hier wird vorausgesetzt, dass die Temperatur im Bienenstock höher ist als die Außentemperatur. Steigt die Außentemperatur, dann sinkt die Energie, die geerntet werden kann. Das kann man aus der Gleichung (4.6) ersehen. Um nun das Maximum der möglichen Energie tatsächlich zu ernten, muss das Ziel sein, die Temperaturdifferenz am Thermoelement möglichst hoch zu halten. Wie bereits erwähnt, ist es in der Praxis unmöglich, dass die Differenztemperatur am Thermoelement tatsächlich vollständig ankommt. Die Wärme wandert von der aufgeheizten Seite zur kühlen Seite. Der Erfolg steht und fällt mit der Größe des Kühlkörpers, auf den die kalte Seite des Thermoelementes geklebt wird.

Zusammen mit unserem Praktikanten habe ich einen Versuch mit einem Pappkarton durchgeführt. Dazu wurde das Peltier-Element samt Kühlkörper aus Bild 4.6 (Abmessungen 40 mm x 40 mm) in die Wand des Kartons eingebaut. Dazu wurde in den Karton ein quadratischer Ausschnitt von 40 x 40 mm in den Karton geschnitten. Dann wurde das Peltierelement hineingedrückt, so dass die Innenfläche mit der Innentemperatur des Kartons in Berührung kam und der Kühlkörper außen am Karton herausragte. Das Messergebnis ist im Bild 4.8 abgebildet. Beim letzten Messpunkt – der Punkt mit der größten Temperaturdifferenz – wurde auch der Kurzschlussstrom des Peltier-Elementes gemessen. Er betrug 28 mA.

Im Winter läge der Unterschied zwischen Innentemperatur und Außentemperatur beim Bienenkorb vermutlich zwischen 10 K und 20 K. Pro installiertem Thermoelement gemäß

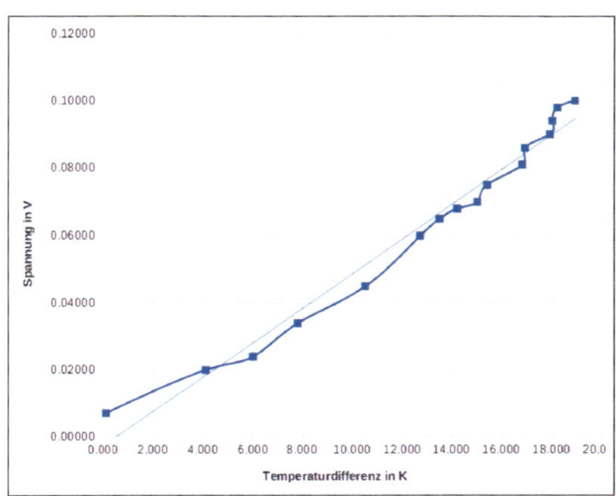


Bild 4.8 • Spannung am Ausgang des Thermoelementes bei dem „Karton-Versuch" mit dem Konstrukt aus Bild 4.6.

Bild 4.6 stehen dann 40 mV bis 100 mV zur Verfügung. Um mit dieser Konstruktion Energie in einem Kondensator zu sammeln, ist wieder der Einsatz eines Sperrwandlers erforderlich.

### 4.3.1 • Energy-Harvesting-Chip LTC3108

Die vorhergehenden Versuche haben gezeigt, dass im realistischen Einsatz die zu erwartenden Werte der Leerlaufspannung meist unter 100 mV liegen werden. Um eine nutzbare Spannung zu erhalten, ist deshalb wieder ein Sperrwandler erforderlich. Der Sperrwandler aus dem Abschnitt 2.5 ist aber für diese Aufgabe zu unempfindlich. Damit dieser Sperrwandler „anspringt", müsste man schon zwei oder mehr Thermoelemente verwenden, die thermisch parallel, aber elektrisch in Reihe betrieben werden. Wie man das macht ist im nachfolgenden Abschnitt 4.4 beschrieben.

Alternativ greift man auf einen empfindlicheren Sperrwandler zurück. Die Firma Linear Technology (heute ein Teil von Analog Devices) liefert seit 2010 den Chip LTC3108, der speziell in solchen Fällen noch Energy-Harvesting erlaubt. Leider gibt es den Chip nur in einem besonders kleinen SMD-Gehäuse. Die größten Abmessungen hat die Version im SSOP-Ge-

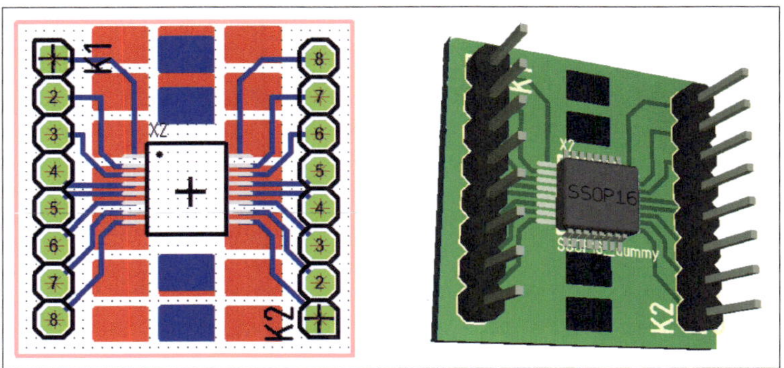


Bild 4.9 • Vorschlag für ein Break-Out-Board für den Chip LTC3108. Abmessungen: 22,86 x 22,54 mm. Das Raster der Stiftleisten ist 2,54 mm. Die rechteckigen Kupfer-Pads sind praktische Lötstückstellen für Erweiterungen oder Modifikationen.

häuse. Allerdings ist auch diese Variante für mich über-60-jährigen Menschen allenfalls mit Hilfe eines Mikroskops, superfeiner Lötspitze und ruhiger Hand zu löten. Um Versuche mit dem Chip durchzuführen, ist deshalb ein Break-Out-PCB notwendig. Im Bild 4.10 ist zu sehen, dass ich ein selbst angefertigtes Break-Out-PCB verwendet habe. Das Auflöten des Chips hat ein Praktikant in unserer elektronischen Werkstatt für mich gemacht. Bei einer Recherche im Internet habe ich aber auch fertige Break-Out-Boards aus China gefunden.
Das Layout zum Break-Out-PCB ist im Bild 4.9 abgebildet. Die Seitenlänge des Boards ist 22,86 x 22,54 mm. Das Raster der Stiftleisten ist 2,54 mm. Der Abstand der Steckkontakt-Reihen ist 18,44 mm.

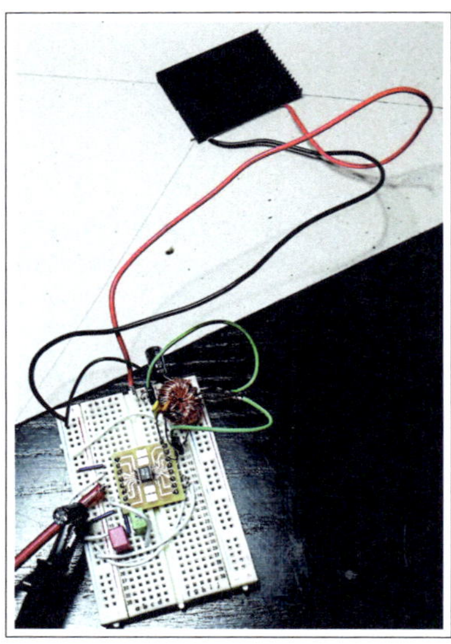

Bild 4.10 • Versuchsaufbau mit einem selbst gebauten Break-Out-Board für den Chip LTC3108. Als Energiequelle ist ein Thermoelement angeschlossen.

Das Blockschaltbild des Chips ist im Bild 4.11 zu sehen. Es stammt aus dem Datenblatt von Linear Technology. Links im Blockschaltbild ist der besonders trickreich ausgeführte Sperrwandler zu erkennen (Anschluss C2 und SW). Beim Transistor handelt es sich um einen selbst leitenden Feldeffekt-Transistor (Verarmungstyp; das ist im Schaltbild des Datenblattes fehlerhaft dargestellt). Es entfällt also die bei Bipolartransistoren erforderliche Basis-Emitter-Vorspannung bis zum Öffnen des Transistors. Weiterhin handelt es sich bei diesem Transistor um eine spannungsgesteuerte Stromquelle. Die Ansteuerung ist quasi leistungslos. Zu Beginn leitet der Transistor. Erst wenn der Stromfluss in der Primärwicklung sich nicht mehr erhöht, wird der Transistor gesperrt. Damit wird laut Herstellerangaben im Datenblatt ein Anschwingen des Sperrschwingers bereits bei einer Eingangsspannung von 20 mV ermöglicht. Dieser Wert ist natürlich ein im Labor unter optimalen Bedingungen erreichter Wert. Aber selbst wenn die praktisch aufgebaute Schaltung ab 50 oder 100 mV anschwingt, ist sie vergleichsweise sehr empfindlich. Der Chip lässt sich sowohl bei Energiequellen, die Gleichspannung liefern einsetzen, als auch bei solchen, die Wechselspannung liefern. Für letzteres hat der Chip auch einen Synchrongleichrichter integriert (Anschluss C1). Synchrongleichrichter bedeutet hier: eine Schaltung detektiert die Polarität der Eingangswechselspannung und schaltet synchron entsprechende CMOS-Schalter so, dass ein Gleichrichteffekt entsteht. Verluste durch Schleusenspannungen werden so vermieden oder

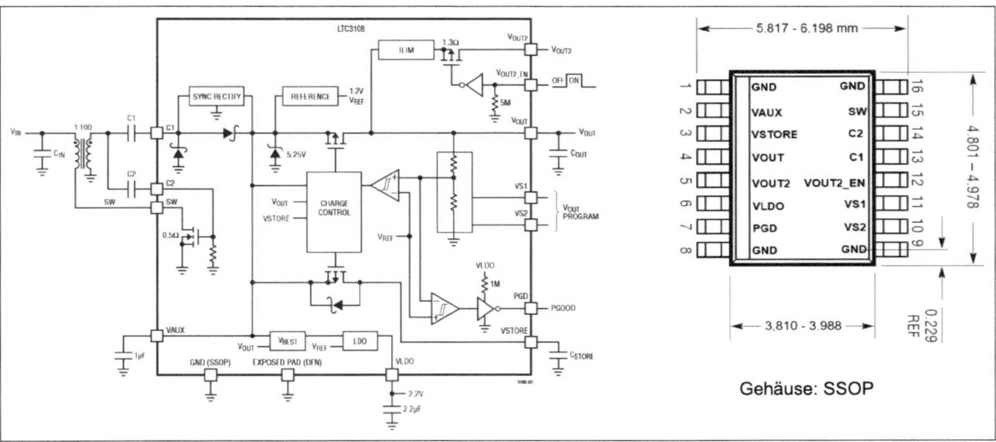


Bild 4.11 • Blockschaltbild des Chips LTC3108 (links) und Pinbelegung (rechts).

zumindest minimiert. Der Ausgang des Synchrongleichrichters führt zum Pin VAUX. Dort ist der Anschluss eines Kondensators deshalb unabdingbar.

Der Anschluss PGOOD (PGD) ist ein Ausgang. Er hält H-Pegel, wenn die Ausgangsspannung mindestens 92,5% des Sollwerts erreicht hat. Der Pegel wechselt wieder auf Low, wenn die Ausgangsspannung unter 91% des Sollwertes gesunken ist. Dieser Pin kann somit den sonst notwendigen Komparator ersetzen. Es sind nämlich bereits zwei Komparatoren im Chip integriert.

Über die Anschlüsse VS1 und VS2 lassen sich vier Schwellwerte für die Komparatoren vorgeben – und somit vier Ausgangsspannungen auswählen. Dabei sind bis zu 300 mA Ausgangsstrom an VOUT2, und 4,5 mA an VOUT möglich. Eine Übersicht für VOUT ist in der Tabelle 4.1 zusammengefasst. Die eingestellte Spannung gilt auch für VOUT2 – das ist aus dem Blockschaltbild (Bild 4.11) ersichtlich. Der extern an VOUT angeschlossene Ausgangskondensator fängt Stromspitzen ab.

| VS2 | VS1 | $U_{VOUT}$ |
|---|---|---|
| L | L | 2,35 V |
| L | H | 3,3 V |
| H | L | 4,1 V |
| H | H | 5 V |

Tabelle 4.1 • Einstellen der Spannung am Pin VOUT und VOUT2 über die Pins VS1 und VS2.

Die Schaltung im Bild 4.12 zeigt eine Standard-Applikation für den LTC3108. Am Anschluss J2 (rechts im Bild) schließt man ein Thermoelement an. Natürlich kann auch eine Solarzelle oder ein RF-to-DC-Wandler (wie aus Kapitel 3) angeschlossen werden. Also eine Energiequelle, die eine kleine Gleichspannung (etwa $20\ mV < U_{J2} < +5\ V$) liefert. Mit Hilfe von C5 erreicht man einen kleinen dynamischen Innenwiderstand der Energiequelle. Dieser ist notwendig, damit die Schaltung anschwingt. An J1 erhält man die Ausgangsspannung.

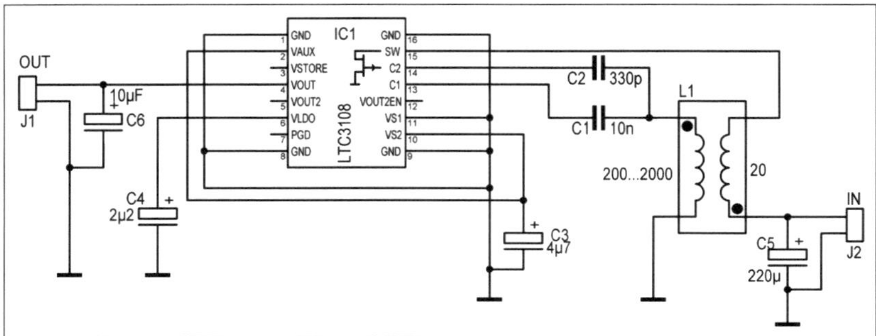


Bild 4.12 • Applikation für Thermoelemente oder einzelne Solarzellen mit LTC3108. Achtung, die Transferrichtung ist hier von rechts nach links: das Thermoelement wird an J2 angeschlossen und die geerntete Spannung steht an J1 zur Verfügung. Diese Schaltung entspricht in etwa dem Versuchsaufbau aus Bild 4.9.

Durch die Beschaltung von VS1 und VS2 ist diese Spannung auf 4,1 V begrenzt. Es können maximal 4,3 mA entnommen werden. Der Spannungswert ist passend, um damit einen Lithium-Ionen-Akku aufzuladen und im Bufferbetrieb zu nutzen. Am Kondensator C4 steht eine weitere Spannung von 2,2 V zur Verfügung, mit der man z.B. einen sparsamen MSP430-Mikrocontroller betreiben kann.

Entscheidend für die minimal mögliche Eingangsspannung ist der Übertrager L1. Bei meinem Experiment aus Bild 4.10 habe ich einen selbst gewickelten Übertrager verwendet. Die Wicklungen wurden von unserem Praktikanten auf einen Ringkern aufgebracht, den wir in unserer Elektronischen Werkstatt gefunden hatten. Die Primärwicklung hat 20 Windungen, die Sekundärwicklung 200 Windungen. Mehr Windungen waren mit dem gewählten Draht auf den vorhandenen Kern nicht unterzubringen. Das Übersetzungsverhältnis ist also nur 1:10. In den Unterlagen des Chip-Herstellers wird ein Übersetzungsverhältnis von 1:100 angegeben. Dies ist die Voraussetzung dafür, dass der Sperrwandler schon bei Eingangsspannungen ab 20 mV anschwingt.

Wer den Übertrager nicht selbst wickeln möchte, kann beispielsweise den Typ LPR6235-752SMLC mit einem Übersetzungsverhältnis von 1:100 oder den Typ LPR6235-253LMLC mit einem Übersetzungsverhältnis von 1:10 nutzen. Diese Übertrager stammen von der amerikanischen Firma „Coilcraft".

Im Bild 4.13 ist ein Layoutvorschlag zur Schaltung aus Bild 4.12 abgedruckt. Es wird wieder das bereits beschriebene Break-Out-PCB verwendet, welches ich auch schon bei den Experimenten im Bild 4.10 benutzt hatte. Das Layout ist nicht besonders kritisch, da hohe Frequenzen nicht vorkommen.

Die Kombination aus der Anordnung vom Bild 4.6 und der Schaltung aus Bild 4.12 wurde im Bild 4.14 umgesetzt. Mit dem selbst gewickelten Übertrager ergab sich, dass die Schaltung ab 240 mV Eingangsspannung anfängt zu arbeiten. Das passt zusammen mit der Angabe des Herstellers, bei dem ein Anschwingen bereits bei 20 mV erfolgen kann – in einer Ap-

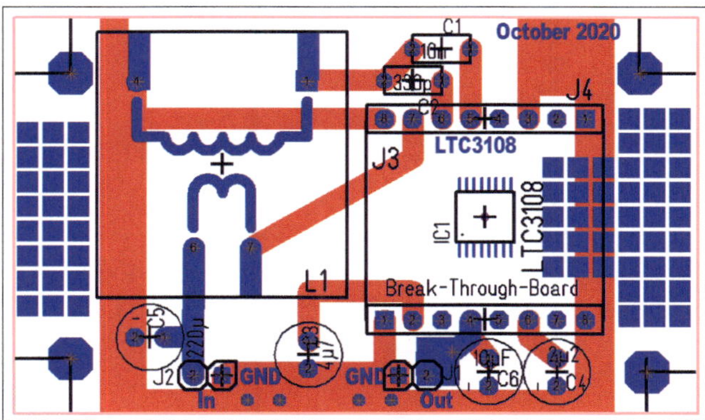


Bild 4.13 • Layoutvorschlag (nicht maßstabsgetreu) zur Schaltung aus Bild 4.10. Die Originalmaße der Platine sind 60,3 mm x 35,9 mm. Die vielen Kupferpads können als Lötstützpunkte für Erweiterungen dienen.

plikation bei der der Übertrager ein Übersetzungsverhältnis von 1:100 aufweist – also 10 x größer ist als bei meinem selbst gewickelten Übertrager. Am Anschluss J1 standen dann 4,1 V zur Verfügung. Unter Bezug auf die Thermoelement-Kühlkörper-Kombination vom Bild 4.6 geht damit eine Temperaturdifferenz von 28 °C einher. Die von mir gemessene Schaltfrequenz betrug dabei ca. 200 kHz.

Bild 4.14 • Aufbau aus Bild 4.6 kombiniert mit der Schaltung aus Bild 4.12 und dem Layout aus Bild 4.13.

Durch Reduktion der Primärwicklung von 20 auf 10 Windungen konnte die Schaltung bereits bei ca. 120 mV anschwingen. Allerdings kann dann der integrierte Schalttransistor des Chips nicht vollständig auf GND herunterschalten. Das kann man dem Bild 4.15 entnehmen. Die Schaltfrequenz liegt bei ca. 71 kHz. Ursache für das unzureichende Durchschalten des Transistors ist die Verringerung der Windungszahl, wodurch der Wechselstromwiderstand der Eingangswicklung sinkt, denn es gilt (nachzulesen z.B. in [3]):

$$X_L = 2 \cdot \pi \cdot f \cdot L \tag{4.7}$$

$X_L$ = Wechselstromwiderstand der Induktivität $L$ in Ω
$f$ = Frequenz des Sperrschwingers in Hz
$L$ = Induktivität in Henry

Wobei $L$ bekanntlich von der Windungszahl abhängig ist.

Um den Wechselstromwiderstand wieder anzuheben, könnte man ein anderes Kernmaterial mit einem höherem $A_L$-Wert verwenden. Besser ist es natürlich, die Windungszahl auf der Sekundärwicklung zu erhöhen – das war in meinem Fall nicht möglich. Dazu war der verwendete Kern zu klein.

Für den Eigenbau von Übertragern verweise ich nochmal auf Abschnitt 2.5.1.1. Die Angaben dort gelten natürlich auch für den hier vorgesehenen Übertrager.

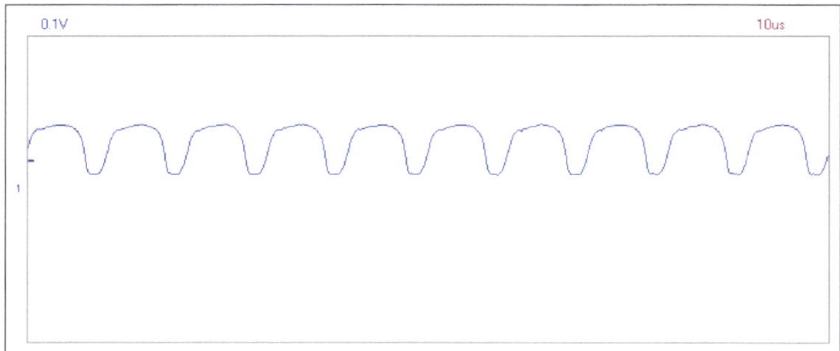


Bild 4.15 • Spannung am Pin 15 des Chips LTC3108.

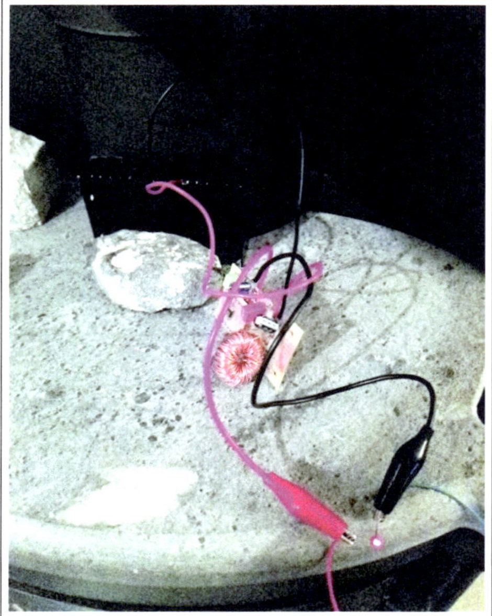

Bild 4.16 • Energy-Harvesting am Abzugsrohr eines Holzofens. Der rote und blaue Draht unten im Bild geht zum Spannungsmesser.

Mit reduzierter Eingangswicklung habe ich den Aufbau nach Bild 4.14 auch am Rauchabzugsrohr meines Holzofens ausprobiert. Im Bild 4.16 ist im Hintergrund der Kühlkörper mit dem Peltier-Element zu sehen, das das Abzugsrohr berührt. Als Last hatte ich eine rote LED verwendet. Die Durchbruchspannung von 1,62 V wurde spielend erreicht und die LED leuchtete kräftig. Bei dieser Anwendung ist allerdings Vorsicht geboten, denn die Maximaltemperatur des Peltier-Elementes wird leicht überschritten. Die Temperatur am Ofenrohr erreicht leicht Werte von über 100 °C. Mein Experiment habe ich deshalb nur einige Minuten ausprobiert. Wollte man auf diese Weise eine feste Installation, dann ist eine Konstruktion erforderlich, die sicherstellt, dass die Maximaltemperatur des verwendeten Peltierelements nicht überschritten wird. Die verwendete LED reicht für eine Leselampe natürlich noch nicht aus. Um eine LED für Beleuchtungszwecke zu versorgen, muss mehr Energie bereitgestellt werden. Voraussetzung dafür ist ein genügend großes Peltier-Element oder ein Array aus Peltier-Elementen. Mehr dazu im Abschnitt 4.4.

### 4.3.2 Sperrwandler mit Germanium-Transistor

Wer ohne Spezial-IC auskommen möchte, kann den Sperrwandler aus Bild 2.14 verwenden und mit einem Germanium-Transistor bestücken. Ich habe das Layout leicht modifiziert und den Germanium-Transistor 2N1302 im TO39 Gehäuse verwendet (Bild 4.17). Den Übertrager habe ich selbst angefertigt. Er besteht aus einem Ferrit-Ring, den ich mit 2 Wicklungen mit je 40 Windungen versehen habe. Dazu habe ich Kupferlackdraht mit einem Durchmesser von 0,5 mm benutzt. Mit dem verwendeten (zufällig vorhandenen) Ferritkern ergab sich eine Induktivität je Wicklung von 160 µH. Bild 4.18 zeigt den Aufbau im Einsatz mit dem Thermogenerator aus Abschnitt 4.2.2. Mit Hilfe des Germanium-Transistors beginnt der Sperrwandler bei deutlich niedrigeren Eingangsspannungen zu arbeiten als dies bei einem Silizium-Transistor der Fall ist. Dies liegt an der niedrigeren Basis-Emitter-Schwellspannung. Ein Sperrwandler mit Germanium-Transistor bietet also beim Energy-Harvesting durchaus Vorteile. Leider werden kaum noch Germanium-Transistoren angeboten. Bei den Standard-Versandhäusern wird man nur noch selten bis gar nicht fündig. Aber der eine oder andere Elektroniker hat sicher noch welche in seiner Bastelkiste. Bei einem Versuch begann eine grüne Leuchtdiode (Schwellspannung 2,5 V) bereits bei einer Eingangsgleichspannung von 300 mV kräftig zu leuchten.

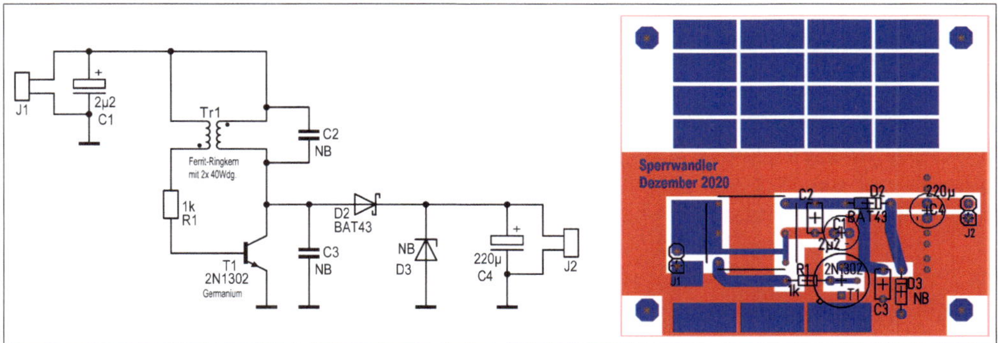


Bild 4.17 • Sperrwandler mit Germaniumtransistor. Schaltung und Layout-Vorschlag (nicht maßstabsgetreu). Die Abmessungen der Platine sind 62 mm x 55 mm. Für die mit NB gekennzeichneten Bauteile ist auf der Platine Platz vorgesehen.

**Anmerkungen zum Übertrager**: Je nach verwendetem Ferritkern-Material kann die Schaltung durchaus unterschiedliche Ergebnisse liefern. Wichtig ist, dass die Induktivität nicht zu klein ausfällt. Die (grobe) Messung der Induktivität ist heute mit einfachen, sehr preiswerten Bauteiltestern wie dem Typ TC-V2.12k leicht möglich (siehe auch Abschnitt 2.5.1.1). Grundsätzliches zur Messung der Induktivität ist in [10] beschrieben. Um einen Sperrwandler zu optimieren, benötigt man ein Oszilloskop. Mit dessen Hilfe kann festgestellt werden, ob der Transistor vollständig durch steuert. Tut er das nicht, ist meistens die Induktivität des Übertragers zu niedrig. Im Diagramm Bild 4.19 zeigt sich, dass der Transistor sauber durchschaltet. Die Schaltfrequenz beträgt knapp 50 kHz. Sie liegt damit deutlich über dem Hörbereich und ist trotzdem für die Elektronik noch niedrig und leicht handhabbar. Wenn Sperrwandler auf hörbaren Frequenzen schwingen (unter 20 kHz), ist ein besonders sorgfältiger Aufbau erforderlich. Lose Wicklungen zum Beispiel könnten dazu führen, dass hörbarer Luftschall abgestrahlt wird.

Ein Tipp noch für das Wickeln der Spule: Da das Übersetzungsverhältnis mit 1:1 gut gewählt ist, kann man den Draht doppelt nehmen und damit den Kern umwickeln. So erhält man beide Wicklungen in einem Arbeitsgang.

Bild 4.18 • Der Sperrwandler mit Germaniumtransistor aus Bild 4.17 mit angeschlossenem Thermo-Generator aus Bild 4.6 und grüner LED. Die LED ist über einen 100-Ω-Widerstand mit dem Ausgang des Wandlers verbunden. Bereits ein kurzer Kontakt des Thermoelementes mit einem warmen Heizkörper bringt sie zum Leuchten.

Die Diode D3 in der Schaltung muss nur dann eingesetzt werden, wenn der Sperrwandler eventuell ohne Belastung arbeitet. Ist gewährleistet, dass immer eine (ausreichend kleine) Belastung an J2 angeschlossen ist, dann kann diese Diode in der Regel entfallen. Ansonsten wählt man für D3 eine Zenerdiode, die die Ausgangsspannung auf den maximal erlaubten Wert begrenzt. Die Kondensatoren C2 und C3 sind nur dann erforderlich, wenn z.B. die Schaltfrequenz oder eventuelle Spannungsspitzen gesenkt werden sollen. Ob das notwendig ist, ist nur mit Hilfe eines Oszilloskops zu ermitteln. Im vorliegenden Fall waren diese Bauteile überflüssig und wurden nicht bestückt.

Eine besondere Rolle spielt noch der Widerstand R1 (Bild 4.18). Wenn das Thermoelement ausreichend Energie liefern kann, dann kann man diesen Widerstand verkleinern und dadurch den Strom durch die Übertragerspule erhöhen. Damit erhöht man dann auch die umgesetzte Energie. Es kann durchaus sinnvoll sein, den Widerstand durch eine Reihenschaltung, bestehend aus einem 22-Ω-Widerstand und einem 1-kΩ-Trimmpotentiometer, zu ersetzen. Damit ist es dann möglich, den Arbeitspunkt optimal an das Thermoelement anzupassen.

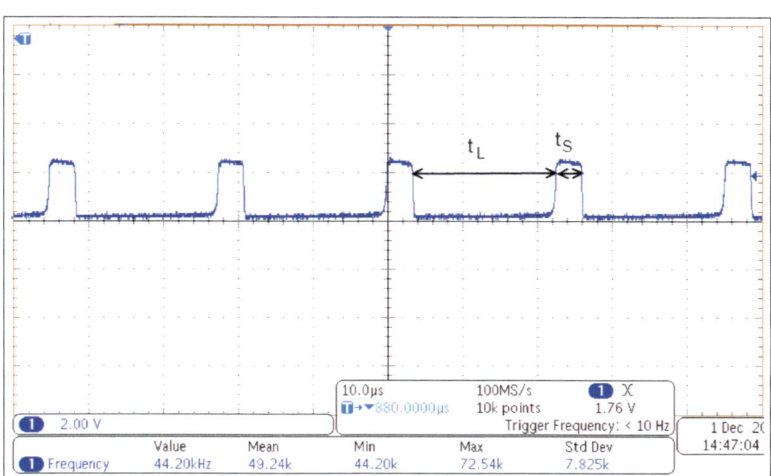


Bild 4.19 • Der Sperrwandler mit Germaniumtransistor aus Bild 4.17 bei einer Eingangsspannung von 300 mV und grüner LED mit 100-Ω-Vorwiderstand als Last. Zu sehen ist die Kollektorspannung des Transistors. Während der Zeit $t_L$ wird Energie in die mit dem Kollektor verbundene Spule von Tr1 geladen. Während der Zeit $t_S$ wird die Energie aus der Spule in den Kondensator C4 umgeladen und gespeichert.

Optimal ist es, wenn man beim Einstellen des Trimmpotentiometers den Verbraucher anschließt, den man für die Anwendung vorgesehen hat. Für einen Test ist eine LED aber auch gut geeignet und man erhält unmittelbar eine Rückmeldung durch die Helligkeit. Zunächst stellt man den Trimmerwiderstand auf den maximalen Wert ein. Dann dreht man den Wert langsam kleiner. Irgendwann beginnt die LED hell zu leuchten. Dreht man weiter, kommt man zu einem Punkt, bei dem die LED ihre maximale Helligkeit zu erreichen beginnt. Das ist die perfekte Einstellung. Verkleinert man den Widerstand noch weiter, wird die LED nicht heller, aber die Schaltung verbraucht mehr Strom.

## 4.4 • Thermoelement-Array

Ich habe bereits angedeutet, dass man Thermoelemente elektrisch in Reihe schalten kann. Die Betonung liegt auf „elektrisch". Natürlich liegen die Flächen auf identischem thermischen Potential. Thermisch sind die Elemente also parallel geschaltet. Dies ist im Bild 4.20 skizziert. Dort sind zwei Thermoelemente auf dem gleichen Untergrund – auf der gleichen Wärmequelle – montiert. Jedes Thermoelement hat auf der anderen Seite einen Kühlkörper, der in das gleiche Medium – die gleiche umgebende Luft – hineinragt. Es kann natürlich auch ein ausreichend großer, gemeinsamer Kühlkörper Verwendung finden. Somit sind die Thermoelemente thermisch parallel angeordnet.

Elektrisch sind die Thermoelemente aber in Reihe geschaltet – wie zwei in Reihe geschaltete Batterien. Durch die elektrische Reihenschaltung erhöht sich natürlich die abgegebene Spannung. Es sollten Thermoelemente des gleichen Typs verwendet werden. Das Array fungiert dann als eine Spannungsquelle. Es ist äquivalent zur Reihenschaltung von Batterien [2]. Die Ausgangsspannung die vom Array abgegeben wird, ist

$$U_{Array} = n \cdot U_{Th} \tag{4.8}$$

$U_{Array}$ = Spannung am Array
$U_{Th}$ = Spannung an einem Thermoelement
$n$ = Anzahl der in Reihe geschalteten Thermoelemente

Für den Innenwiderstand gilt entsprechend:

$$R_{iArray} = n \cdot R_{iTh} \tag{4.9}$$

$R_{iArray}$ = Innenwiderstand des Thermoelement-Arrays
$R_{iTh}$ = Innenwiderstand eines Thermoelementes
$n$ = Anzahl der in Reihe geschalteten Thermoelemente

Es ist zu erkennen: Spannung und Innenwiderstand steigen. Bei ausreichend hoher Spannung erübrigt sich die Verwendung eines Sperrwandlers. Im Bild 4.21 ist eine Schaltung mit dem LTC3108 zu sehen, die ohne Sperrwandler auskommt. Das (ausreichend lange) Thermoelement-Array (oder die sonstige Quelle) lädt über den (nicht aktiven) Synchrongleichrichter direkt den an VAUX angeschlossenen Kondensator auf. Das Prinzip ist identisch mit dem Solar-Projekt aus Abschnitt 2.4. Vermutlich kann man die speisende Quelle auch direkt an VAUX und den angeschlossenen Kondensator anschließen. Damit wird der Synchrongleichrichter umgangen und die Verluste in den Dioden entfallen. Da aber die Innenschaltung des Blocks „SYNC RECTIFY" unbekannt ist, muss das nicht zwingend so sein. Ich habe diese Variante nicht ausprobiert. Der Widerstand R1 muss einen Wert von 100 Ω pro Volt der einspeisenden Quelle aufweisen. Über diesen Widerstand wird der Kondensator C3 aufgeladen.

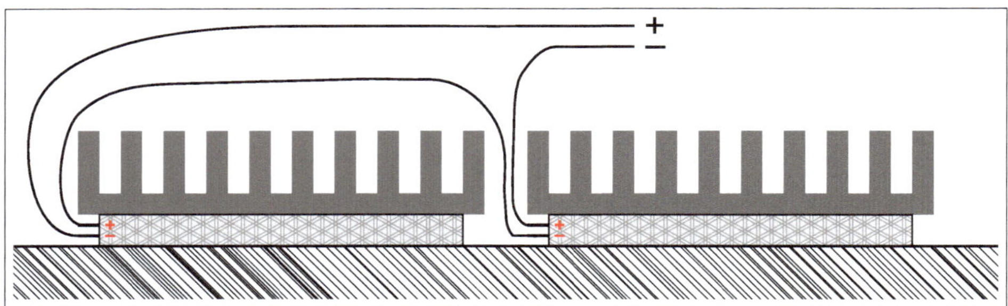


Bild 4.20 • Schnitt durch zwei Thermoelemente mit Kühlkörpern auf einer Wärmequelle – thermisch parallel und elektrisch seriell geschaltet (siehe Text).

### 4.4.1 Leselicht am Holzofen

Um am Holzofen tatsächlich ein aus Abwärme gespeistes Leselicht zu erhalten, muss geklärt werden, welche Leistung dazu benötigt wird. Nach DIN sollte beim Lesen eine Beleuchtungsstärke von 300 lx gewährleistet sein. Eine DIN-A-4- Seite hat eine Fläche von:

$$A_B = 0{,}21\ \text{m} \cdot 0{,}297\ \text{m} = 0{,}06237\ \text{m}^2$$

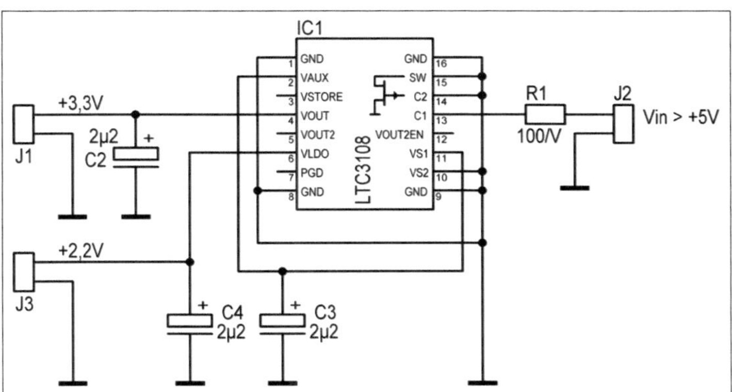


Bild 4.21 • Energy-Harvester-Schaltung für „hohe" Eingangsspannungen. Die Energiequelle wird an J2 angeschlossen. J1 und J3 sind die Ausgänge.

Nun ist es möglich, mit Hilfe der Gleichung (2.2) den notwendigen Lichtstrom zu berechnen:

$$\Phi = E \cdot A = 300\ \text{lx} \cdot 0{,}06237\ \text{m}^2 = 18,\ 7\ \text{lm}$$

Für kleine, handelsübliche, weiße LEDs für Beleuchtungszwecke kann man eine Effizienz von 100 lm/W ansetzen. Zum Vergleich: eine Kerze liefert etwa 12 lm. Wenn wir eine LED mit einer Leistung von 250 mW verwenden, dann ergibt dies folglich schon einen Lichtstrom von 25 lm – also mehr, als benötigt wird. Um eine weiße LED zu speisen, muss die Spannungsquelle eine Spannung von mindestens 3,6 V zur Verfügung stellen können. Um 250 mW zu erreichen, ist dazu noch ein Strom von knapp 70 mA erforderlich. Ein Blick ins Datenblatt des LTC3108 zeigt, dass nur der Ausgang VOUT2 diesen Strom liefern kann. Die LED muss also an diesen Ausgang angeschlossen werden. Weiterhin ist die Ausgangsspannung gemäß Tabelle 4.1 auf 4,1 V oder auf 5 V einzustellen. Bei 4,1 V ist der Vorwiderstand für die LED dann

$$R_V = \frac{U_{OUT2} - U_F}{I_F} = \frac{4{,}1\ \text{V} - 3{,}6\ \text{V}}{0{,}07\ \text{A}} \quad \rightarrow R_V \approx 7{,}1\ \Omega$$

$U_F$ = Durchlassspannung der weißen LED
$I_F$ = Durchlassstrom der weißen LED
$U_{OUT2}$ = Spannung am Ausgang des Harvester-ICs LTC3108

Ich würde einen Widerstand mit dem nächsthöheren Normwert einsetzen. Also einen Widerstand mit 8,2 Ω.

Benötigt man kein Dauerlicht, dann kann man mit einem Thermoelement und der Schaltung nach Bild 4.12 die Energie sammeln und in einen SuperCap speichern. Bei Bedarf wird die LED dann aus diesem SuperCap gespeist. Möchte man ein Dauerlicht, dann sind mehrere Thermoelemente erforderlich. Das Thermoelement-Array muss permanent die von der LED benötigte Leistung liefern. Im Bild 4.22 ist ein selbst gebastelter Thermogenerator zu sehen. Er besteht aus vier TEG, die mit Wärmeleitfolie auf einen großen Kühlkörper geklebt sind. Auf der anderen Seite der TEG ist – ebenfalls mit Wärmeleitfolie – ein Blechstreifen aus Aluminium geklebt. Bei einem ersten, vorsichtigen Test auf einer Herdplatte lieferte diese Anordnung

- 750 mV an 20 Ω bei einer Herdplatten-Temperatur von 52 °C
- 500 mV an 20 Ω bei einer Herdplatten-Temperatur von 39 °C

Die Temperaturen an einem Ofenrohr sind deutlich höher. Nochmal der Hinweis, dass bei der Montage sichergestellt sein muss, dass die Grenztemperatur der verwendeten Peltier-Elemente nicht überschritten wird.

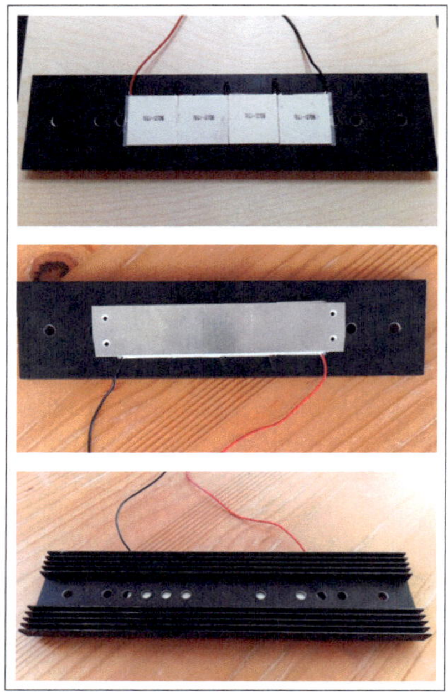

Bild 4.22 • Thermogenerator zu Verwendung z.B. an einem Holzofen. Es sind vier Thermoelemente des Typs TEC1-12706 verbaut. Der Kühlkörper hat die Abmessungen 325 x 80 mm. Zu beachten ist, dass hier die rote Leitung der Minuspol und die schwarze Leitung der Pluspol ist, denn bei den TEGs handelt es sich eigentlich um Thermoelemente für Heiz- bzw. Kühlzwecke.

Oben: TEGs aufgeklebt auf den Kühlkörper
Mitte: Abdeckung aus Aluminium aufgeklebt
Unten: Sicht auf den Kühlkörper

Der TEG kann – alternativ zum Chip LTC3108 – auch hervorragend mit dem Sperrwandler aus Bild 2.14 oder Bild 4.17 kombiniert werden. Es ist allerdings zu beachten, dass die verwendeten Bauteile den für die Beleuchtungs-LED(s) notwendigen Strom liefern können. Der im Bild 2.14 verwendete Schalttransistor BC546 kann einen Kollektorstrom von 100 mA schalten. Für eine Anwendung mit Beleuchtungs-LED ist das eventuell zu wenig. Das liegt am Impulsbetrieb und der Induktivität der Spule im Kollektorkreis. Je kleiner die Induktivität der Spule im Kollektorkreis ist, desto höher muss der Kollektorstrom während des Arbeitspulses sein, um die für den Betrieb der Beleuchtungs-LED notwendige Leistung umzusetzen. Das Puls-Pausen-Verhältnis wird primär bestimmt durch die Induktivität der Spule im Kollektorkreis sowie der Belastung. Deshalb muss der Transistor deutlich mehr Strom schalten können als der Strom, der den Verbraucher (die Beleuchtungs-LED) speist. Der im Bild 4.17 eingesetzte Transistor ist für Ströme bis 300 mA geeignet. Die Auswahl des Transistors ist nicht kritisch. Neben einem ausreichenden Kollektorstrom-Schaltvermögen sollte die Stromverstärkung möglichst groß, und die Kollektor-Emitter-Sättigungsspannung ($U_{CEsat}$) möglichst klein sein. Wie bereits den Ausführungen aus Abschnitt 2.5.1

entnommen werden konnte, entscheidet der Basiswiderstand (R1 im Bild 2.14 und im Bild 4.17) über die Höhe des Spulenstroms und damit über die übertragbare Leistung. Um die von den TEGs geliefert Leistung auch tatsächlich übertragen zu können, habe ich R1 von 1 kΩ auf 22 Ω reduziert.

Die eingesetzte Diode BAT43 kann einen Dauerstrom von 200 mA verkraften. Bei der Diode BAT48 handelt es sich ebenfalls um eine Schottky-Diode. Dieser Typ kann bis zu 350 mA kontinuierlichen Gleichstrom durchleiten. Man sollte die Schottky-Diode nicht überdimensionieren. Das ist zwar bequem, erhöht aber die Schwellspannung und führt damit zu einem schlechteren Wirkungsgrad der Schaltung.

Für den Übertrager habe ich einen Ringkern aus Ferrit verwendet und diesen mit 2 x 40 Windungen aus Kupferlackdraht (CuL) umwickelt. Der Drahtdurchmesser war 0,5 mm.

Ich habe auf die Peltier-Elemente des Thermogenerator aus Bild 4.22 mit Hilfe von Wärmeleitfolie einen Blechstreifen aus Aluminium geklebt. Dann habe ich den Thermogenerator mit Hilfe eines Steins an das Abgasrohr meines Holzofens gedrückt (Bild 4.23). Diese lose Bindung bewirkt, dass die Temperatur nicht zu hoch wird und die Thermoelemente nicht zerstört werden. Die Seite der Peltier-Elemente, die sich am Ofenrohr befindet, ist immer wärmer als die Seite, die mit dem in den Raum hinein ragenden Kühlkörper verbundene ist. Somit fließt immer ein Wärmestrom durch die Elemente, so dass diese einen Gleichstrom abgeben.

Mit der Kombination des TEGs aus Bild 4.22 und des Sperrwandlers aus Bild 4.17 konnte ich dann eine LED für Beleuchtungszwecke hell aufleuchten lassen. Den Sperrwandler hatte ich entsprechend den obigen Ausführungen modifiziert.

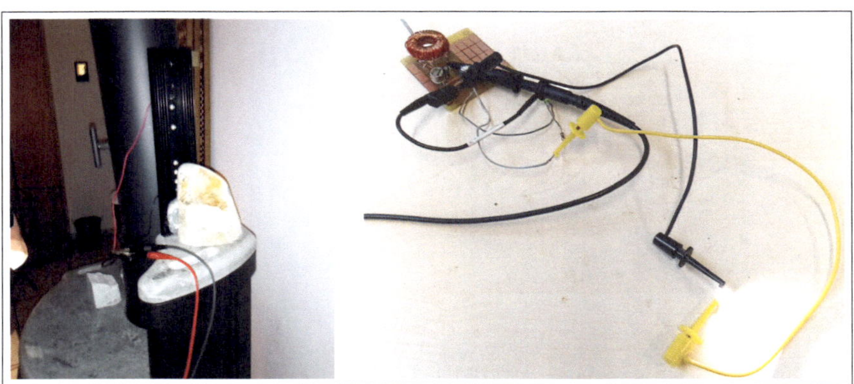

Bild 4.23 • Der Thermogenerator aus Bild 4.22 mit einem Stein am Ofenrohr fixiert (links). Der modifizierte Sperrwandler mit einer angeschlossenen Leselicht-LED (rechts).

Bei einem Versuch habe ich die Kapazität C4 im Schaltbild von Bild 4.17 auf 5 F erhöht und den Basis-Vorwiderstand R1 auf 47 Ω reduziert. Es dauerte dann ca. 20 Minuten, bis die LED zu leuchten begann. Der Vorteil war dann aber, dass die LED auch dann weiter leuchtete, wenn das Feuer einmal nicht so stark brannte.

#### 4.4.1.1 Hochsetzsteller statt Sperrwandler

Eine weitere Alternative stellt die Verwendung eines einfachen Hochsetzstellers dar. Bei dem weit verbreiteten Chip PR4402 des deutschen Halbleiterherstellers „PREMA" handelt es sich um ein Bauteil mit lediglich drei Anschlüssen. Es wird im SOT23-SMD-Gehäuse geliefert. Dieses Gehäuse ist noch groß genug, um es bequem – gegebenenfalls unter einer Lupenleuchte – zu verlöten. Ein passender Schaltungsvorschlag ist im Bild 4.24 abgebildet. Das IC liefert genügend Ausgangsleistung, um zwei weiße LEDs als Leselampe zu betreiben. Bei meinem improvisierten Versuchsaufbau hat diese Schaltung bereits bei einer Eingangsspannung von 800 mV funktioniert. Der maximale Ausgangsstrom ist 40 mA.

Die Auswahl der Bauteile an sich ist nicht kritisch. Andere Induktivitäten können den maximal verfügbaren Ausgangsstrom der Schaltung reduzieren. Die Schaltfrequenz ist 500 kHz. Der Ausgangskondensator C2 sollte 1 µF nicht übersteigen, sonst kann die Schaltung Probleme mit dem Anschwingen bekommen. Die Leiterbahnen bzw. Drähte dürfen nur kurz sein und müssen nach Möglichkeit auf einen zentralen Massepunkt führen.

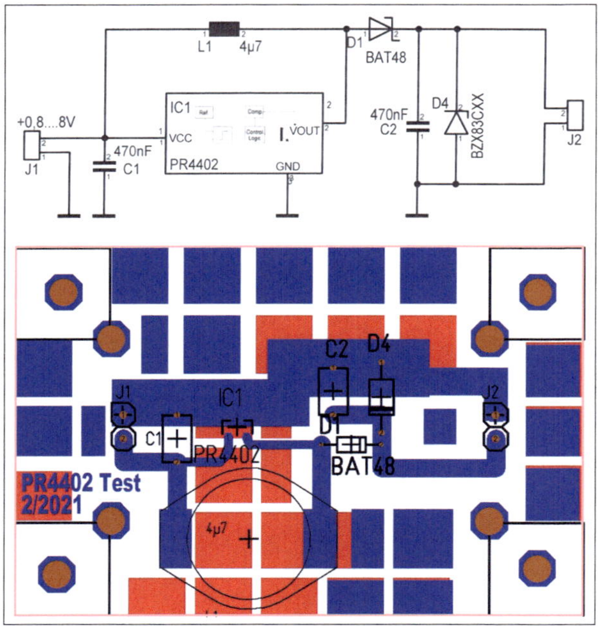


Bild 4.24 • Alternative zum Sperrwandler: ein Hochsetzsteller (Schaltbild und Layout-Vorschlag, nicht maßstabsgetreu). Die Schaltung funktionierte im Versuchsaufbau ab einer Eingangsspannung von 800 mV. Die maximale Eingangsspannung von 8 V ergibt sich aus dem entsprechenden Grenzwert des ICs. Die Kupferpads auf der Leiterplatte erlauben die einfache Umsetzung von Modifikationen.

Mit Hilfe der Zenerdiode kann man die Schaltung für die Versorgung verschiedenster Applikationen verwenden. Ohne Zenerdiode war die maximale Spannung, die ich gemessen habe, 18 V. Man kann also einfach durch Auswahl der Zenerdiode Spannungen von 3,3 V, 5,1 V, 9,1 V oder 12 V damit bereitstellen. Für ein sicheres Anschwingen empfehle ich, zwischen Kathode D1 und dem Kondensator C2 noch einen Widerstand von 2,7 Ω zu schalten. C2 kann dann auf 1 µF erhöht werden. Große Kapazitätswerte verhindern allerdings das Anschwingen der Schaltung, weshalb sie sich so nicht für das Sammeln von Energie eignet. Diese Schaltung habe ich an den Thermogenerator aus Bild 4.22 angeschlossen. Diese Kombination funktionierte ebenfalls sehr gut als „Leselicht am Holzofen".

Bild 4.25 • Der Hochsetzsteller aus Bild 4.24 am TEG aus Bild 4.22. Die Leselampen-LED ist auf die Platine des Hochsetzstellers aufgelötet.

Hochsetzsteller lassen sich auch leicht ohne Spezial-IC aufbauen. Dies zeigt das Bild 4.26. Diese Art Hochsetzsteller kommt ebenfalls mit nur einer Induktivität aus. Das grundlegende Schaltungskonzept dazu hatte ich bereits in [4] vorgestellt. Mit der vorgeschlagenen Dimensionierung habe ich aus einer Spannungsquelle, die 700 mV Gleichspannung liefert, eine Ausgangsspannung von knapp 4 V erreicht bei einem Laststrom von 30 mA. Dies sind dann 120 mW, *was* für eine Leselicht-LED ausreicht. Der eingesetzte Thermowandler muss selbstverständlich in der Lage sein, diese Leistung zu liefern. Da keine Schaltung verlustfrei ist, muss die gelieferte Leistung sogar noch etwas höher sein. Die Arbeitsfrequenz lag bei ca. 8 kHz.

Die Schaltung lässt sich an unterschiedliche Anwendungen anpassen. Um mehr Leistung umzusetzen, kann die Induktivität der Spule auf 10 µH reduziert werden. Der Stromanstieg in der Spule erfolgt dann deutlich schneller und die Arbeitsfrequenz steigt. Es wird ein

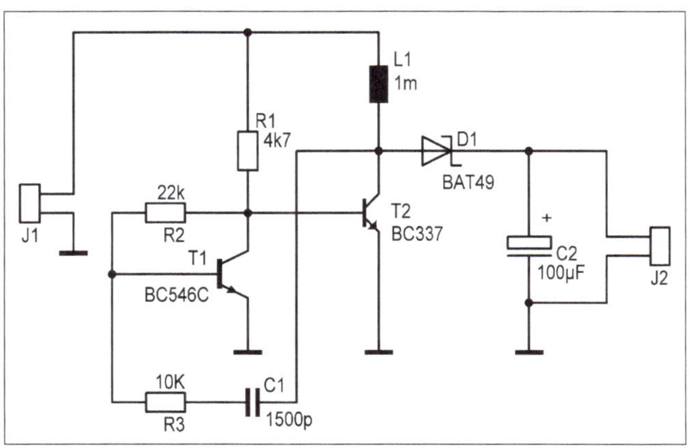


Bild 4.26 • Zweite Alternative zum Sperrwandler: ein Hochsetzsteller ohne Spezial-IC.

höherer Spulenstrom erreicht und somit kann mehr Energie umgesetzt werden. Das macht natürlich nur Sinn, wenn die angeschlossene Energy-Harvesting-Quelle diese Leistung auch liefern kann. Der Hochsetzsteller kann die Eingangsleistung nicht erhöhen – lediglich die Eingangsspannung wird in einen nutzbaren Bereich gehoben. Der Widerstand R1 ist dann aber sicher zu groß. Um den Spulenstrom zu erhöhen, muss R1 verkleinert werden. Bei Versuchen erhielt ich mit R1 = 330 Ω den größten Leistungsumsatz. Die Erläuterungen aus Abschnitt 2.5.1 gelten natürlich auch hier. Für hohe Leistungen ist zu beachten, dass die Schottky-Diode BAT49 kontinuierlich 500 mA leiten kann – nicht mehr. Damit sind wir aber leistungsmäßig vom klassischen Energy-Harvesting bereits weit entfernt.

Auch hier gilt wieder: Liefert die Harvesting-Quelle nicht permanent Energie oder benötigt man nur manchmal Energie, dann muss man C2 deutlich vergrößern (z.B. auf 1 F), so dass Energie gesammelt werden kann. Eine drastische Vergrößerung von C2 führt aber dazu, dass es etwas dauert, bis die Spannung am Kondensator C2 groß genug ist, um damit zu arbeiten. Man kann sich die Schaltung vorstellen als Spannungsquelle mit hohem Innenwiderstand, die den Kondensator allmählich auflädt. Damit sind wir wieder bei dem im Abschnitt 1.3.2 beschriebenen Prinzip. Beliebig große Kapazitätswerte machen wieder keinen Sinn, da dann der Leckstrom des Kondensators möglicherweise in die Größenordnung des Ladestroms gerät und somit die Aufladung des Kondensators zumindest sehr langwierig wird oder im schlimmsten Fall sogar ganz verhindert wird.

Bei der Auswahl des Transistors, der den Spulenstrom schaltet, gilt generell, dass er eine kleine Kollektor-Emitter-Sättigungsspannung ($U_{CEsat}$) aufweisen sollte, aber gleichzeitig auch eine hohe Verstärkung. Weiterhin gilt: Sofern man größere Leistungen umsetzen möchte, ist der maximal mögliche Kollektorstrom zu beachten. Es geht dabei um den Spitzenwert – weniger um den Wert für einen kontinuierlichen Strom, da die Sperrwandler und Hochsetzsteller die Leistung periodisch in den Kondensator „einpumpen".

### 4.4.3 • Modellbau-Antriebe

Mit einem Thermoelement-Array kann man ein Modellboot antreiben: die (vielen) Peltier-Elemente werden auf den Boden des Modellbootes montiert. Der Boden wird vom darunter liegenden Wasser auf einer niedrigen Temperatur gehalten. Günstig ist es, wenn der Boden aus Metall ist. Optimalerweise kann die Sonne durch großzügige Glasflächen ins Innere des Bootes scheinen. Das Innere des Bootes, in dem die Thermoelemente angebracht sind, heizt sich auf. Bei sorgfältigem Aufbau ergibt sich ein hohes $\Delta T$ und damit ein guter Energie-Ertrag (gemäß Gleichung (4.1) und Gleichung (4.2)).

Wie viele Thermoelemente im Array in Reihe geschaltet werden müssen, ist durch die für den Antriebsmotor notwendige Betriebsspannung vorgegeben. Will man die Spannung mit Hilfe eines Sperrwandlers erhöhen, muss man in diesem Fall gegebenenfalls der zu übertragenden bzw. zu verarbeitenden Leistung Beachtung schenken.

Nicht nur für den Antrieb von Schiffsschrauben eignen sich sogenannte „Solarmotoren" (Bild 4.27). Dabei handelt es sich um Permanent-Magnet-Motoren mit einer sehr geringen Anlaufspannung - bis herab zu 200 mV. Ermöglicht wurde der Bau dieser kleinen Motoren durch nun verfügbare, sehr starke Neodym-Magnete. Unbekümmert von der Bezeichnung

„Solarmotor" kann natürlich auch ein Array aus Peltier-Elementen für die Energieversorgung genutzt werden. Dem Motor ist es letztendlich egal, woher die Spannung bzw. die Energie kommt.

Im Modellbau-Handel werden Solarmotoren mit Getriebe-Bausätzen angeboten. Damit gelingt die Anpassung der Drehzahl bzw. des Drehmomentes an die akute Applikation.

Bild 4.27 • Beispiel für einen „Solarmotor".

### 4.4.2 • Ofen-Propeller

Holzöfen geben ihre Konvektionswärme vor allem nach oben ab. Man kann einen Ventilator an der Vorderseite des Ofens anbringen um die warme Luft nach vorne umzuleiten. Diesen Ventilator kann man unmittelbar mit Thermoelementen betreiben. Bild 4.28 zeigt einen solchen „Ofenpropeller", der von zwei elektrisch in Reihe geschalteten Thermoelementen versorgt wird. Der Ventilator ist an der Außenfläche des Ofens angebracht. Diese erwärmt sich während des Betriebs und damit auch eine Seite der Thermoelemente. Auf der anderen Seite der Thermoelemente ist ein besonders großer Kühlkörper (hier aus gebogenen Blech-

Bild 4.28 • Ofenpropeller. Die Energie wird von zwei Thermoelementen geliefert. Diese sind thermisch parallel, aber elektrisch in Reihe geschaltet.

schleifen aufgebaut) angeordnet. Es ergibt sich eine Temperaturdifferenz an den Thermoelementen, die somit als Energiequelle fungieren können. Der Betrieb an einem Holzofen macht es vergleichsweise einfach, eine hohe Temperaturdifferenz am Thermoelement zu erreichen.

Der Antriebsmotor des Propellers muss natürlich für kleine Versorgungsspannungen ausgelegt sein. Die von den Thermoelementen abgegebene Spannung liegt unter einem Volt. Allerdings können die Elemente einen kräftigen Strom liefern. Es eignen sich die im vorherigen Kapitel beschriebenen „Solarmotoren", die mit sehr kleiner Betriebsspannung funktionieren.

Natürlich kann man anstelle des Ventilators einen Sperrwandler, wie er im Abschnitt 2.5.1 beschrieben ist, anschließen und die Energie für andere Zwecke nutzen.

## 4.5 • Anwendung mit Mikrocontroller

Eine typische Anwendung für temporären Betrieb mit Mikrocontroller zeigt das Bild 4.29. Es wurde ein Mikrocontroller ausgewählt, der besonders wenig Energie benötigt. Der integrierte Schaltkreis LTC3108 hat die Ausgänge, die für eine typische Mikrocontroller-Applikation hilfreich sind. Der LDO-Ausgang von 2,2 V (Pin 6) versorgt den Mikrocontroller, während VOUT (Pin 4) mit den VS1- und VS2-Pins nach der Tabelle 4.1 auf 3,3 V eingestellt wurde. Der Ausgang PGOOD (PGD) zeigt dem Mikrocontroller an, wenn VOUT 93% seines geregelten Wertes erreicht hat. Dann ist PGOOD auf High-Level.

Um den Betrieb auch bei fehlender Eingangsspannung aufrecht zu erhalten, wird im Hintergrund ein 0,1-F-Speicherkondensator (C7) über den VSTORE-Pin (Pin 3) geladen. Dieser Kondensator kann bis zur Klemmspannung von 5,25 V des VAUX Shunt-Reglers geladen werden. Fällt die Eingangsspannungsquelle (also das Thermoelement) aus, wird die Energie automatisch von diesem Speicherkondensator geliefert, um das IC zu versorgen und die Regelung von VLDO und VOUT aufrecht zu erhalten.

Für die Berechnung des Speicherkondensators C6 kann man die zugeschnittene Größengleichung (4.10) benutzen. Angenommen, die Einheit mit Sensor, Datenlogger und Sender benötigt für ihre Arbeit einen Strom von 10 mA. Der gesamte Vorgang, bestehend aus Erfassen des aktuellen Wertes, abspeichern und Senden dauert 40 ms. Der verwendete Mikrocontroller (MSP430) benötigt minimal 1,8 V zum Betrieb. Die Spannung darf also um den Wert

$$2{,}2\ \text{V} - 1{,}8\ \text{V} = 0{,}4\ \text{V}$$

fallen. Mit Gleichung (4.10) ergibt sich dann eine Kapazität von 1000 µF. Man beachte, dass der Strompuls die Lasten an VLDO, VOUT2 und VOUT einschließt, und der Ladestrom nicht berücksichtigt wird, da er sehr klein im Vergleich zum Laststrom sein kann.

$$\frac{C6}{\mu\text{F}} = \frac{\frac{I_{\text{Puls}}}{\text{mA}} \cdot \frac{t_{\text{Puls}}}{\text{ms}}}{\Delta U_{\text{VOUT}}} \tag{4.10}$$

$I_{Puls}$ = Stromaufnahme des Verbrauchers (Sensor/Datenlogger/Sender) in mA
$t_{Puls}$ = Dauer der Stromentnahme durch den Verbrauchers in ms
$\Delta U_{VOUT}$ = Spannungsabfall an C6 in V

Im Bild 4.29 ist vorgesehen, dass der Mikrocontroller während der aktiven Zeit über einen SPI-Bus mit der Sensoreinheit kommuniziert.

Während der inaktiven Zeit des Verbrauchers wird der Kondensator C6 dann nachgeladen. Das Übersetzungsverhältnis für L1 ergibt sich aus der an J2 zur Verfügung stehenden Spannung. Diese hängt ab von der Anzahl installierter Thermoelemente und der Temperaturdifferenz $\Delta T$. Steht nur ein Thermoelement zur Verfügung, ist ein hohes Übersetzungsverhältnis von 1:100 notwendig.

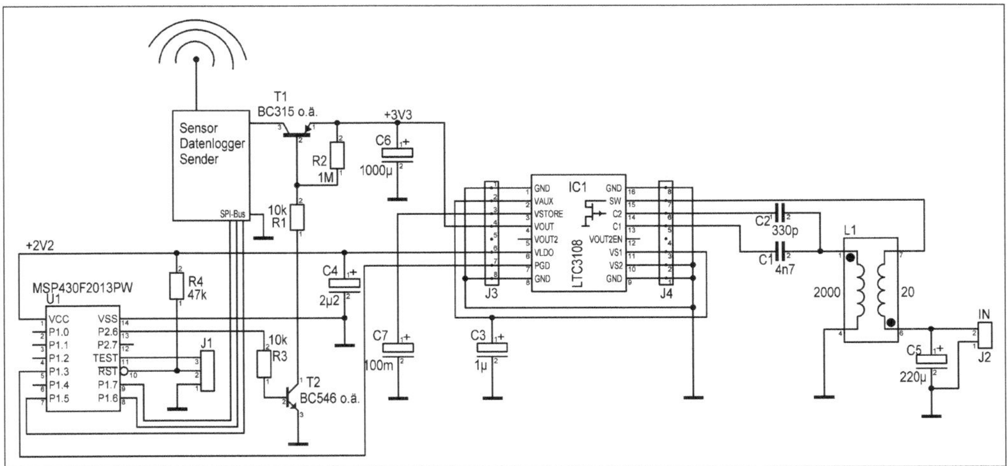


Bild 4.29 • Einheit mit Mikrocontroller sowie Sensor/Sender-Modul. Die Energieversorgung erfolgt mit einem oder mehreren Thermoelementen, die an J2 (rechts) angeschlossen werden. Das Spezial-IC LTC3108 befindet sich auf dem Break-Out-Board aus Bild 4.9, welches auch in den Bildern 4.10, 4.14 und 4.16 verwendet wurde.

Wir wollen den Aufbau aus Bild 4.6 als Energiequelle für die Schaltung aus Bild 4.29 nutzen. Bei einer Temperaturdifferenz von 10 K wird gemäß dem Diagramm aus Bild 4.7b eine Eingangsleistung von

$$(0{,}1\ V)^2 / 560\ \Omega \approx 17{,}9\ \mu W$$

zur Verfügung gestellt. Vernachlässigt man alle Verluste, dann ist der maximale Ladestrom, der daraus resultiert

$$17{,}9\ \mu W / 3{,}3\ V \approx 5{,}4\ \mu A$$

Der Kondensator wird mit einem Strom aufgeladen, der etwas unterhalb dieses Wertes liegt. Mit diesen Informationen bzw. Annahmen und den Formeln aus den Abschnitten 1.3.2

und 2.4.4 kann man grob abschätzen, wie lange es dauert, den Kondensator C6 zum ersten Mal aufzuladen, und wie häufig die Sensor-Schaltung aktiv werden kann. Die Anschlussleiste J1 ist der Programmieranschluss für den Mikrocontroller. Siehe dazu auch [2].

### 4.5.1 • Der sparsame Mikrocontroller

Betrachten wir nun den Einsatz von Mikrocontrollern beim Energy-Harvesting etwas näher. Alles hier Beschriebene gilt natürlich nicht nur beim mit Temperaturunterschieden funktionierenden Energy-Harvesting. Mikrocontroller können selbstverständlich genau so auch in allen anderen Fällen des Energy-Harvesting (Energie aus Licht, elektromagnetische Wellen oder Bewegung) eingesetzt werden.

In jedem Fall gilt, dass für Energy-Harvesting extra sparsame Mikrocontroller erforderlich sind. Hier hat sich die Typenreihe MSP430 von Texas Instruments bewährt. Diese Typenreihe wurde in Deutschland entwickelt. Eine der wesentlichen Eigenschaften der MSP430-Mikrocontroller ist die hervorragende Energieeffizienz des Prozessorkerns. So gibt der Hersteller Texas Instruments beispielsweise im Datenblatt zum MSP430F2013 den Energieverbrauch mit 220 µA bei einer Taktfrequenz von 1 MHz und einer Betriebsspannung von 2,2 V an. Der Mikrocontroller arbeitet bei einer Versorgungsspannung zwischen minimal 1,8 V und maximal 3,6 V. Verwendet man einen Speicherkondensator von 1000 µF, dann stellt dieser laut Gleichung (2.8) für diesen Spannungsbereich eine nutzbare Energie von

$$E = \frac{1}{2} \cdot 1\ \text{mF} \cdot \left((3{,}6\ \text{V})^2 - (1{,}8\ \text{V})^2\right) \approx 4{,}86\ \text{mWs}$$

zur Verfügung. Man kann nun die mittlere Spannung zwischen 3,6 V und 1,8 V (also 2,7 V) nehmen, um die zur Verfügung stehende Zeit zu berechnen, während der der Mikrocontroller arbeiten kann.

$$E = 4{,}86 \cdot 10^{-3}\ \text{Ws}$$

$$t = \frac{E}{P} = \frac{E}{U \cdot I} = \frac{4{,}86 \cdot 10^{-3}\ \text{Ws}}{2{,}7\ \text{V} \cdot 220 \cdot 10^{-6}\ \text{A}}$$

Wer es ausrechnet, erhält eine Betriebszeit von etwa 8,2 s. Diese Zeit ist für einen flinken Mikrocontroller schon sehr lang. In acht Sekunden kann der Mikrocontroller diverse Aufgaben erledigen. Zum Beispiel gesammelte Daten zusammenstellen und über den SPI-Bus (siehe [9]) an einen Sender übergeben.

Die Gleichung (2.7) aus [1] ermöglicht eine alternative Berechnung der zur Verfügung stehenden Betriebszeit ohne Umweg über die Berechnung der Energie.

$$t = \frac{(U_\text{C} - U_\text{u}) \cdot C}{I} = \frac{(3{,}6\ \text{V} - 1{,}8\ \text{V}) \cdot 1\ \text{mF}}{220\ \mu\text{A}} \approx 8{,}2\ \text{s}$$

Für den Standby-Mode (Details folgen im Abschnitt 4.5.1.2) werden im Datenblatt sogar nur 500 nA Stromaufnahme angegeben. Das bedeutet: Kann man diesen Strom bei einer minimalen Spannung von 1,8 V permanent gewährleisten, dann kann der Mikrocontroller alle Einstellungen und alle gesammelten Daten behalten. Es entfallen der sonst erforderliche Neustart mit der Initialisierung und zusätzliche Maßnahmen zur Sicherung bereits gesammelter Daten.

Die Entwicklung eines Energy-Harvesting-Systems mit Mikrocontroller ist aber nicht einfach. Ein einziges schlecht dimensioniertes Bauteil macht schnell den Energiespar-Effekt zunichte. Beispielweise fließt bei einem Widerstand mit 4,7 kΩ bei 3 V schon ein Strom von 640 µA. Also deutlich mehr, als der Prozessor bei voller Rechenleistung benötigt.

#### 4.5.1.1 • Startup und Brown-Out-Reset

Beim Energy-Harvesting wird der Mikrocontroller sehr oft nur temporär für einige Sekunden gestartet. Es muss also gewährleistet sein, dass der Mikrocontroller sicher ein- und ausgeschaltet wird. Solange wir mit einem externen Komparator arbeiten, können wir sehr gut dafür sorgen, dass der Mikrocontroller erst dann gestartet wird, wenn auch ausreichend viel Spannung (ausreichend viel Energie) vorhanden ist, um eine Aufgabe abzuarbeiten. Wie viel Energie für das Abarbeiten der Aufgabe notwendig ist, wird vorher abgeschätzt, berechnet oder empirisch bestimmt.

Eine unzureichende Versorgungsspannung führt immer zu Fehlfunktionen, weil Teile des Mikrocontrollers noch arbeiten, andere aber nicht, und wieder andere teilweise noch arbeiten und Fehler produzieren. Je nach Ausstattung verfügen Mikrocontroller über einen oder mehrere Mechanismen, um Fehlverhalten, dass durch zu geringe Versorgungsspannung verursacht wird, zu vermeiden.

Dazu zählt zunächst der „Power-on-Reset" (POR). Ein Power-on-Reset-Impuls wird durch eine Schaltung auf dem Chip des Mikrocontrollers erzeugt. Im Grunde ist es wieder ein Komparator. Dieser sorgt dafür, dass erst dann alle Funktionsblöcke des Mikrocontrollers mit Energie versorgt werden, wenn die dazu erforderliche, minimale Versorgungsspannung erreicht wurde. Dabei erfolgt die Aufschaltung der Versorgungsspannung schlagartig und gleichzeitig auf alle Funktionseinheiten. Beim Energy-Harvesting müssen wir allerdings sicherstellen, dass die Versorgungsspannung nicht gleich wieder zusammenbricht, wenn der Mikrocontroller startet. Es muss genügend Energie „dahinter stehen". Für die Praxis heißt das: ein mit der Versorgungsspannung geladener Kondensator mit möglichst großer oder zumindest angemessener Kapazität.

Im Bild 4.30 ist der typische zeitliche Verlauf für einen Power-on-Reset zu sehen. Der externe Reset ist mit der Versorgungsspannung verbunden. Im Schaltbild aus Bild 4.29 ist dies über den Widerstand R4 realisiert. Die Spannung am externen Reset $U_{RST}$ folgt der Versorgungsspannung. Beim Überschreiten von $U_{POT}$ wird ein interner Reset ausgelöst. Gewöhnlich wird zunächst ein Verzögerungszähler gestartet, der die Verzögerungszeit $t_{out}$ bestimmt, für die der Baustein nach dem Einschalten der Versorgungsspannung im Reset

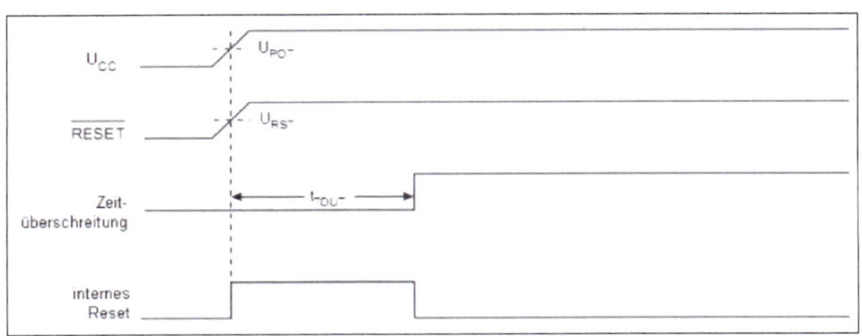


Bild 4.30 • Verlauf eines Power-on-Reset.

bleibt. Ist nach der Wartezeit die Spannung noch immer ausreichend hoch, beginnt der Mikrocontroller mit der Arbeit.

Das Reset-Signal wird wiederholt und ohne Verzögerung erzeugt, wenn $U_{CC}$ unter den Auslösepegel sinkt.

Im Bild 4.29 wird die Versorgungsspannung über den Komparator, der sich in IC1 befindet, geschaltet. Der POR kann deshalb unbeachtet bleiben. In der Schaltung nach Bild 4.31 ist das anders, der Mikrocontroller wird ausschließlich über seinen eigenen, internen POR aktiviert. Diese Schaltung funktioniert nur, wenn die Energiequelle eine Urspannung hat, die (deutlich) über $U_{POT}$ des POR liegt. Das geht zum Beispiel mit einem Array aus Thermoelementen oder einem Solarmodul, dass aus mehreren Solarzellen besteht.

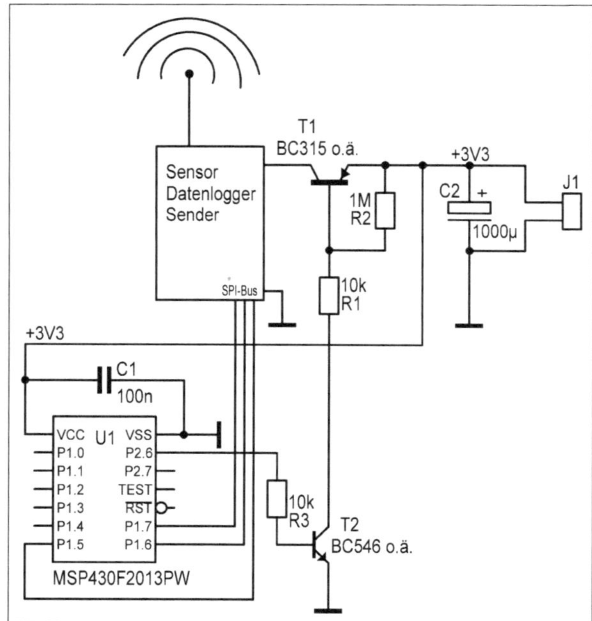


Bild 4.31 • Schaltung mit Mikrocontroller unter Ausnutzung des POR.

Mit Hilfe des POR ist das sichere Einschalten des Mikrocontrollers gewährleistet. Was aber ist, wenn die Versorgungsspannung langsam wieder sinkt? Irgendwann ergibt sich auch dann ein Zustand, bei dem die Funktionseinheiten des Mikrocontrollers zum einen Teil noch arbeiten und zum anderen Teil nicht. Es kommt zu unkontrollierten Zuständen, bei denen auch Daten verloren gehen können oder der angeschlossene Sensor oder Sender falsch parametriert wird.

Viele Mikrocontroller (auch die Typen mit der Bezeichnung MSP430) haben deshalb zusätzlich zum POR noch eine andere Funktionseinheit eingebaut, die die Versorgungsspannung überwacht. Dies ist der sogenannte „Brown-Out-Reset" (BOR). Unter „Brown-Out" versteht man allgemein einen Spannungsabfall in einer Stromversorgung.

Es handelt sich also um einen auf dem Mikrocontroller-Chip integrierten Schaltkreis, der als Unterspannungsdetektor fungiert und den Pegel der Versorgungsspannung überwacht. Der prinzipielle Ablauf ist im Bild 4.32 dargestellt. Es zeigt die Funktion des BOR beim Mikrocontroller MSP430F2013. Er ist immer in Betrieb. Unterhalb von $V_{CC(start)}$ kann gar keine Funktion des Mikrocontrollers aktiv sein. Der Kurvenverlauf zeigt, dass erst nach Erreichen der Mindestspannung $V_{(B\_IT+)}$ und Verstreichen der Zeit $t_{(BOR)}$ der Mikrocontroller starten kann. Dies entspricht dem POR. Sinkt die Versorgungsspannung unter $V_{(B\_IT-)}$, wird der Mikrocontroller durch Setzen des internen Reset erneut (kontrolliert) deaktiviert. Dies ist die eigentliche Funktion des BOR.

Beim Mikrocontroller MSP430F2013 gilt:

$V_{CC(start)} = 0{,}7 \cdot V_{(B\_IT-)}$
$V_{(B\_IT-)} = 1{,}71\ V$
$t_{(BOR)} = 2\ ms$
$V_{hys(B\_IT-)} = 70...210\ mV$

POR und BOR gemeinsam können einen separaten Komparator (wie er z.B. im Abschnitt 2.4 vorgestellt wurde) überflüssig machen. Das spart Energie. Die Schwell- und Hystereseswerte sind allerdings fest vorgegeben. Manchmal benötigt man aber ganz andere Schwellwerte. Dann ist ein separater und frei dimensionierter Komparator immer noch die einzige und richtige Lösung.

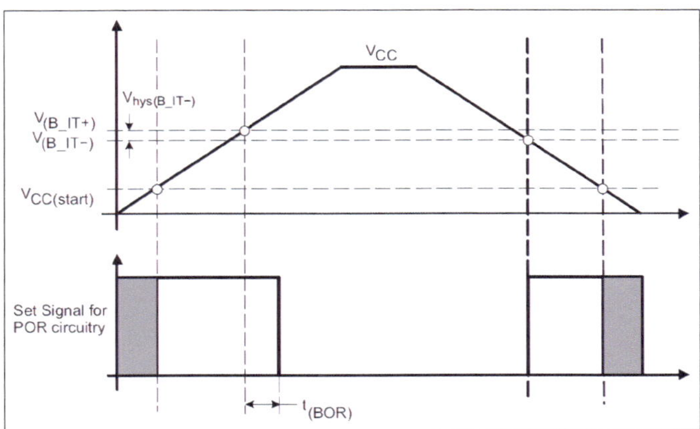


Bild 4.32 • Verhalten des Brown-Out-Reset (BOR) beim MSP430F2013.

### 4.5.1.2 • Low-Power-Mode

Die MSP430-Mikrocontroller sind im Normalbetrieb schon sehr sparsam. Mit speziellen Maßnahmen reduziert man den Energieverbrauch noch weiter.

Als erstes fällt mir dazu die Reduzierung der Betriebsspannung und der Taktfrequenz ein. Mit diesen beiden Maßnahmen kann man bei jedem Mikrocontroller ganz allgemein Energie sparen. Bild 4.33a zeigt den Zusammenhang beispielhaft am Mikrocontroller MSP430F2013 und einer einfachen Applikation. Durch Reduzierung der Betriebsspannung kann man auch die Stromaufnahme reduzieren. Noch krasser ist der Spareffekt, wenn die Taktfrequenz reduziert wird. Dies zeigt das Diagramm im Bild 4.33b sehr deutlich. Die Stromaufnahme sinkt sogar annähernd linear mit der Taktfrequenz. Bei einer Beispiel-Applikation, bei der die Taktfrequenz auf 12 MHz eingestellt war, wurden knapp 3 mA Betriebsstrom vom Mikrocontroller aufgenommen. Bei der gleichen Applikation betrug die Stromaufnahme nur noch 1 mA, wenn die Taktfrequenz auf 4 MHz reduziert wurde. Bei einer Taktfrequenz von 1 MHz sind es gar nur noch ca. 250 µA. Bei Anwendungen im Energy-Harvesting sollte deshalb die Taktfrequenz so niedrig wie möglich gehalten werden.

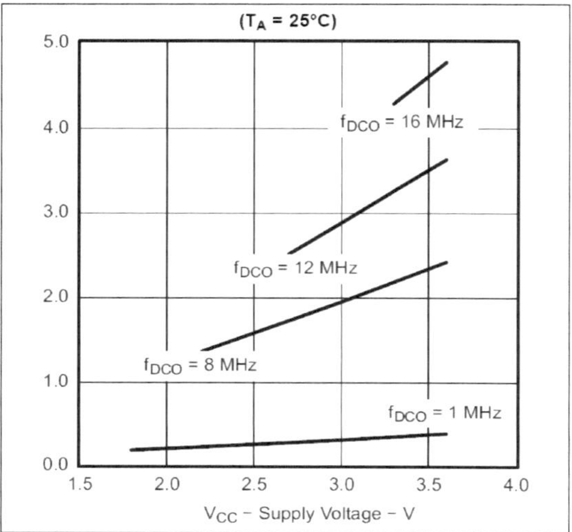


Bild 4.33a • Stromverbrauch in Abhängigkeit von der Versorgungsspannung $V_{CC}$.

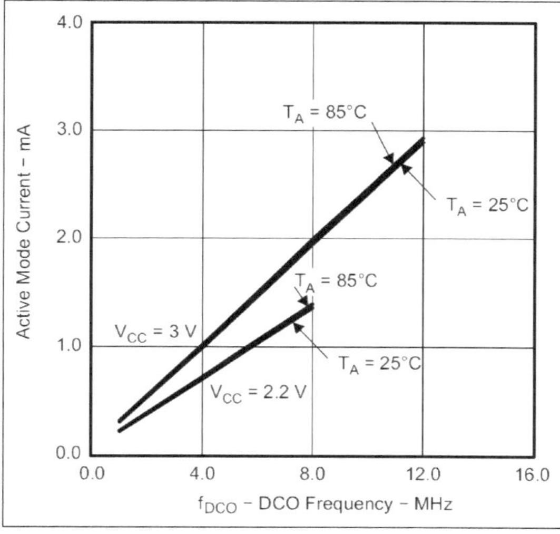


Bild 4.33b • Stromverbrauch in Abhängigkeit von der Taktfrequenz.

Der Beispielcode für die Einstellung der Taktfrequenz beim Mikrocontroller MSP430F2013 kann dem Projekt aus dem Abschnitt 2.4.3 entnommen werden. Zunächst wird der Frequenzbereich des DCO (Digitally Controlled Oscillator) gewählt. Dann kann man mit Hilfe der Register BCSCTL1 und BCSCTL2 den Teilerfaktor der Taktfrequenz bestimmen. In der

Anwendung aus Abschnitt 2.4.3 wurde mit der Einstellung DCOCTL=3; eine Taktfrequenz von ca. 117 kHz eingestellt. Noch kleinere Taktfrequenzen (unter 100 kHz) sind möglich, wenn DCOCTL= 3; ersetzt wird durch DCOCTL=0;.

Über den Normalbetrieb mit kleiner Betriebsspannung und niedriger Taktfrequenz hinaus kann der Stromverbrauch speziell bei den MSP430-Mikrocontrollern mit Hilfe spezieller Betriebsmodi weiter drastisch reduziert werden. Die Kontrolle des Betriebszustandes erfolgt durch Setzen entsprechender Bits im Statusregister. Abhängig von den Einstellungen werden verschiedene Elemente im Takterzeugungs-Modul (Basic-Clock-Modul) aktiviert oder deaktiviert. Insgesamt sind sechs Betriebszustände auswählbar:

| | |
|---|---|
| Active Mode (AM) | Alle Bits des Stromspar-Moduls sind gelöscht. Der Mikrocontroller arbeitet im Normalbetrieb und nimmt je nach Typ so 200 bis 400 µA auf. Nur in diesem Betrieb kann der Controller komplexe Rechenoperationen durchführen. Je nach Applikation ist es notwendig, bei Bedarf von einem Low-Power-Mode (LPM0 bis LPM4) in den Active-Mode zu schalten. |
| LPM0<br>Low Power Mode 0 | Es wird lediglich die CPU abgeschaltet. Alle Portpins, die Timer und die Peripheriebausteine (z.B. Analog-Digital-Converter) bleiben aktiv und sind in der Lage, durch einen Interrupt den Controller in den Active-Mode zu schalten. |
| LPM1<br>Low Power Mode 1 | Zusätzlich zu LPM0 wird noch der DC-Taktgeber abgeschaltet, wenn er für den Active-Mode nicht benötigt wird. Dieser Modus macht also nur beim Betrieb mit einem Quarzoszillator Sinn. |
| LPM2<br>Low Power Mode 2 | Im LPM2 wird die CPU, die Peripherie und der DCO (Digitally Controlled Oscillator) abgeschaltet. Der DC-Taktgeber sowie die Auxiliary-Clock bleiben jedoch aktiv. |
| LPM3<br>Low Power Mode 3 | Dies ist eine Erweiterung des LPM2. Allerdings ist nun auch der DC-Taktgenerator abgeschaltet. Durch einen Timer-Interrupt lässt sich der Controller in den Active-Mode versetzen. |
| LPM4<br>Low Power Mode 4 | Hier sind alle Peripheriebausteine, die CPU und die Taktgeneratoren abgeschaltet. Es wird eigentlich nur noch der RAM-Inhalt gesichert. Um in den Active-Modus zu gelangen, kann man nur die Portpins als Interrupt-Eingänge konfigurieren. |

Der LPM4-Modus der MSP430-Mikrocontroller ist damit für Energy-Harvesting ideal. Je nach MSP430-Variante liegt der Stromverbrauch in diesem Modus weit unterhalb der Selbstentladung von NiMH-Akkus oder Super-Kondensatoren (SuperCaps).

In der Applikation nach Bild 4.29 wird der Mikrocontroller nur aufgeweckt, wenn ausreichend Energie gesammelt wurde und die Betriebsspannung erreicht wurde. Wenn die Spannung an C4 kleiner ist als 1,8 V, wird der Mikrocontroller über den Brown-Out-Mechanismus abgeschaltet. Steigt die Spannung über 1,8 V, dann wird der Mikrocontroller eingeschaltet. Er arbeitet dann optimalerweise im Modus LPM4. Das bedeutet, er macht nichts außer auf einen Interrupt zu warten.

Das Aufwecken des Mikrocontrollers erfolgt dann in dieser Anwendung über einen Sprung von Low-Pegel nach High-Pegel an P1.3. Dieser Pin ist verbunden mit IC1 (LTC3108) Anschluss PGOOD (Pin7). Ist ausreichend Energie im Kondensator C6 vorhanden, dann wird der Mikrocontroller von IC1 über P1.3 „geweckt". Er wechselt vom Modus LPM4 in den aktiven Modus AM. Nun schaltet er über die Transistoren T2 und T1 den Sender ein. Über die SPI-Verbindung überträgt er seine Daten, die dann vom Sender abgestrahlt werden. Nachdem dies erledigt ist, schaltet er wieder in den Energiesparmodus LPM4.

Das Beispiel mit den vorausgegangenen Berechnungen aus Abschnitt 4.5.1 zeigen, dass dort acht Sekunden Aktivität zur Verfügung stehen. Das ist normalerweise viel mehr Zeit als benötigt wird, um ein Protokoll über den Sender abzuschicken.

Nachfolgend ein Code-Beispiel für das Sensibilisieren des Pins P1.3 für einen Interrupt beim Auftreten eines Spannungssprungs von Low nach High beim MSP430-Mikrocontroller. Der Mikrocontroller fällt sofort nach der Initialisierung in den Low-Power-Mode 4 und wird durch einen Interrupt an P1.3 wieder aktiv:

```
//P1.3 für Interrupt
P1SEL &= ~BIT3;          //I/O-Funktion für P1.3
P1SEL2 &= ~BIT3;         //I/O-Funktion für P1.3
P1DIR &= ~BIT3;          //P1.3 als Input
P1REN &= ~BIT3;          //kein Pullup- /Pulldown-Widerstand
P1IE |= BIT3;            //P1.3 IRQ aktiv
P1IES &= ~BIT3;          //Sprung von High-nach-Low ist für den Trigger relevant
P1IFG &= ~BIT3;          //IFG gelöscht

__bis_SR_register(LPM4_bits + GIE);  //Stromsparmodus LPM4 und alle
                                     //Interrupts aktiv
```

Bei dem in den Schaltbildern 4.29 und 4.31 verwendeten Mikrocontroller ist noch als Besonderheit zu berücksichtigen, dass beim Port 2 das zum Pin zugehörige Bit im SEL-Register gelöscht werden muss. Erst dann lässt sich der Port 2 (mit nur zwei Anschlüssen bei diesem Controller) als IO-Port (hier zur Ansteuerung von T2) benutzen. Beispiel:

```
P2SEL &= ~BIT6;          //io-function for P2.6
P2SEL2 &= ~BIT6;         //io-function for P2.6
P2DIR |= BIT6;           //P2.6 as output
P2OUT &= ~BIT6;          //P2.6 to GND
```

Wichtig bei derartigen Anwendungen ist noch, dass alle unnötigen Pulldown- und Pullup-Widerstände im Mikrocontroller im ersten Ansatz deaktiviert sind. Allerdings ist anschließend eine sorgfältige Überprüfung erforderlich: In der Schaltung aus Bild 4.29 und aus Bild 4.31 sollte der Pulldown-Widerstand an P2.6 dennoch aktiv sein. Dies stört nicht, denn er wird nur Strom „verbrauchen", wenn der Mikrocontroller und der Sender aktiv sind. Wird der Pulldown-Widerstand dagegen an diesem Pin deaktiviert, dann ist der Basis des Transistors T2 kein eindeutiges Potential zugeordnet. Die Basis des Transistors T2 hängt „in der Luft". Dies könnte dazu führen, dass T1 leitend wird. Dies führt dann wiederum mit großer Wahrscheinlichkeit dazu, dass C6 niemals geladen wird.

An P1.3 hingegen müssen die Pullup- und Pulldown-Widerstände deaktiviert sein, um unnötigen Stromfluss zu vermeiden. Der Anschluss ist ein Eingang, und er wird von IC1 auf den richtigen Pegel gehalten.

Beispielcode für das Deaktivieren bzw. Aktivieren von Pullup-/Pulldown-Widerständen beim MSP430-Mikrocontroller:

```
P1REN &= ~BIT3;     //kein Pullup- /Pulldown-Widerstand an P1.3
P2REN |= ~BIT6;     //Pullup- /Pulldown-Widerstände freigeschaltet für P2.6
P2OUT &= ~BIT6;     //Pulldown-Widerstand aktiv an P2.6
```

Es gibt also zahlreiche Möglichkeiten, die Stromaufnahme und damit den Energieverbrauch des Mikrocontrollers zu reduzieren. Noch mehr Details für die Programmierung der MSP430-Mikrocontroller sind in [9] zu finden.

# 5 • Energie aus mechanischer Bewegung (Kinetik)

Mechanische Energie kennzeichnet den Zustand eines Körpers. Sie wird deshalb auch als Zustandsgröße bezeichnet. Mechanische Energie kann in andere Energieformen umgewandelt und von einem Körper auf andere Körper übertragen werden. Spezielle Formen mechanischer Energie sind die potenzielle Energie (Energie der Lage) und die kinetische Energie (Energie der Bewegung).

**Potenzielle Energie** besitzen z.B. gehobene Körper, die aufgrund der Massenanziehung mit Energie „aufgeladen" sind. Für unsere Belange gilt: Je höher, desto größer ist die potenzielle Energie. Dies Art der Energieform kann man im Energy-Harvesting gut zum Speichern von Energie nutzen. Das wurde im ersten Kapitel bereits an einem Beispiel vorgeführt. Wie die potentielle Energie berechnet, wird kann man in [16] oder in [3] nachlesen. Die zugehörige Formel wurde aber auch im ersten Kapitel in Gleichung (1.12) bereits vorgestellt.

Auch gespannte Federn besitzen potentielle Energie. Die Federkonstante $D$, die im Datenblatt der Feder angegeben sein sollte, gibt an, welche Kraft benötigt wird, um die Feder um eine bestimmte Länge zu Stauchen oder zu Dehnen. Der Zusammenhang ist im 'Hookschen Gesetz' festgehalten:

$$F = D \cdot \Delta l$$

$F$ = Kraft in N die auf die Feder wirkt oder die von der Feder ausgeht
$D$ = Federkonstante in N/m
$\Delta l$ = Längenänderung der Feder in m

Für die Energie, die in einer gespannten Feder steckt gilt dann allgemein

$$E = \int_0^l F(x) \cdot dx \tag{5.1}$$

Diese Formel gilt auch, wenn Weg und Kraft nicht konstant sind bzw. sich nicht linear verhalten. Für uns reicht es aber, wenn wir konstante und lineare Verhältnisse betrachten. In einer seriösen technischen Anwendung bleibt man sowieso im linearen Bereich (der Feder):

$$E = \frac{1}{2} \cdot D \cdot (\Delta l)^2 \tag{5.2}$$

Die **kinetische Energie** $E$ eines Körpers ist seine Bewegungsenergie. Sie hängt von seiner Masse $m$ und von der Geschwindigkeit $v$ ab, mit der er sich bewegt. Die kinetische Energie $E$ ist proportional zur Masse $m$ und proportional zum Quadrat der Geschwindigkeit, also $v^2$. Für die kinetische Energie eines Körpers gilt (entnommen aus [3]):

$$E = \frac{1}{2} \cdot m \cdot v^2 \tag{5.3}$$

Im Folgenden geht es nun um konkrete Projekte und Ideen, um einen Sensor im Gelände mit Hilfe von Bewegungsenergie zu speisen.

Neben dem Induktionsgesetz, das meistens bei der Energiegewinnung durch Bewegung relevant ist, steht an zweiter Stelle der Piezoeffekt. Auch damit lässt sich unauffällig Energie gewinnen.

Das Induktionsgesetz spielt eine Rolle, wenn wir mit Magneten und Spulen oder Motoren (Generatoren) Energie gewinnen wollen. Das fängt schon beim Fahrrad-Dynamo an. Das ist eine Art von Energy-Harvesting, das Dank der Erfindung des Nabendynamos ganz nebenbei beim Fahrradfahren funktioniert. Der Nabendynamo wurde erst durch die neuen Supermagnete (Neodym-Magnete) möglich. Wegen der vergleichsweise langsamen Drehbewegung benötigt man starke Magnete zum Erfolg. Früher gab es vergleichsweise schwache Magnete und man benötige deswegen hohe Drehzahlen - schnelle Bewegung - einhergehend mit dem bekannten Geräusch und einem erhöhten Kraftaufwand. Das Paradebeispiel dafür ist der Seitenläufer-Dynamo am Fahrrad.

Die Anwendung von Piezo-Kristallen zur Energiegewinnung ist relativ neu - könnte aber noch an Bedeutung gewinnen.

## 5.1 • Windenergie

Beim Thema Energie aus Bewegung fällt einem sofort die Nutzung der Windenergie ein. Die Energie, die im Wind steckt ist enorm. Allerdings auch der Dynamikumfang, der dabei zu erwarten ist.

Nehmen wir einen Propeller, der vom Wind gedreht wird. Die bewegte Masse $m$ ist in diesem Fall die Luft, die durch die Rotorfläche strömt. Ausgehend vom Propeller lässt sich die Masse der bewegten Luft berechnen. Dazu kann man sich vorstellen, dass der Wind ein fiktives Rohr durchströmt. Der Durchmesser $d$ des Rohres entspricht dem Durchmesser des verwendeten Propellers. Für das Volumen des Rohres benötigt man noch die Länge $l$. Diese ergibt sich aus der als (konstant angenommenen) Windgeschwindigkeit $v$:

$$l = v \cdot t$$

Das Volumen $V$ des fiktiven Rohres ist damit

$$V = \frac{d^2 \cdot \pi}{4} \cdot v \cdot t$$

**Achtung**: das kleine $v$ ist die Windgeschwindigkeit, das große $V$ ist das Volumen.
Um nun die bewegte Luftmasse zu erhalten, muss das Volumens des fiktiven Rohres mit der Luftdichte $\rho$ in kg/m$^3$ multipliziert werden.

$$m = V \cdot \rho$$

Setzt man nun das Volumen und die Masse in die Ausgangsgleichung ein, dann erhält man:

$$E = \frac{1}{2} \cdot \frac{d^2 \cdot \pi}{4} \cdot v \cdot t \cdot \rho \cdot v^2 = \frac{1}{2} \cdot \frac{d^2 \cdot \pi}{4} \cdot \rho \cdot v^3 \cdot t \qquad (5.4)$$

Es wird dabei unterstellt, dass die Geschwindigkeit des Windes sich nicht ändert. Alternativ kann man die Leistung betrachten. Leistung ist Energie pro Zeiteinheit. Wir teilen also die Gleichung durch $t$ und es gilt für die Leistung die gerade im Moment unser Windpropeller entgegennimmt:

$$P = \frac{1}{2} \cdot \frac{d^2 \cdot \pi}{4} \cdot \rho \cdot v^3 \tag{5.5}$$

Hier haben wir nur noch die Windgeschwindigkeit als Parameter – alles andere sind Konstanten. Auffällig ist, dass die Leistung mit der dritten Potenz der Windgeschwindigkeit steigt. Das ist schön im Hinblick des Erntens von Energie, denn bereits leichte Brisen können für uns nutzbare Energiemengen liefern. Es birgt aber auch Gefahren: Mechanische Aufbauten sind damit sehr schnell überfordert – gegebenenfalls auch die Mechanik der verwendeten Generatoren (als Generator eingesetzte Motoren).

In Tabellenwerken findet man die Angabe $\rho = 1{,}24\ \mathrm{kg/m^3}$ für die Luftdichte in Meeresspiegelhöhe und trockener Luft bei 10 °C. Tatsächlich ist die Masse der Luft abhängig von der Temperatur $\vartheta$, der Luftfeuchte $f$ und der Höhe $h$ vom Erdboden – also

$$\rho = f(\vartheta, f, h)$$

Trockene Luft ist an meinem Heimatort in Nordrhein-Westfalen eher die Ausnahme. Aber für eine grobe Abschätzung soll diese Angabe ausreichen.

Hinter dem Propeller muss die Luft langsamer sein als vor dem Propeller – ansonsten könnte man keine Energie gewinnen. Der Propeller bremst die Luft ab und gewinnt so die Energie. Ergo muss also ein Teil der heranströmenden Luft der Rotorfläche ausweichen. Könnte man 100% der vom Wind angebotenen Energie nutzen, dann müsste die Luft hinter dem Propeller still stehen. Dies führt zu einem Paradoxon, denn wenn die Luft hinter dem Propeller steht, kann es keinen Luftstrom geben. Es gibt also ein Optimum hinsichtlich Energieentnahme und Abführung der dadurch verlangsamten Luft. Dieses Optimum wurde von dem deutschen Physiker Albert Betz im Jahre 1919 gefunden. Demnach kann man maximal 59 % der vom Wind angebotenen Energie nutzen.

Wenn wir einen Windgenerator bauen, dann gehört dazu natürlich auch ein elektrischer Generator, der vom Propeller angetrieben wird. Auch dieser hat einen Wirkungsgrad. Somit ist die gewonnene elektrische Energie stets kleiner als die vom Wind angebotene Energie multipliziert mit 0,59. Demnach kann man schreiben:

$$P < \frac{1}{2} \cdot \frac{d^2 \cdot \pi}{4} \cdot 1{,}24\,\frac{\mathrm{kg}}{\mathrm{m}^3} \cdot v^3 \cdot 0{,}59$$
$$P < \frac{1}{2} \cdot \frac{d^2 \cdot \pi}{4} \cdot 0{,}73\,\frac{\mathrm{kg}}{\mathrm{m}^3} \cdot v^3 \tag{5.6}$$

### 5.1.1 • Windenergie direkt nutzen

Für unsere Belange kann man kleine Permanentmagnet-Motoren mit einem „Propeller" (eigentlich hier „Repeller") versehen und so platzieren, dass dieser vom Wind bewegt wird. Im Bild 5.1 ist dazu mein Versuch dargestellt. Ich habe einen ausrangierten Motor an einem langen Holzstab montiert und mit einem Propeller aus dem Modellflug-Sortiment versehen. Hängt man diese Konstruktion in den Wind, dann wird der Motor vom Propeller gedreht. Dieser arbeitet dann als Generator und liefert elektrische Energie.

Der Propeller aus Bild 5.1 hat einen Durchmesser von 15 cm. Eine mäßige Brise entspricht etwa Windstärke 4 mit einer Windgeschwindigkeit von ca. 7 m/s. Theoretisch könnte man bei einer mäßigen Brise nach Gleichung (5.4) folgende Leistung erzeugen:

$$P < \frac{(0,15\,\text{m})^2 \cdot \pi}{8} \cdot 0,73\,\frac{\text{kg}}{\text{m}^3} \cdot \left(7\,\frac{\text{m}}{\text{s}}\right)^3$$

$$P < 2,2\,\frac{\text{Nm}}{\text{s}}$$

$$P < 2,2\ \text{W}$$

Voraussetzung ist natürlich, dass der als Generator „missbrauchte" Motor für diese Leistung ausgelegt ist. Erfahrungsgemäß wird die geerntete Leistung deutlich geringer sein. Der Wirkungsgrad kleiner Motoren ist nicht besonders gut. Mit angeschlossenem Gleichrichter erreicht man nach meiner Erfahrung vielleicht Werte zwischen 50% und 70%. Sofern ausreichend Platz vorhanden ist und auch der Propeller nicht stört, kann man auf diese Art durchaus Energy-Harvesting betreiben.

Auf diese Weise Energie aus Wind zu generieren ist aber nicht unproblematisch, denn die vom Wind gebotene Energie steigt mit der 3. Potenz der Windgeschwindigkeit, das hatte ich bereits erwähnt und es ist auch an der Gleichung (5.6) ersichtlich. Bei schwachem Wind wird kaum Energie geboten und eventuell funktioniert die geplante Versorgung nicht. Bei Sturm trifft plötzlich extrem viel Energie auf, mit der die mechanische Konstruktion fertig werden muss.

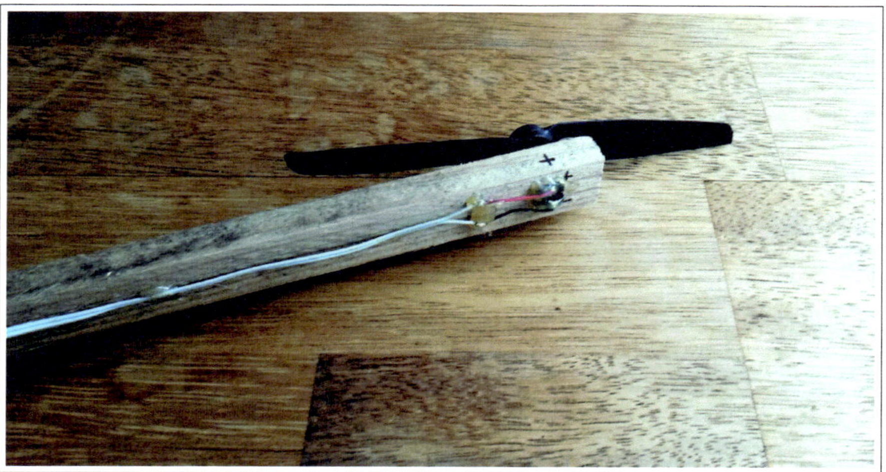

Bild 5.1 • Kleiner Permanentmagnet-Motor in einem Holzstab montiert und mit einem Propeller versehen.

#### 5.1.1.1 • Auswahl des Generators

Wie hoch die vom Generator abgegebene Spannung ist, hängt nicht nur von der Windstärke und der Größe des Propellers ab – sondern auch von der Konstruktion des Generators. Meistens wird man einfach einen vorhandenen, irgendwo ausgebauten Permanentmagnet-Motor als Generator einsetzen. Es ist klug, einen Motor zu verwenden, der für eine höhere Betriebsspannung ausgelegt ist. Viele Mikro-Motoren die man in Spielzeugen oder einfachen Haushaltsgeräten findet (z.B. Nasenhaar-Trimmer, Zahnbürsten, ...) arbeiten mit 1,5 V Gleichspannung. Diese Motoren werden im Generator-Betrieb ebenfalls nur kleine Spannungen abgeben können. Besser ist es Motoren zu nutzen, die für höhere Spannungen vorgesehen sind.

Bei der Verwendung von Permanentmagnet-Motoren für Gleichspannungsbetrieb wird auch eine Gleichspannung abgegeben, wenn man diese als Generator verwendet. Eine Gleichrichtung erübrigt sich also. Trotzdem kann es sinnvoll sein, eine Diode einzuschleifen – dann nämlich, wenn die Energie direkt in einen Kondensator geladen werden soll. Das ist der Fall, wenn die abgegebene Spannung so groß ist, dass sie nicht weiter aufbereitet werden muss. Es gilt dann wieder das im Abschnitt 1.3.2 beschriebene Prinzip. Der als Generator arbeitende Motor ist die Spannungsquelle, die direkt einen Kondensator auflädt.

Ist die vom Generator abgegebene Spannung aber zu klein um direkt damit arbeiten zu können, bietet sich wieder der Einsatz eines Sperrwandlers oder eines Hochsetzstellers (Abschnitt 4.4.1.1) an. Beim letzteren ist aber eine etwas höhere Eingangsspannung vonnöten.

Liefert der Generator eine Wechselspannung, dann wäre eine Spannungserhöhung leicht machbar mit Hilfe von Vervielfacherschaltungen, wie ich sie in diesem Buch bereits an mehreren Stellen vorgestellt habe oder wie sie in [1] beschreiben sind.

#### 5.1.1.2 • Energie aus der Röhre

Die besten Ergebnisse habe ich allerdings mit einem ausrangierten PC-Lüfter erreicht. Diesen habe ich in eine Papprõhre eingebaut und wie im Bild 5.2 zu sehen, an einen Sperrwandler angeschlossen. In meinem Fall lieferte der Lüfter gemeinsam mit dem Sperrwandler im Leerlauf bereits durch Anpusten eine Ausgangsspannung von 6 V. Nicht alle PC-Lüfter können auch als Generator arbeiten. In Frage kommen nur Typen mit Permanentmagnet-Motor ohne Elektronik. Es ist vorher ein Test notwendig. In meinem Fall war es ein Lüfter der Firma SPROFAN Model SJ 80Y12B (Nennwerte: *12* $V_{DC}$ / 0,11 A) der sehr gute Ergebnisse lieferte.

Für einen ernsthaften Einsatz muss der Lüfter natürlich in eine Witterungs-Beständige Röhre eingebaut werden. Dies kann z.B. ein Abwasserrohr aus Kunststoff sein, welches man in jedem Baumarkt kaufen kann. Der Vorteil dieser Variante ist auch, dass der Generator durch das Kunststoffrohr einen gewissen Schutz vor Wind und Wetter erhält. Im besten Fall montiert man die Röhre mit Ventilator auf einen drehbaren Stab und baut ein Windleitblech an. Dann kann sich die Röhre selbständig im Wind ausrichten.

Bild 5.2 • Ein ausrangierter PC-Lüfter als Windgenerator angeschossen an einem Sperrwandler.

Bei dem von mir benutzten Sperrwandler handelt es sich um den gleichen Typ, der auch im Abschnitt 2.5.1 und im Abschnitt 4.3.2 verwendet wurde. Allerdings hatte ich hier einen anderen Übertrager verbaut, der noch in meiner Bastelkiste lag. Es ist der Übertrager 54607003000 der Firma Vogt. Dieser hat pro Wicklung eine Induktivität von 220 µH. Wie bereits öfter geschrieben, können diverse Übertrager verwendet werden. Auch auf einem Ringkern selbst gewickelte Versionen funktionieren gut. Das Übersetzungsverhältnis legt man einfach auf 1:1 fest. In diesem Zusammenhang nochmal der Hinweis, dass der Basiswiderstand den Kollektorstrom und damit den Spulenstrom und die umsetzbare Energie bestimmt. Wird mehr Energie benötigt, dann kann man diesen Widerstand verkleinern. Voraussetzung dafür ist natürlich, dass die Quelle diese Energie auch liefert.

Bild 5.3 • Einfaches Anemometer.

Zur Abschätzung der in der Röhre verfügbaren Windenergie benötigt man die Windgeschwindigkeit. Die vorkommenden Windgeschwindigkeiten lassen sich mit einem Anemometer (Bild 5.3) bestimmen. Diese Geräte sind mittlerweile für wenig Geld im Elektronik-Versand erhältlich. Zusammen mit der Formel (5.6) ist es dann möglich, zu ermitteln, wie viel Energie überhaupt zur Ernte ansteht.

#### 5.1.1.3 • Monitoring

Dieser Abschnitt über das Monitoring gilt für alle Varianten des Energy-Harvesting – nicht nur für das Einfangen von Windenergie. Bereits im Kapitel 3 habe ich kurz angedeutet, dass das Monitoring (also das Anzeigen der aktuell erfassten Energie oder der Zustand des Energiespeichers) auch wieder Energie benötigt. Beim Energy-Harvesting wird in der Regel auf eine Strom-Spannungs-Anzeige verzichtet, um die winzigen Energiemengen nicht damit zu „verschwenden". Es gibt aber durchaus Fälle, bei denen eine direkte Anzeige z.B. der Spannung am Energiespeicher gewünscht wird.

Moderne Anzeigen mit LED- oder LCD-Displays scheiden dafür grundsätzlich aus. Auch wenn, wie bei LCD-Displays, die Anzeige selbst kaum Energie benötigt, wird für den Betrieb des LCDs, also für die Ansteuerung und Bereitstellung der notwendigen Spannungen, vergleichsweise viel Energie benötigt. Diese Anzeigen sind deshalb für das Energy-Harvesting völlig unbrauchbar.

Möglich wäre es, die Energiedaten mit über die Funkschnittstelle zu übertragen, um deren Energieversorgung es ja häufig geht. Ansonsten bleibt nur die Verwendung von analogen Drehspulmesswerken (Details dazu siehe [3], Abschnitt Messtechnik). Eine kurze Internet-Recherche ergab als empfindlichstes, für den Hobby-Elektroniker verfügbares Drehspulinstrument ein Exemplar mit einem Vollausschlag bei $I_m$ = 50 µA (Bild 5.4). Der Innenwiderstand Rm kann mit 2 kΩ angenommen werden. Der Leistungsverbrauch $P_m$ dieser Instrumente liegt bei nur

$$P_m = I_m^2 \cdot R_m = (50 \cdot 10^{-6}\ \text{A}) \cdot 2000\ \Omega = 5\ \mu\text{W}$$

Eine zusätzliche Energiequelle wird nicht benötigt. Alle anderen Anzeigemöglichkeiten brauchen zu viel Energie und scheiden grundsätzlich aus.

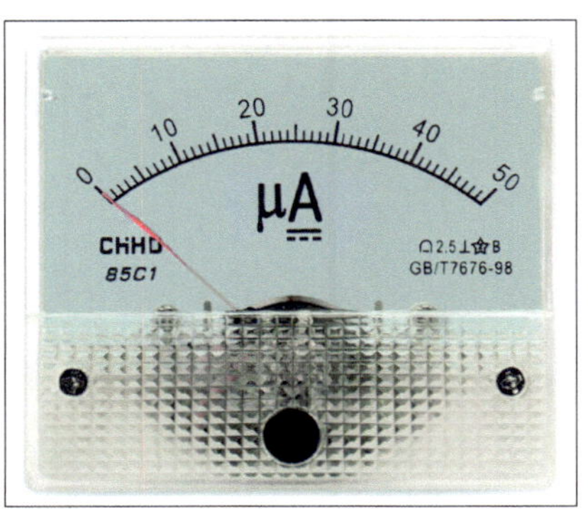


Bild 5.4 • Drehspulmesswerk. $I_m$ = 50 µA; $R_m$ = 2 kΩ.

Aber selbst die winzige Energie, die das Drehspulmesswerk benötigt, ist nicht unkritisch. Das wird schnell klar, wenn man mit dem Instrument aus Bild 5.4 die Spannung am Energiespeicher (Ladekondensator) messen möchte. Angenommen, die maximal mögliche Spannung am Ladekondensator ist $U_C$ = 5 V. Bei dieser Spannung muss das Instrument Vollausschlag anzeigen. Der dafür notwendige Vorwiderstand $R_V$ müsste einen Wert von

$$R_V = \frac{U_C}{I_m} - R_m = \frac{5\ \text{V}}{50 \cdot 10^{-6}\ \text{A}} - 2000\ \Omega = 98\ \text{k}\Omega$$

aufweisen. Dieser wird dann in Reihe mit dem Messgerät geschaltet. Soll die Anzeige tatsächlich permanent sein, wird die Energiequelle ständig mit diesem Widerstand belastet.

### 5.1.2 • Windpendel

Deutlich unkritischer ist die Nutzung der Windenergie, wenn man eine Art „indirekter" Ernte anwendet. Unkritischer heißt hier: die Dynamik der eintreffenden Energie ist deutlich geringer als bei der direkten Nutzung. Somit ist auch der mechanische Aufbau unkritischer. Eine Makro-Anwendung verdeutlicht das Prinzip: man lässt einen starken Neodym-Magneten von einem Ast eines Baumes herab hängen und platziert darunter eine Spule. Ich habe dies am Kirschbaum in unserem Garten ausprobiert. Den Magneten habe ich an einen Holzring geklebt und mit einer 4-m-langen Schnur an einem Baumwipfel befestigt. Bild 5.5 zeigt den an der Schnur baumelnden Magneten und die darunter platzierte Spule. Ich habe eine ELF-Empfangsspule verwendet, die noch in meinem Arbeitszimmer herumlag und die aus dem in [10] beschriebenen Projekt stammt. Beim Befestigungspunkt im Baum sollte man einen ausladenden Ast auswählen, der sich auch schon bei leichtem Wind bewegt. Auf diese einfache Weise lassen sich auch im dunklen Wald, unabhängig von der Sonne, kleine Energiemengen zur Versorgung eines Sensors gewinnen.

Bild 5.5 • Energie indirekt aus Wind gewinnen – mit Hilfe eines „Windpendels". Der Permanent-Magnet aus Neodym ist an einem Ring geklebt, der wiederum an einer Schnur hängt (siehe Text).

Die von der Spule abgegebene Spannung ist eine Wechselspannung. Es ist also eine Gleichrichtung erforderlich und meistens auch eine Speicherung, mit deren Hilfe der Sensor auch bei Windstille mit Energie versorgt wird.

Die auf diese Weise erzeugten Spannungen sind deutlich kleiner als bei der direkten Umwandlung von Wind in elektrische Energie, wie im vorherigen Abschnitt beschrieben. Ein Sperrwandler ist obligatorisch, allerdings in einfacher Form meist nicht ausreichend. Besser ist die Verwendung eines Energy-Harvester Chips, wie der bereits im Abschnitt 4.3.1 verwendete LTC3108. Ganz sicher benötigt man einen Energy-Harvester Chips, wenn man die Konstruktion so verkleinert, dass sie in ein kleines, tragbares Gehäuse passt.

## 5.2 • Energie aus Vibration

Die Brüder Pierre und Jacques Curie entdeckten im Jahr 1880 den Piezo-Effekt. Übt man Druck auf bestimmte nichtleitende Materialien aus (z.B. Quarz, Bariumtitanat, aber auch Zuckerkristalle...) so werden die positiven und negativen Ladungsschwerpunkte verschoben. Das Material wird polarisiert. Man kann am Kristall eine Spannung messen. Zwischenzeitlich wurden Kristalle gefunden/entwickelt, die diesen Effekt maximal zeigen. Das bekannteste Gerät, das den Piezoeffekt praktisch ausnutzt, sind Feuerzeuge (meist aus umweltschädlichem Plastik gefertigt). Ein Piezoelement erzeugt durch den Druck kurzzeitig eine sehr hohe elektrische Spannung (Größenordnung bis zu 400 V) und der entstehende Funke entzündet das ausströmende Gas.

Auch die Umkehrung des Effektes ist mittlerweile längst industriell erschlossen: man legt eine Wechselspannung an einen Piezokristall und dieser beginnt zu schwingen. Dies wird seit Jahrzehnten zur Erzeugung von Signaltönen (Piezo-Summer) ausgenutzt oder auch in Form von primitiven Piezo-Lautsprechern. Selbst Aktoren sind nun verfügbar. Durch Anlegen einer Gleichspannung verbiegen sich „Piezo-Biegebalken" in eine Richtung und üben einen mechanischen Druck aus.

Hier geht es nun um die Erzeugung kleiner Energiemengen durch Vibration. Dass auch Hobbyelektroniker oder Funkamateure Energie aus Vibration gewinnen können, hat übrigens Ferdinand Karnath Jun im Jahre 2018 im Alter von 17 Jahren auf der „Maker Faire" in Berlin gezeigt [21]. Er hat einen Turm aus LEGO-Steinen gebaut, der auf Piezo-Elementen steht. Durch Vibrationen übt der Turm Druck auf die Piezo-Elemente aus, die sich dadurch verbiegen, eine Spannung erzeugen und Energie liefern. Die von den Piezo-Elementen erzeugte Spannung ist vergleichsweise hoch, so dass die erzeugte elektrische Energie direkt mit Hilfe von Dioden in Kondensatoren zwischengespeichert werden kann. Um auch sehr kleine Vibrationen ausnutzen zu können hat Ferdinand Karnath die von den Piezo-Elementen gelieferte Energie nicht einfach gleichgerichtet, sondern dazu mit Schottky-Dioden aufgebaute Delon-Schaltungen (siehe [1] ) eingesetzt.

In der Praxis besteht ein typisches handelsübliches Piezoelement aus einer dünnen, runden Messingscheibe, auf die eine noch dünnere Keramik mittig einseitig aufgetragen ist. Wenn man dieses Element bis zu einem bestimmten Grad durchbiegt, erzeugt es sowohl beim Durchbiegen wie auch beim Zurückschnellen in die Ausgangsform eine Spannung. Diese hängt natürlich sehr stark vom erzeugten mechanischen Druck ab. Sie liegt bei einem Element, das einen Durchmesser von 50 mm hat, bei bis zu 1,5 bis *4 V*. Dies ist verglichen mit anderen Energy-Harvesting-Quellen auffallend viel. Trotzdem ist eine direkte Nutzung der Energie auch hier nicht möglich, da die vom Kristall gelieferten Ströme winzig sind. Allerdings vereinfacht die vergleichsweise hohe Spannung die Aufbereitung.

Neben den runden Piezo-Elementen gibt e s welche die nach dem Prinzip eines Biegebalkens (Cantilever) konstruiert sind, der mit einem piezoelektrisch aktiven Material einen Verbundwerkstoff bildet (ähnlich wie bei einem Bimetall). Dabei ist ein längliches Piezoelement an dem vibrierenden Objekt, das als Energiequelle dient, befestigt. Meist ist noch ein Gewicht angebracht, um die Resonanzfrequenz zu verringern (Bild 5.6). Der Betrieb erfolgt nach Möglichkeit in Resonanz, denn dort ist die Auslenkung am größten. Diese Wandler sind schwerer zu beschaffen und teurer als runde Elemente.

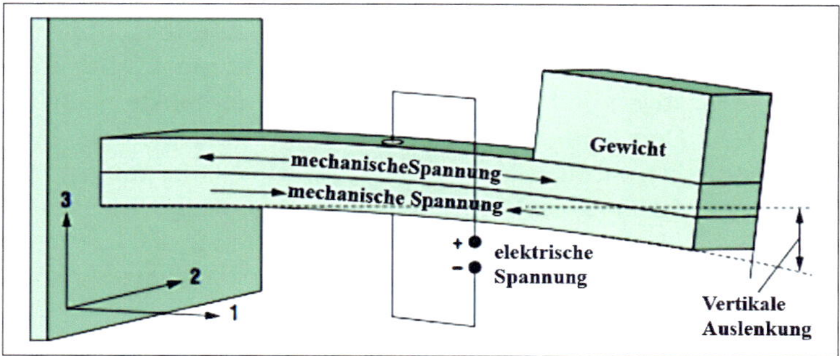


Bild 5.6 • Ein Piezo-Biegewandler mit einem angebrachten Gewicht (Masse) zur Reduktion der Resonanzfrequenz.

Alternativ kann man ein handelsübliches Lineal aus dünnem Kunststoff verwenden und ein rundes Piezo-Element sowie ein Gewicht aufkleben. So wie im Bild 5.7.

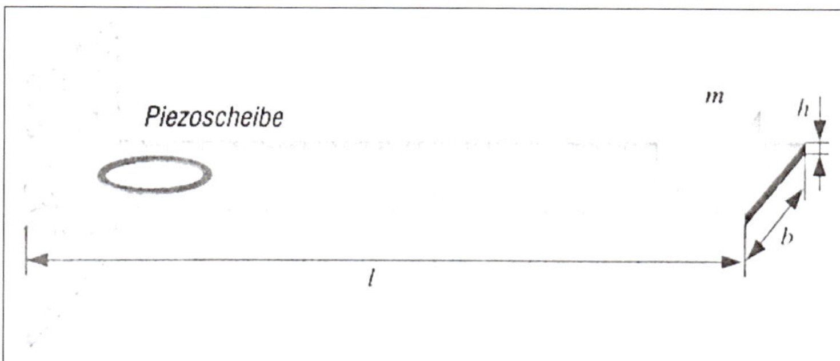


Bild 5.7 • Ein Piezo-Biegewandler mit aufgeklebter runder Piezoscheibe und einem angebrachten Gewicht zur Reduktion der Resonanzfrequenz.

Ohne aufgebrachte Masse *m* kann man die Eigenfrequenz eines Gebildes nach Bild 5.6 bzw. Bild 5.7 mit folgender Formel abschätzen:

$$f_0 = c_0 \cdot \frac{h}{l^2} \cdot \sqrt{\frac{E}{\rho}}$$

Dabei ist $c_0$ ist eine durch die Geometrie gegebene Konstante. Für einseitig eingespannte Stäbe mit rechteckigem Querschnitt kann man $c_0$ = 0,1615 einsetzen.

*h* ist die Dicke des Stabes in Schwingungsrichtung und *l* die Länge des Stabes – jeweils in Metern. ρ (Rho) ist die Dichte des Materials in $kg/m^3$ und *E* ist das Elastizitätsmodul in $N/m^2$. Beides sind Materialkonstanten. Angaben dazu findet man in Tabellenbücher wie z.B. in [3]. Für Plexiglas ist $E = 1{,}5...3 \cdot 10^9\ N/m^2$ – und für Polyäthylen $0{,}7 \cdot 10^9\ N/m^2$. Schullineale sind häufig aus Hart-PVC. Dafür kann man $E = 1...3{,}5 \cdot 10^9\ N/m^2$ ansetzen. Die Dichte der Materialien habe ich in [3] gefunden. Für Hart-PVC ist es 1,38...1,55 $kg/dm^3$. Für Polyäthylen 0,92 bis 0,95 $kg/dm^3$ und für Plexiglas 1,04 bis 1,06 $kg/dm^3$.

Setzt man diese Werte in die Formel ein, so ergeben sich für „Lineale" mit einer Länge von 400 mm dann Resonanzfrequenzen von 4 bis 6 Hz. Wie bereits erwähnt wird diese dann durch Anbringen einer Masse noch herabgesetzt. Ist die Masse verschiebbar angebracht, lässt sich die Eigenfrequenz des Balkens an die Anwendung anpassen.

Generell lässt sich ein Piezo-Element als kapazitives Bauteil betrachten. Das Piezo-Element kann als Kondensator angesehen werden, der durch mechanische Einflüsse aufgeladen wird. Bei Belastung entlädt sich das Element analog zu einem Kondensator. Die Energie, die entnommen werden kann, entspricht der eines geladenen Kondensator im Bereich einiger Nanofarad (nF). Wie wenig das ist, kann man sich anhand der Einheit verdeutlichen:

$$1\,\text{nF} = 10^{-9}\,\text{F} = 10^{-9}\,\frac{\text{As}}{\text{V}} = 1\,\text{nA}\,\frac{\text{s}}{\text{V}}$$

Es könnte also ein Strom von 1 nA für eine Sekunde fließen (die elektrische Spannung mal unbeachtet gelassen). Allgemein kann man aber schreiben:

$$W = \frac{1}{2} \cdot C \cdot \left[U(y)\right]^2$$

Dabei handelt es sich um die Gleichung (1.9), mit dem Unterschied, dass die Spannung *U* abhängig ist von der vertikalen Auslenkung *y* der Biegung (bzw. entsprechend Bild 5.6 bzw. Bild 5.7) des Biegebalkens. Entsprechend hängt die Leistung, die das Piezoelement abgibt, von der Bewegungsfrequenz ab. Angenommen die Auslenkung *y* ist immer konstant, dann führt das zu:

$$P = \frac{1}{2} \cdot C \cdot U^2 \cdot f$$

Die Fähigkeit eines piezoelektrischen Materials, eine Energieform in eine andere zu wandeln, wird in der Praxis der Einfachheit halber durch Koppelkoeffizienten beschrieben, welche durch direkte Messungen bestimmt werden. Für die Generierung von elektrischer Energie aus mechanischer Energie ist $k_{DPE}$ definiert als:

$$k_{DPE} = \sqrt{\frac{E_{elek}}{E_{mech}}} \tag{5.7}$$

Dabei ist $E_{elek}$ die erzeugte elektrische Energie und $E_{mech}$ die zur Anregung des Piezo-Elementes verwendete mechanische Energie. Dieser Wert ist in den Datenblättern angegeben. Je höher dieser Wert, desto mehr mechanische Energie wird in elektrische Energie gewandelt.

Immer wieder findet man auch Angaben über den verwendeten „Modus". Gemeint ist damit lediglich die Art, wie die Kraft in das Kristall eingekoppelt wird (Bild 5.8).

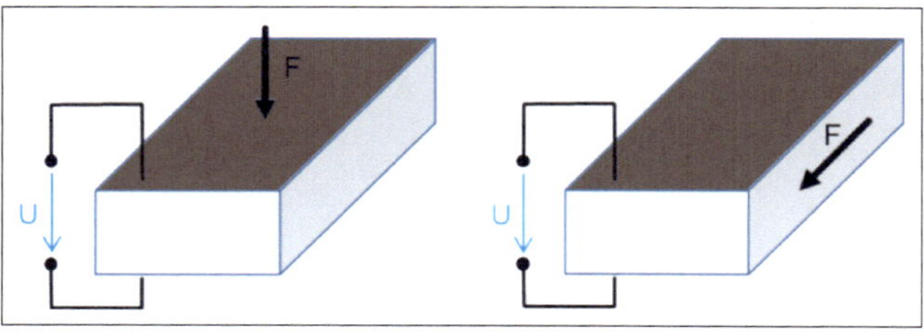


Bild 5.8 • Einkoppelmodus der Kraft. Links der „33-Modus"; rechts der „31-Modus".

Im Bild 5.9 ist eine typische Anordnung zur Energieernte aus Vibrationen als Blockschaltbild zu sehen. Den Block „DC-DC-Wandler" benötigt man bei der Nutzung von Piezo-Elementen manchmal nicht, denn die abgegebene Spannung ist vergleichsweise hoch. Eine Spannungs-Vervielfacherschaltung arbeitet nicht verlustfrei – so ist es besser, ohne sie auszukommen.

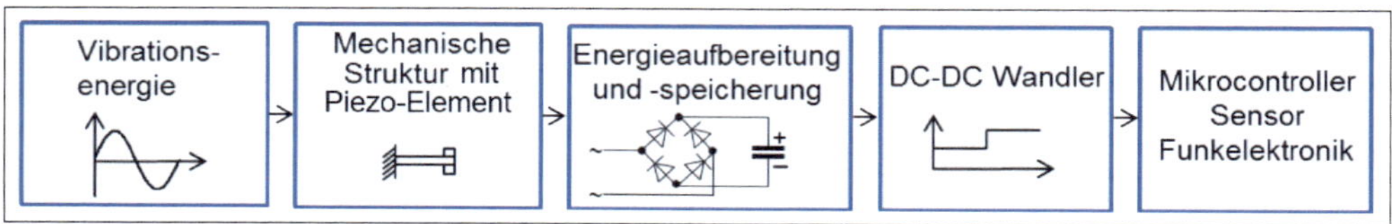


Bild 5.9 • Blockschaltbild einer typischen Anordnung für Energy-Harvesting mit Vibrationsenergie.

### 5.2.1 Piezo-Experimente

Ein Experiment, das die Möglichkeit des Energy-Harvesting mit einem Piezo-Element zeigt, kann mit einem zerlegten Piezo-Lautsprecher erfolgen. In manchen Grußkarten sind Piezo-Lautsprecher eingebaut. Auch in Piezo-Summern sind diese enthalten. Die dort verbauten Piezo-Elemente sind rund. Sie erzeugen eine Spannung von mehreren Volt, wenn man mit dem Finger so darauf klopft, dass sich die Grundplatte verbiegt. Die erzeugte Energie pro Klopf-Vorgang ist gering. Man kann sich den Wandler auch als Kondensator mit 20 bis 50 nF vorstellen – die enthaltene Ladung wird beim Klopfen freigegeben. Mit Hilfe eines größeren Speichers in Form eines Elektrolytkondensators lässt sich die Ladung sammeln. Das wurde in der Schaltung nach Bild 5.10 realisiert.

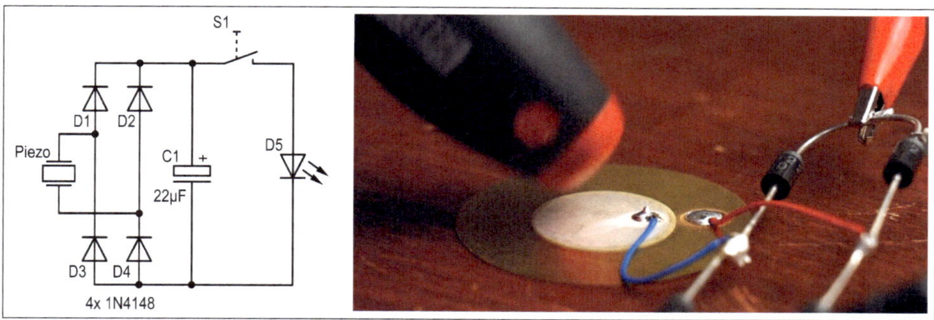


Bild 5.10 • Piezo-Experiment. Schaltbild (links) und praktischer Aufbau (rechts) – Klopfen mit umgedrehten Schraubenzieher auf ein rundes Piezo-Element.

Anstelle der dort verwendeten Silizium-Standard-Dioden kann man auch erfolgreich Schottky-Dioden einsetzen. Zum Beispiel den Typ BAT48. Diese Diode kann 40 V Sperrspannung verkraften und 350 mA Strom leiten.

Das Piezo-Element gibt eine Wechselspannung ab. Deshalb benötigt man den Gleichrichter und den Lade-Elko. Klopft man etwa 10 bis 20 mal mit einem umgedrehten Schraubenzieher auf die Metallfläche, lädt sich der Elko in Stufen genügend weit auf, um eine LED zu betreiben. Es handelt sich hier also um eine Ladungspumpe im eigentlichen Sinn des Wortes. Wird der Schalter S1 nach dem Klopfen geschlossen, blitzt die LED auf.

Nach diesem Prinzip lassen sich Druckschalter herstellen, die nebenbei beim Betätigen Energie erzeugen.

Druck, Stöße, Vibrationen und Schwingungen lassen sich sowohl bei Maschinen, Anlagen und beim Pkw ausnutzen als auch bei der menschlichen Bewegung, etwa in Laufschuhen, die mit geeigneten Piezoelementen ausgestattet sind.

Der Typ LDT2-028K ist ein piezoelektrischer Foliensensor mit den Abmessungen 65 x 16 mm und einer Foliendicke von 157 µm. Die Eigenkapazität $C_E$ des Streifens ist 2850 pF. Diesen Sensor kann man durchaus für Energy-Harvesting-Anwendungen nutzen. Ich habe den Piezo-Streifen auf ein 30-cm langes Lineal geklebt (Bild 5.11). Der verwendete Kleber sollte nach dem Aushärten möglichst unelastisch sein. Haushaltsübliche Universalkleber („Alleskleber") sind eher ungeeignet. Der Kleber darf nur hauchdünn aufgetragen werden. Ich habe den Sensor samt Lineal dann über Nacht in einen kleinen Proxxon-Schraubstock eingeklemmt – natürlich unter Verwendung von Schraubstock-Schutzbacken aus hartem Gummi. Am vorderen Rand des Lineals habe ich ein Gewicht von 16,5 g angebracht. Dieses besteht aus 5 Scheibenmagneten mit einem Gewicht von je 3,3 g.

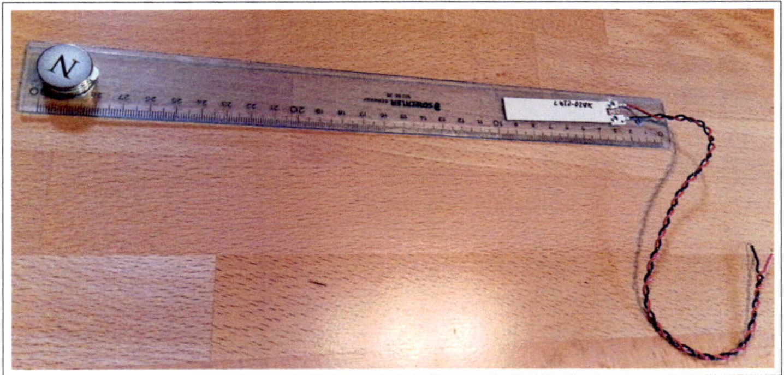


Bild 5.11 • Lineal mit aufgeklebtem Piezo-Streifen und Gewicht.

Bei einem Versuch habe ich das Lineal mit einer Klemme an eine Tischkante befestigt und am Gewicht leicht angeregt. Die dabei mit einem Oszilloskop gemessene Ausgangsspannung zeigt Bild 5.12a. Die höchste Spannungsspitze erreicht 25 V. Die Schwingfrequenz beträgt 3,5 Hz. Im Bild 5.12b habe ich das Gewicht entfernt und den Versuch wiederholt. In diesem Fall ist die höchste Spannungsamplitude etwa 15 V. Die Schwingfrequenz ist erwartungsgemäß höher (ca. 7,6 Hz). Ein Maß für das Energie-Angebot ist die Fläche, die von

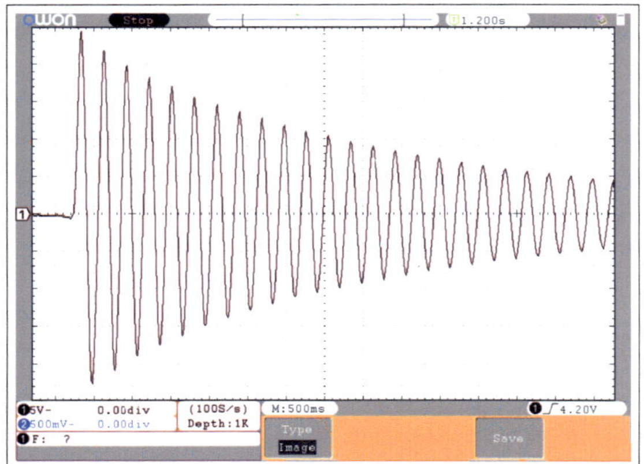


Bild 5.12a • Vom Piezo-Element nach Bild 5.11 abgegebene Spannung.

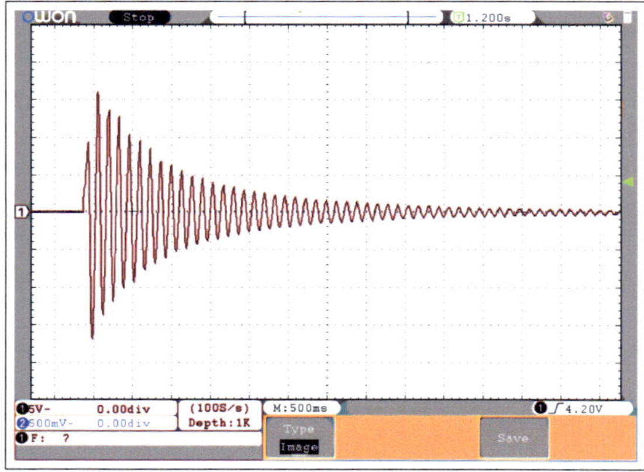


Bild 5.12b • Vom Piezo-Element nach Bild 5.11 abgegebene Spannung, wenn das Gewicht abgenommen ist.

der Schwingungskurve und der Abszissenachse umschlossen ist. Ohne Gewicht ist diese Fläche kleiner, was gut zu erkennen ist.

Verglichen mit anderen Harvesting-Quellen ist die Ausgangsspannung sehr hoch. Das vereinfacht etwas die nachfolgende Aufbereitung. Die Spannung kann direkt mit Schottky-Dioden gleichgerichtet und einem Kondensator zugeführt werden. Die hohe Spannung könnte allerdings Erwartungen wecken die nicht erfüllt werden. Energy-Harvesting mit diesen Streifen ist mühsam. Mit einem Kondensator, der eine Kapazität $C_K$ von 1000 µF aufweist und mit einer Spannung von *4 V* geladen ist, kann man bereits gut einen Mikrocontroller und eine Sendeeinheit einige Sekunden betreiben. Das habe ich bereits an anderen Beispielen in diesem Buch gezeigt.

Mit dem „Piezo-Lineal" und dem Piezo-Element LDT2-028K kann man eine elektrische Spannung von 4 V gut erreichen. Um aber den 1000-µF-Kondensator mit diesem Element vollständig aufzuladen, benötigt man

$$k = \frac{C_K}{C_E}$$

$$k = \frac{1000 \cdot 10^{-6}\ \text{F}}{2850 \cdot 10^{-12}\ \text{F}} = \frac{1000}{2850} \cdot 10^6 \approx 350877$$

vollständige Umladevorgänge. Tatsächlich werden in der Praxis noch deutlich mehr Umladevorgänge notwendig sein, denn die Umladevorgänge können nicht verlustfrei ablaufen. Die vom Piezo-Element abgegebene Spannung muss zum Beispiel gleichgerichtet werden – was nicht verlustfrei möglich ist. Ist der Piezostreifen an einer dauerhaft vibrierenden Stelle montiert, ist das Problem weniger schwierig, da die Umladevorgänge nicht abreißen. In Fällen, wo die Vibration nur temporär auftritt, wird das Energy-Harvesting schnell sehr mühsam.

### 5.2.2 Vervielfacher

Wir haben gesehen: Die Ausgangsspannung der Piezo-Elemente ist bei starker Anregung ausreichend groß, um die Schwellspannung selbst von Standard-Dioden problemlos zu überwinden. Bei sehr kleinen Systemen ist die Anregung aber meist winzig – dann ist auch die von den Piezo-Elementen gelieferte Spannung winzig und im Millivolt-Bereich. Da es sich aber um eine Wechselspannung handelt, kann man Vervielfacherschaltungen verwenden, um einerseits eine Gleichspannung zu erhalten und andererseits auch bei minimaler Anregung noch eine Spannung zu bekommen, die weiterverarbeitet werden kann. Gemeinsam mit unserem Praktikanten habe ich Versuche mit drei verschiedenen Dioden unternommen. Dabei wurden Eingangsspannungen bis 200 $mV_{RMS}$ verwendet und auf dreifach-Vervielfacher gegeben. Die Schaltung der Vervielfacher entsprach dem Bild 3.8. Anstelle des Schwingkreises wurde ein Signalgenerator angeschlossen.

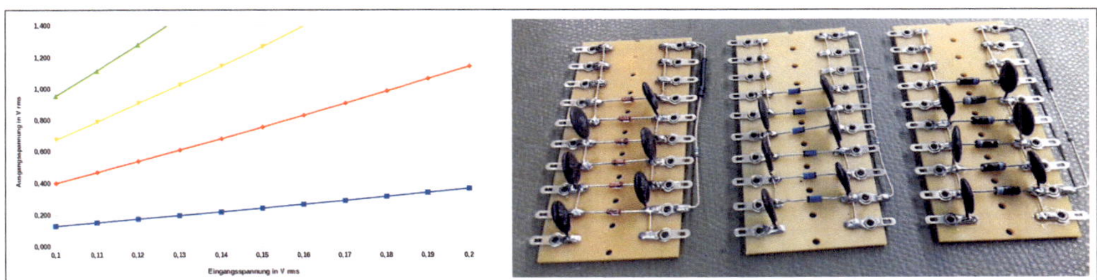


Bild 5.13a (links) • Auswertung des dreistufigen Spannungsvervielfachers mit der Diode 1N60. Die Spannungen wurden als RMS-Wert (Echteffektivwert) gemessen. Die verwendete Messfrequenz bei den vier Kurven von oben nach unten: 1 MHz, 500 kHz, 10 kHz, 1 kHz.
Bild 5.13b (rechts) • Aufgebaute Vervielfacher. Links mit der Silizium-Diode 1N4148; mitte: mit der Silizium-Shottky-Diode BAT43; rechts: mit der Germanium-Diode 1N60.

Gute Ergebnisse konnten mit der Schottky-Diode BAT43 erreicht werden. Noch weitaus besser war eine Anordnung aus Germanium-Spitzendioden (1N60). Dagegen lieferte der mit der Diode 1N4148 aufgebaute Vervielfacher bei diesen niedrigen Eingangsspannungen keine Ausgangsspannung. Bild 5.13 zeigt die Aufbauten und das Ergebnis mit der Diode 1N60.

Die im Bild 5.11 dargestellt Konstruktion erzeugt Schwingungen mit einer Frequenz von 3 bis 7 Hz. Das ist bei der Vervielfacherschaltung zu beachten. Die Kondensatoren müssen größere Werte haben als die, die im Bild 3.8 angegeben sind. Für die Berechnung des Blindwiderstandes eines Kondensators kann die Formel aus [3] benutzt werden:

$$X_C = \frac{1}{2 \cdot \pi \cdot f \cdot C}$$

$X_C$ = Blindwiderstand in Ω
$f$ = Frequenz in Hz
$C$ = Kapazität in F

Das Diagramm aus Bild 5.14 zeigt den Verlauf des Blindwiderstandes in Abhängigkeit von der Frequenz *f* für zwei Kondensatoren (100 nF und 10 µF). Selbst bei dem Kondensator mit einer Kapazität von 10 µF liegt der Scheinwiderstand bei Frequenzen unterhalb von 10 Hz zwischen 1000 Ω und 10000 Ω. Das ist bei der Dimensionierung der Vervielfacherschaltung zu beachten.

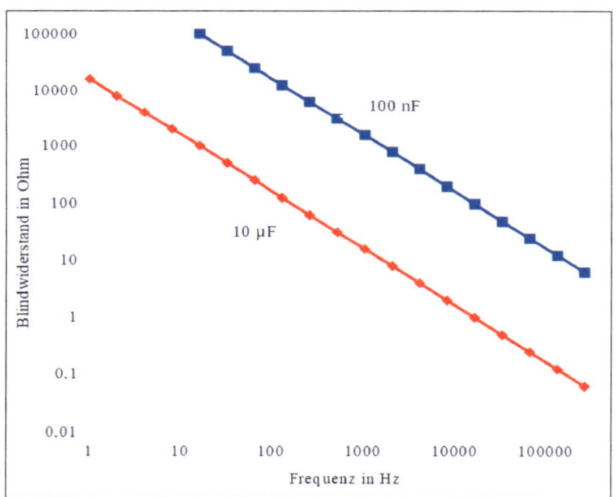


Bild 5.14 • Vergleich des Verlaufs $X_C = f(f)$ für zwei Kondensatoren.

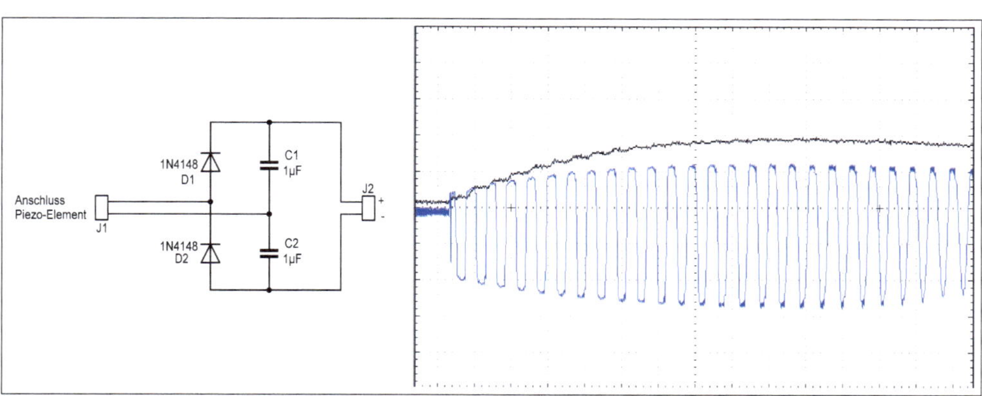


Bild 5.15 • Auffangen der Piezo-Energie mit Hilfe einer Verdopplerschaltung. Links: Schaltplan. Rechts: Oszillogramm. Schwarz: Ausgangsgleichspannung an J2. Blau: Wechselspannung vom Piezoelement.

Wenn die Schwingung stark genug ist, ist die Schaltung aus Bild 5.15 auch sehr gut geeignet. Damit habe ich in Verbindung mit dem in Bild 5.11 dargestellten „Lineal-Harvester" gute Ergebnisse erzielt.

### 5.2.3 • Spezial-IC LTC3588

Auch beim Energy-Harvesting aus Piezo-Kristallen hilft ein Spezial-IC. Der Typ LTC3588 repräsentiert bei dieser Problemstellung den Quasi-Standard. Dieser Chip verfügt über einen internen Vollwellenbrückengleichrichter, der über die Eingänge PZ1 und PZ2 zugänglich ist (Bild 5.16). An diese Anschlüsse können hochohmige Wechselspannungsquellen wie eben Piezo-Elemente angeschlossen werden. Die gleichgerichtete Ausgangsspannung wird in einem extern an Pin 4 ($V_{IN}$) angeschlossenen Kondensator gespeichert. Der verlustarme Brückengleichrichter hat bei typischen von Piezoelementen erzeugten Strömen (~ 10 µA) einen Gesamt-Spannungsabfall von etwa 400 mV. Er kann bis zu *50 mA* Strom verarbeiten.

Eine Seite der Brücke kann auch als Single-Ended-DC-Eingang betrieben werden, wenn die eingesetzte Energiequelle eine Gleichspannung liefert. So lässt sich der Chip auch mit Thermoelementen (TEG) verwenden. Dabei ist natürlich die Schwellspannung des Brückengleichrichters zu beachten. Der TEG muss deutlich mehr Spannung liefern, damit das Energy-Harvesting gelingt.

Wird die über die Pins D0 und D1 eingestellte Spannung überschritten (ULVO-Spannung), so startet der eingebaute Tiefsetzsteller und lädt den Ausgangskondensator, der am Pin 6 ($V_{OUT}$) angeschlossen ist. Der Pin 10 (PGOOD) meldet, wenn die Ausgangsspannung verfügbar ist. Dieser Pin kann zum Beispiel einen MSP430-Mikrocontroller aus dem „Schlaf" wecken.

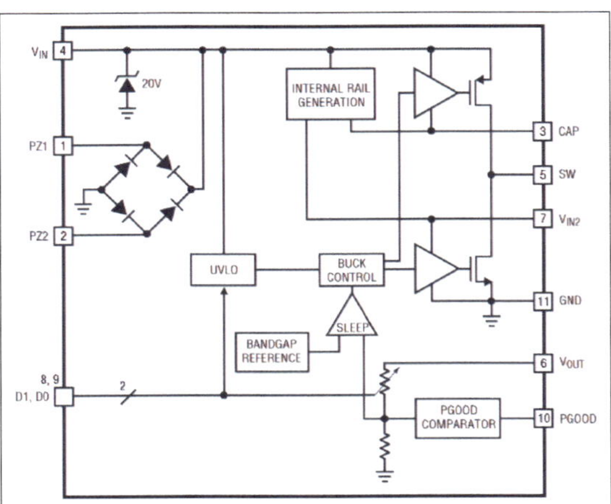


Bild 5.16 • Blockschaltbild des Chips LTC3588.

Leider gibt es auch dieses IC nur in einem winzigen SMD-Gehäuse (MSOP10) mit zehn Beinchen. Erschwerend kommt hinzu, dass tatsächlich elf Anschlüsse vorhanden sind. Der elfte Anschluss ist die Verbindung mit GND, die unter dem Chip als Metallfläche angeordnet ist. Eine typische Applikationsschaltung ist im Bild 5.17a zu sehen. Günstigerweise gibt es auch für dieses IC verschiedene Break-Out-Boards, die zudem oft schon die Spule L1 und und die Kondensatoren C1 bis C3 beinhalten. In dieser Form kann man das gesamte Gebilde als ein Bauteil ansehen. Bild 5.18 zeigt dazu zwei Beispiele. Die gestrichelte Linie im Bild 5.17a schließt die auf den Break-Out-Boards aus Bild 5.18 enthaltenen Bauteile ein. Die gewünschte Ausgangsspannung kann durch die mit D0 und D1 gekennzeichneten Brücken eingestellt werden. Als Grundlage dafür gilt die Tabelle 5.1. Alternativ können die Anschlüsse über die Pins 8 und 9 angesteuert werden. Dann allerdings müssen die zugehörigen Lötbrücken natürlich offen sein.

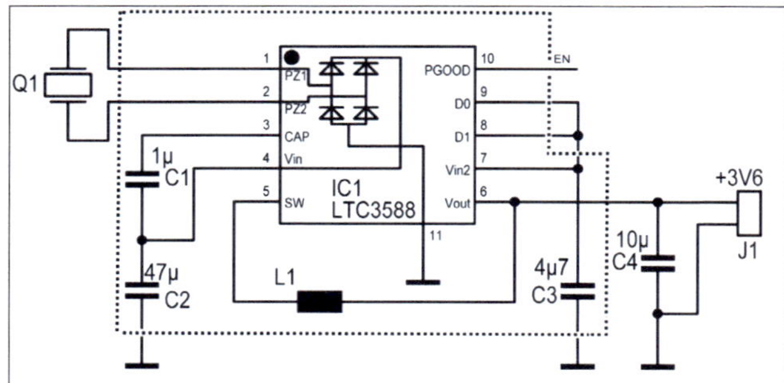


Bild 5.17a • Typische Anwendungsschaltung mit dem Spezial-IC LTC3588. Q1 ist das Piezo-Element. Die Induktivität der Spule L1 ist mit 10 µH für fast alle Anwendungen gut dimensioniert.

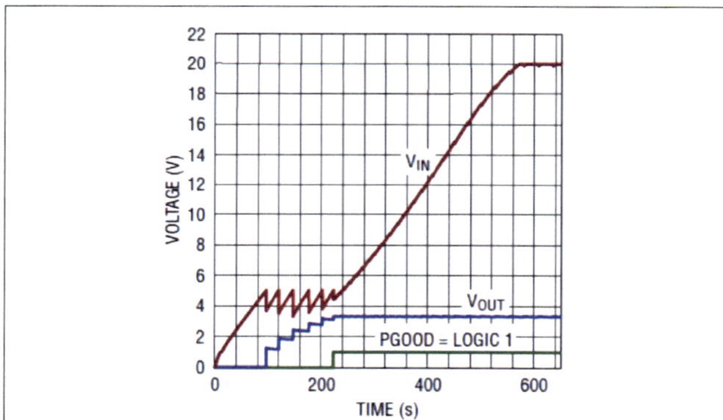


Bild 5.17b • Typisches, beispielhaftes Anlaufverhalten für die Schaltung aus Bild 5.17a.

| D1 | D0 | Vout | PGOOD, EN ist GND wenn Vout |
|---|---|---|---|
| 0 | 0 | 1,8 V | < 1,6 V |
| 0 | 1 | 2,5 V | < 2,3 V |
| 1 | 0 | 3,3 V | < 3,0 V |
| 1 | 1 | 3,6 V | < 3,3 V |

Tabelle 5.1 • Beschaltung der Anschlüsse D0 und D1 und die zugehörige Ausgangsspannung.

Das Piezo-Element ist an PZ1 und PZ2 angeschlossen (Pin 1 und Pin 2). Mit der Verbindung nach Vin2 (Pin 7) erhalten diese Anschlüsse High-Pegel (Logisch 1). Mit der Beschaltung gemäß dem Bild 5.17 erhält man eine Ausgangsspannung von maximal 3,6 V.

Die Spule L1 sollte in Standardanwendungen eine Induktivität von 10 bis 22 µH aufweisen. Sofern die Spule auf dem verwendeten Break-Out-Board nicht vorhanden ist, kann man sie also leicht selbst mit Hilfe eines kleinen Ringkerns anfertigen. Details dazu habe ich an verschiedenen Stellen im Buch vorgestellt (Abschnitte 1.3.1.1, 2.5.1.1 oder 3.2.1.7). Aber auch in [3] wird man fündig.

Die eingehende Energie wird in C2 geladen und gespeichert. Bei der Auswahl dieses Kondensators muss also darauf geachtet werden, dass der Leckstrom möglichst klein ist. In Datenblättern ist er manchmal mit dem Kürzel DCL angegeben. Hier nochmal der Hinweis: je größer die Kapazität eines Elektrolytkondensators, desto größer ist auch der Leckstrom. Es ist also angebracht die Kapazität dieses Kondensators nur gerade so groß zu wählen, dass die Applikation funktioniert. Jedes µF mehr erschwert die Energieernte. Als besonders günstig haben sich hier Kondensatoren aus Keramik erwiesen oder sogenannte ‚Tantalum-MnO2 Professional'-Kondensatoren.

Der Anschluss PGOOD bzw. EN liefert logisch 1 (High-Signal), so lange die Ausgangsspannung 92 % des mit D0 und D1 eingestellten Wertes überschreitet. Ansonsten liefert dieser Anschluss logisch 0 – also GND.

Bild 5.18a (oben) • Breakout-Boards für den Chip LTC3588 und dem Schaltbild gemäß Bild 5.17. Die Anschlüsse D0 und D1 können mit Lötbrücken konfiguriert werden. Alternativ lassen sich diese Anschlüsse auch über zwei Pins ansteuern – dann müssen die Lötbrücken aber offen sein. Die Aufschrift auf dem Chip ist interessanter Weise LTFKX. Das steht offensichtlich stellvertretend für LTC3588.

Bild 5.18b (unten) • Minimalbeschaltung des Breakout-Boards: Es ist nur das Piezo-Element an den Anschlüssen PZ1 und PZ2 und ein 4,7-µF-Kondensator zwischen VCC und GND geschaltet. Das Piezo-Element hatte einen Durchmesser von 48 mm und eine Kapazität von 6,8 nF. Für den Funktionstest kann man wie im Bild 5.10 mit einem umgedrehten Schraubenzieher auf das Piezo-Element klopfen. Allerdings braucht man etwas Geduld: man muss schon eine Weile auf das Piezo-Element klopfen, bis das sich die Ausgangsspannung aufbaut (entsprechend Bild 5.17b)

Im Bild 5.17b ist beispielhaft ein typisches Anlaufverhalten der Schaltung skizziert. Die Ausgangsspannung war auf 3,6 V eingestellt. Wie genau die Kurven verlaufen, hängt von den verwendeten Bauteilen – hier besonders C4 und C2 – sowie vom verwendeten Piezoelement Q1 ab.

Abgesehen von Piezo-Elementen als Energielieferanten eignet sich das IC für alle Eingangsenergien, die als Wechselspannung daherkommen und nur geringe Ströme liefern. Also Quellen mit vergleichsweise hoher Wechselspannung und mit hohem Innenwiderstand. Auch elektrische Wechselfelder lassen sich auf diese Weise anzapfen. Dazu leitet man die Anschlüsse PZ1 und PZ2 auf zwei Kupferflächen, die in das elektrische Wechselfeld gehalten werden.

### 5.2.4 • Anwendungen

Mit Schwingungs-Energie-Wandler werden zum Beispiel Halsbänder bestückt, die Wildtieren umgehängt werden. Durch die Bewegung der Tiere wird auf diese Weise Energie gewonnen. Damit kann man regelmäßig die Position der Tiere per Funk melden, ohne das sich Batterien verbrauchen oder ausgetauscht werden müssen (was in dieser Anwendung sowieso äußerst schwierig sein dürfte).

Ein anderes Beispiel sind Windräder. Die Vibration der Flügelschwingungen werden damit in elektrische Energie gewandelt und drahtlos an eine Zentrale gemeldet. Dort können dann im Bedarfsfall (zu heftige Vibrationen) Gegenmaßnahmen eingeleitet werden.

## 5.3 • Energie aus Druck-Betätigung

Zum erfolgreichen Betätigen eines Schalters wird Energie benötigt. Man kann einen Teil der Energie nutzen um Energy-Harvesting zu betreiben. Das Prinzip ist im Bild 5.19 verdeutlicht. Die Energie wird in einer Spule erzeugt, die einen Eisenkern umgibt, der Kontakt zu einem Magnetblock hat. Drückt der Benutzer auf den gefederten Betätiger (dem Joch), verschiebt sich der Magnetblock. Dadurch kehrt sich die Polarität des Magnetfeldes der Spule um, was nach dem Prinzip der magnetischen Induktion einen Energieimpuls in der Spule erzeugt. Wir der Betätiger losgelassen, springt der Magnetblock in seine ursprüngliche Position zurück und löst so einen weiteren Energieimpuls mit entgegengesetzter Polung aus.

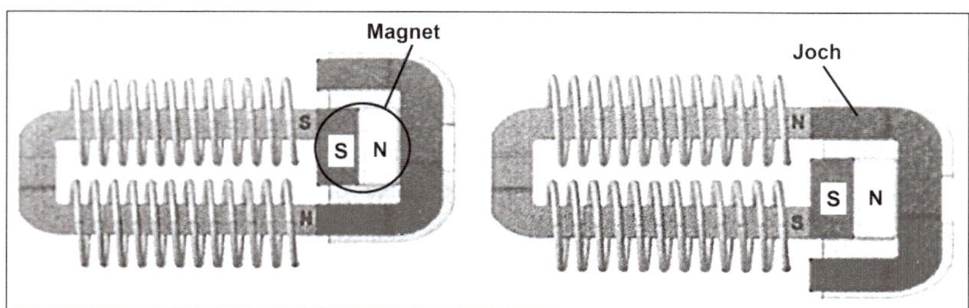


Bild 5.19 • Mögliche Anordnung zur Energiegewinnung durch einen Tastendruck.

Die Firma „DOLPHIN" hat unter der Bezeichnung „ECO 200" einen auf diesem Prinzip beruhenden, speziellen „Bewegungsenergiewandler" entwickelt (Bild 5.20). Dabei handelt es sich um einen Druckkontakt, der mit Hilfe eines Magneten und einer Spule beim Betätigen Energie erzeugt. Die Betätigungsenergie für den Druckkontakt wird also zum Teil „abgezweigt". Das zugrunde liegende Prinzip ist die Induktion. Ein Magnet schnellt am Joch einer Spule vorbei. In der Spule entsteht ein sich schnell änderndes Magnetfeld. Die in der Spule entstehende Energie in Form von Wechselspannung wird gleichgerichtet und einem DC/DC-Wandler zugeführt. Am Ausgang erhält man eine Gleichspannung von 2 V. Laut Herstellerangaben liefert das Bauteil pro Tastendruck eine Energie von mindestens 120 µWs. Entsprechend würde man eine Sekunde lang 60 µA erhalten, oder eine zehntel Sekunde lang 600 µA.

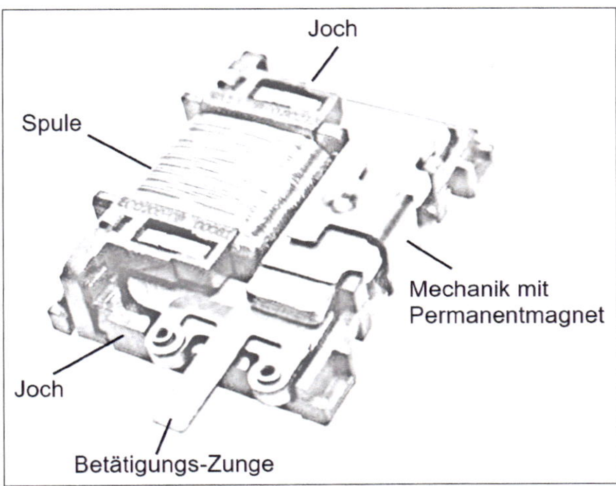


Bild 5.20 • Skizze des ECO-200 Energy-Harvesting-Schalters der Firma DOLPHIN.

## 5.4 Energie aus Schall

Schall umgibt uns ständig. Zumindest Luftschall nehmen wir auch ständig wahr. Aus dem Physikunterricht in der Schule ist den meisten sicher noch bekannt, dass Schallschwingungen und Schallwellen mit kleinen Wechselbewegungen von Teilchen des Mediums einhergehen, in dem sich der Schall ausbreitet. Deshalb besitzen und transportieren Schallwellen kinetische Energie. Hier sprechen die Physiker von "Molekular-Kinetik". Die Frage ist nun, ob man diese Energie für Energy-Harvesting-Zwecke nutzen kann.

Wenn sich die Teilchen in Ausbreitungsrichtung einer Welle hin und her bewegen, spricht man von longitudinalen Wellen. Diese Art von Wellen ist für die Schallübertragung in der Luft verantwortlich. In Flüssigkeiten und Festkörpern kann außerdem noch eine andere Art von Wellen auftreten, bei der sich die Teilchen senkrecht zur Ausbreitungsrichtung hin und her bewegen. Diese Wellenausbreitung nennt man dann „transversal". Je stärker die Auslenkung der Teilchen ist, desto lauter empfinden wir den Schall, und desto mehr Energie steckt darin. Schall in Luft heißt Luftschall. Schall in festem Material nennt man Körperschall.

Jedes Mikrofon schöpft einen winzigen Teil der Schallenergie ab und gibt sie als Signal wieder. Beim Energy-Harvesting interessiert uns das Signal selbst nicht – interessant ist nur die Energie die darin steckt, und ob wir genügend davon „abschöpfen" können um eine elektronische Schaltung zu versorgen.

Die Schallleistung beschreibt die akustische Energie, die pro Zeiteinheit von einer Schallquelle abgegeben wird. Diese Leistung wird in der Regel in verschiedenste Richtungen abgegeben. Für Energy-Harvesting müssen wir aber wissen, welche Leistung in einer Fläche steckt. Stellen wir uns einen Holzrahmen vor, der die Fläche A umspannt. Wir halten diesen Rahmen in die Luft und fragen uns, welche Schallenergie durch diese Fläche geht. Auf Basis diese Daten installiert man einen Rahmen, und zwar dort, wo die Energie benötigt wird, und wandelt die hindurch tretende Schallleistung in elektrische Leistung um.

Die Leistung pro Fläche heißt in der Akustik *Schallintensität I* und besitzt die Einheit W/m². Es ist also genau das, wonach wir gesucht haben. Durch die Integration der Schallintensität über die von unserem gedachten Rahmen umspannte Fläche erhält man die Schallleistung, die durch diese Fläche hindurch geht. Nur die orthogonal zur Fläche gerichteten Anteile haben einen Einfluss auf die Bestimmung der Schallleistung. Mathematisch entspricht dieser Zusammenhang dem Skalarprodukt des Schallintensitäts-Vektors mit einem Flächenvektor, wobei der Flächenvektor senkrecht zum jeweiligen Flächenstück ausgerichtet ist. Ich vereinfache hier

$$P_{ak} = \int_A I \cdot dA \qquad (5.8)$$

$P_{ak}$ = akustische Leistung
$A$ = Fläche in $m^2$
$I$ = Schallintensität in $W/m^2$

Und ich vereinfache noch mehr. Für unsere Abschätzung reicht es, wenn wir schreiben:

$$P_{ak} = I \cdot A \qquad (5.9)$$

Damit wird unterstellt, dass eine ebene Welle homogen durch unsere Fläche hindurch tritt.

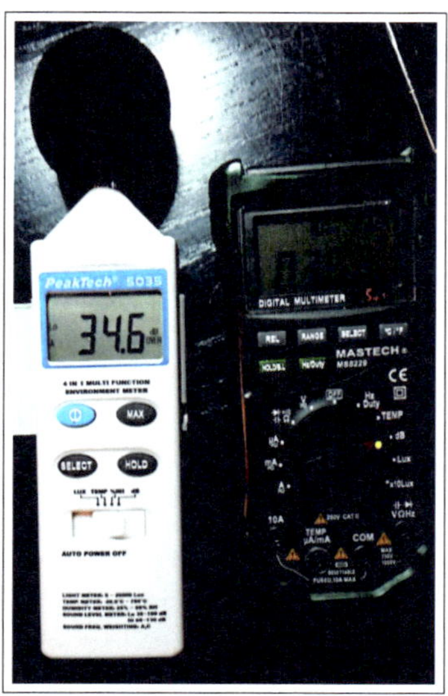


Bild 5.21 • Messgeräte die den Schalldruckpegel anzeigen.

Für eine Abschätzung der Leistung, die im Schall zur Verfügung steht, sind nun Angaben über die Schallintensität für verschiedene Fälle erforderlich. Leider findet man dazu jedoch fast keine weiteren Informationen. Leicht zu finden sind jedoch Angaben über den Schalldruck in der Einheit $dB_{SPL}$. Das liegt vor allem daran, dass normalerweise der Schalldruckpegel gemessen wird. Einfache Messgeräte, die den Schalldruckpegel anzeigen, sind preiswert und weit verbreitet. Selbst manche Multimeter bieten bereits die Schalldruckpegelmessung an (Bild 5.21). Es geht nun darum, aus dem Schalldruckpegel die Energie abzuschätzen, die im Schall steckt, und die wir vielleicht ernten können, um eine elektronische Schaltung zu speisen.

Einige, mit den Geräten aus dem Bild 5.21 gemessene Schalldruckpegel sind in der Tabelle 5.2 aufgelistet.

| Schallquelle | Schalldruckpegel in $dB_{SPL}$ |
|---|---|
| Düsenflugzeug in 30 m Entfernung | 130 |
| Kettensäge in 1 m Entfernung | 110 |
| Diskothek, Rockkonzert | 100 |
| Lokomotive mit Dieselmotor am Bahnsteig | 90 |
| Bürgersteig an einer Hauptverkehrsstraße | 80 |
| Staubsauger beim Staubsaugen | 70 |
| Normale Unterhaltung in einer Gruppe | 60 |
| Ruhige Ecke in einer Wohnung | 50 |

Tabelle 5.2 • Typische Schalldruckpegel.

Eine wichtige Anmerkung zu Tabellen mit Schalldruckangaben: Bei Tabellen wie die Tabelle 5.2 ist es wichtig, auf die bei der Messung verwendete Bewertung zu achten. Was ist damit gemeint? Mit der Angabe $dB_{SPL}$ meint man die reine Physik – also der tatsächliche Schalldruck – unabhängig von der Frequenz (Tonhöhe). SPL steht für Sound-Pressure-Level. Damit wird die Bezugsgröße angegeben. Sie ist $2 \cdot 10^{-5}$ Pa. Wobei gilt:

$$1\ \text{Pa} = 1\ \text{N/m}^2$$

In manchen Tabellen steht nun aber die Einheit $dB(A)_{SPL}$ oder $dB(B)_{SPL}$ oder $dB(C)_{SPL}$ oder $dB(D)_{SPL}$. Der Buchstabe gibt an, dass die Empfindlichkeits-Charakteristik des menschlichen Gehörs berücksichtigt wurde. Die zugehörigen Bewertungskurven sind in [3] im Abschnitt Messtechnik aufgelistet. Je nach Frequenz können Werte von der echten physikalischen Größe – dem Schalldruck – abgezogen werden. Beim Energy-Harvesting ist die Frequenz der Schallschwingung aber zweitrangig. Es geht um die Gesamtheit der Energie, die in den Schallschwingungen steckt. Deshalb sind diese Bewertungen uninteressant und hinderlich für Energy-Harvesting. Es ist ratsam sich eine Tabelle zu suchen, die unbewertete Zahlen enthält. Das Herausrechnen der Bewertung ist jedenfalls aufwändig. Mit Ausnahme der D-Bewertung sind die bewerteten Zahlenangaben immer kleiner als, oder gleich groß wie die unbewerteten Zahlen.

Zur Abschätzung möglicher nutzbarer Energie wählen wir den besten Fall: die Ernte in der Nähe von startenden oder landenden Düsenflugzeugen. Auch dort könnte es elektronische

Schaltungen geben, die mit Energie versorgt werden – man denke nur z.B. an eine Wetterstation oder an ein „Vogel-verscheuch-Gerät" auf dem Fluggelände.

Zahlen mit der Einheit $dB_{SPL}$ sind logarithmiert. Zunächst muss der dahinter stehende, physikalische Wert des Schalldrucks ermittelt werden. Zur Berechnung des Schalldruckpegels wird die folgende Formel benutzt:

$$L = 20\log\left(\frac{p}{p_0}\right) \tag{5.10}$$

$L$ = Schalldruckpegel in dBSPL
$p$ = absoluter Schalldruck in Pascal
$p_0$ = Bezugsschalldruck = $2 \cdot 10^{-5}$ Pa (für Luftschall)

Es gibt noch eine zweite Formel, die den gleichen Zahlenwert liefert, aber bei der der Bezugswert die Leistung ist.

$$L = 10\log\left(\frac{P}{P_0}\right) \tag{5.11}$$

$L$ = Schalldruckpegel in $dB_{SPL}$
$P$ = absolute Schallleistung in Pascal
$P_0$ = Bezugsschallleistung = $1 \cdot 10^{-12}$ W (für Luftschall)

Das Ergebnis ist die Leistung der (gedachten) Schallquelle. Diese Leistung ist aber für uns uninteressant. Wir müssen wissen, welche Leistung an der Stelle, an der wir messen vorhanden ist. Genauso gut kann man natürlich die Schallintensität verwenden, denn die Einheit W/$m^2$ kürzt sich ja heraus:

$$L = 10\log\left(\frac{I}{I_0}\right) \tag{5.12}$$

$L$ = Schalldruckpegel in $dB_{SPL}$
$I$ = absolute Schallintensität in W/$m^2$
$I_0$ = Bezugsschallintensität = $10^{-12}$ W/$m^2$ (für Luftschall)

Da der Schalldruckpegel wie beschrieben meistens bekannt ist, stellen wir die Formeln so um, dass die absolute Schallintensität herauskommt:

$$I = I_0 \cdot 10^{\frac{L}{10}} \tag{5.13}$$

In der Tabelle 5.2 ist für ein startendes Düsenflugzeug ein Schalldruckpegel von 130 $dB_{SPL}$ angegeben. Somit ist die Schallintensität:

$$I = 10^{-12}\,\frac{\mathrm{W}}{\mathrm{m}^2} \cdot 10^{\frac{130}{10}} = 10\,\frac{\mathrm{W}}{\mathrm{m}^2}$$

Wenn also unser gedachter Holzrahmen eine Fläche von einem Quadratmeter aufspannt, wir diesen in der Nähe eines startenden Düsenflugzeuges halten (gemäß der Tabelle 5.2 in 30 m Entfernung) und die gesamte hindurch tretende Schallenergie ernten könnten, dann erhielten wir eine Leistung von 10 W. Das klingt doch nicht schlecht. Nur leider ist das wirklich ein Extremfall. Das funktioniert so nur am Flughafen in der Nähe der Startbahn. Bereits bei einem Schalldruckpegel, der nur 3 $dB_{SPL}$ niedriger ist (also 127 $dB_{SPL}$) beträgt die Leistung nur noch 5 W pro Quadratmeter.

An einer gut befahrenen Straße kann man noch mit 80 $dB_{SPL}$ rechnen. Setzt man diesen Wert in die obige Gleichung ein bleiben noch 100 µW, die geerntet werden können.

Wie soll man diese Energie ernten? Es bietet sich die Umkehrung des Lautsprecher-Prinzips an: also eine Membran an der eine Spule befestigt ist. Die Membran wird von den Schallschwingungen bewegt. Die an ihr befestige Spule befindet sich in einem stationären Magnetfeld. Das Grundprinzip ist wieder die Induktion. Die zu erwartenden Wirkungsgrade sind winzig. Ein Lautsprecher hat im besten Fall einen Wirkungsgrad von 10%. Legen wir diesen Wirkungsgrad zugrunde, hätten wir bei dem Beispiel mit dem startenden Flugzeug 1 W bzw. 500 mW zur Verfügung, wenn das startende Flugzeug gerade vorbeirauscht. An der viel befahrenen Straße wären es dann noch 10 µW.

Bei diesen Überlegungen lag ein Rahmen mit einer Fläche von $A = 1\ m^2$ zugrunde. Ein Rahmen mit dieser Fläche ist nicht gerade klein. Verwendet man einfach nur einen Lautsprecher in umgekehrter Richtung, ergeben sich nur winzigste Leistungen – alleine schon wegen der deutlich kleineren Fläche. An die Versorgung einer elektronischen Schaltung ist nicht mehr zu denken. Zumindest mit unseren Hobby-Mitteln kommen wir hier an die Grenze. Im professionellen Bereich haben Forscher Schall-Spannungs-Wandler auf der Basis von vielen Piezo-Stäbchen, die auf einer Fläche aufgebracht sind, entwickelt. Wenn diese großflächig – zum Beispiel integriert in den Schallschutzwänden an der Autobahn – montiert werden, könnte eine Ernte Sinn machen.

Als Resümee können wir sagen: Befindet man sich sehr sehr nah an einer extrem lauten Schallquelle, dann kann man einen einfachen Lautsprecher im Umkehrbetrieb verwenden. An diesen schließt man einen Übertrager an, mit dem Ziel, eine Wechselspannung zu erhalten, die gleichgerichtet werden kann. Das ist im Bild 5.22skizziert. Die Schallwellen treffen auf den Lautsprecher L1. Das abgegebene Signal geht auf den Übertrager Ü1. Die linke Wicklung hat deutlich weniger Windungen als die rechte Wicklung, so dass die Spannung hochtransformiert wird. Anschließen erfolgt die Gleichrichtung. Im Bild 5.22 ist dies mit einer Verdopplerschaltung nach Delon gemacht.

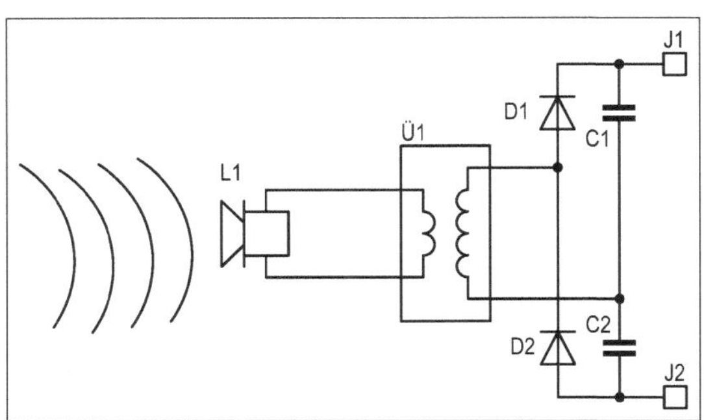


Bild 5.22 • Prinzipschaltung: Energy-Harvesting aus Schall.

Für beste Ergebnisse sollte man Germanium-Dioden einsetzen. Der Rest ist dann so wie bei den anderen vorgestellten Projekten in den verschiedenen Kapiteln auch. Es kann ein Sperrwandler zum Einsatz kommen und ein Ladekondensator, der die ankommende Energie sammelt.

# 6 • Energie aus chemischer Reaktion

Die Idee dahinter ist, die in der Umgebung vorhandenen Materialien als chemische Elemente zu interpretieren, mit denen dann eine kleine Menge elektrischer Energie bereitgestellt wird. Um uns herum finden ständig chemische Reaktionen statt, die auch Energie abgeben – z.B. in Form von Wärme. Oftmals unter Beteiligung von Bakterien. Das würde ich jetzt unter uns Elektronikern auch noch als „Chemie" bezeichnen.

Es geht im Endeffekt um so etwas wie die Herstellung einer „Batterie" aus Materialien aus der Umgebung. Diese wandelt chemische Energie in elektrische Energie um, die wir dann wieder sammeln und nutzen können.

In [1] hatte ich unter „Mobiler Versorgung" eine Brennstoffzelle vorgestellt. Mit Hilfe einer Solarzelle wurde nach dem Prinzip der Elektrolyse Wasser in Wasserstoff und Sauerstoff zersetzt. Aus dem gewonnenen Wasserstoff erzeugte die Brennstoffzelle dann elektrische Energie. Die Stromlieferung ist unabhängig von der Sonnenstrahlung bzw. vom Wetter. Die in [1] verwendete Brennstoffzelle lieferte mit einem vollen Wasserstoffbehälter 111 Ws bei einer elektrischen Spannung von 500 mV. Dann war der Wasserstoffvorrat aufgebraucht. Der Behälter war allerdings recht klein.

Diese Variante ist durchaus interessant, wenn eine Wasserstoffquelle zur Verfügung steht. Man könnte eine kleine Wasserstoffflasche im „einsamen Schuppen" fest installieren. Bei den im Energy-Harvesting üblichen kleinen Leistungen kann diese dann unter Umständen Jahrzehnte lang einen „einsamen Sensor" mit Energie versorgen. Muss der Wasserstoff erst erzeugt und aufgefangen bzw. gespeichert werden, ist der Aufwand für professionelle Anwendungen zu groß. Der normale Hobby-Elektroniker ist allerdings einfallsreich und unterliegt keiner Kostenabrechnung. Das Erzeugen und Bereitstellen von Wasserstoff ist jedoch alles andere als trivial – vor allem, wenn das System insgesamt wartungsfrei im Außenbereich betrieben werden soll. Gelingt es, dann ist dies sicher ein Energy-Harvesting auf sehr hohem Niveau.

Was den meisten aber bei dem Thema „Energy-Harvesting mit Chemie" einfällt, ist sicher ein galvanisches Element (Bild 6.1). Man steckt zwei unterschiedliche Metalle in einen

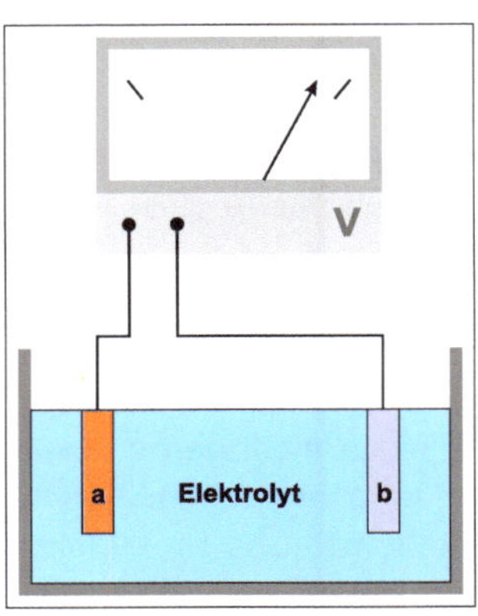


Bild 6.1 • Prinzip des Galvanischen Elements.

Elektrolyten und erhält an den Metallen eine Spannung – bzw. einen Elektronenfluss, wenn man die Metalle über einen Widerstand verbindet. So ist es allgemein bekannt. Die Frage ist nun, welche Voraussetzungen erfüllt sein müssen, damit sich eine verwertbare elektrische Energiequelle bildet. Benötigt wird eine ausreichend hohe Spannung und etwas Strom – und das über möglichst unbegrenzte Zeit.

## 6.1 • Halbzellen

Ein Element, dass so aufgebaut ist wie im Bild 6.1 wird nicht lange funktionieren. Um es zu verstehen möchte ich ein wenig weiter ausholen. Für ein solides Galvanisches Element benötigt man eine strickte Ladungsträger-Trennung. Man muss die beiden in den Elektrolyten eingetauchten Metalle zunächst separat betrachten. Grundlage für eine langlebige galvanische Zelle sind zwei „Halbzellen". Eine Halbzelle setzt sich zusammen aus einer Metallelektrode (Metallstab, Metallblech o. ä.), die in ihre entsprechende Metallsalzlösung (Elektrolyt) taucht.

Eine Zinkhalbzelle erhält man zum Beispiel, indem man eine Zinkelektrode in eine Zinksalzlösung, zum Beispiel in Zinksulfat-Lösung $ZnSO_4$ taucht. Lösung bedeutet hier: Zinksulfat in Wasser gelöst.

Sofort nach dem Eintauchen der Metallelektroden in die entsprechende Metallsalzlösung spielen sich an der Metalloberfläche Vorgänge ab, die ein negatives Aufladen der Metallelektroden zur Folge haben. Die Ursache für die einsetzenden Prozesse ist das Bestreben eines jeden Metalls, in wässriger Lösung zu oxidieren. Infolgedessen lösen sich Metallatome aus dem Metallgitter der Elektrode und gehen als Metallionen in Lösung. Die bei dieser Oxidation der Metallatome freigesetzten Elektronen bleiben im Metall an dessen Oberfläche zurück. Auf diese Weise lädt sich die Metalloberfläche negativ auf. Dieser Vorgang ist umso intensiver, je „unedler" das Metall ist.

Da die gebildeten Metallionen stets positiv geladen sind, werden sie infolge dieser negativen Aufladung an die Metalloberfläche gebunden. Dadurch entsteht innerhalb der Phasengrenzfläche zwischen Metalloberfläche und Metallsalzlösung eine Schicht, in der sich negative (Elektronen) und positive Ladungen (Metallionen) ausgleichen.

Eine Kupferhalbzelle würde man erhalten, wenn man ein Kupferblech oder Ähnliches dementsprechend in Kupfersulfat-Lösung $CuSO_4$ eintaucht. Auch hier stellt sich nach kurzer Zeit an der Metalloberfläche ein Gleichgewicht der Ladungen ein. Allerdings ist es in diesem Fall so, dass gegenüber dem Zink deutlich weniger Ladungsträger entstehen, da Kupfer „edler" ist als Zink und deshalb weniger oxidiert.

Im Bild 6.2 sind die im Beispiel besprochenen Halbzellen gezeigt. Deutlich ist zu erkennen, dass im Zinkmetall mehr freie Elektronen existieren als im Kupfermetall. Die beiden Halbzellen unterschieden sich somit nun als Orte eines höheren und eines niedrigeren „Elektronendrucks". Wenn wir nun zwischen den Stäben eine Verbindung herstellen, könnte theoretisch ein Strom fließen, bis ein Ladungsausgleich hergestellt ist. Das funktioniert aber nicht, da es keine Rückleitung für die Elektronen gibt. Man muss also die beiden

Halbzellen irgendwie miteinander verbinden. In Batterien macht man dies mit Hilfe einer Membran, die die Lösungen trennt – aber die geladenen Ionen hindurch lässt. Dies ist im Bild 6.3 dargestellt. Die Membran ist als gestrichelte Linie eingezeichnet. Es entsteht eine (langlebige) Galvanische Zelle.

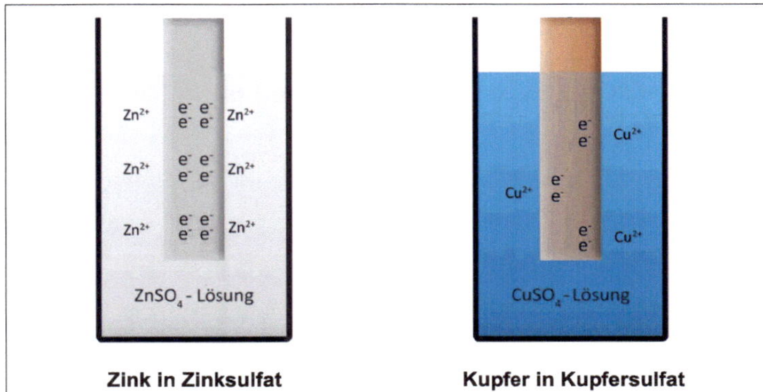


Bild 6.2 • Halbzellen.

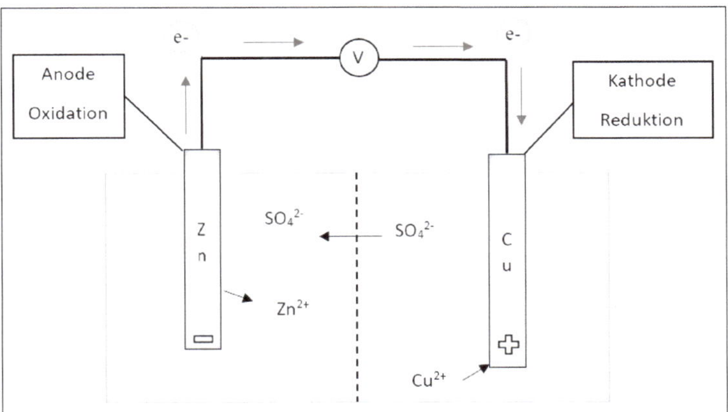


Bild 6.3 • Galvanische Zelle mit Zink und Kupfer.

## 6.2 • Redoxreihe

Was nützt uns diese Information? Wir benötigen zwei unterschiedliche Metalle. Die Chemiker sagen, man benötigt ein edles und ein unedles Metall. Je „unedler" ein Metall ist, desto leichter wird es oxidiert – desto leichter gibt es also Elektronen ab (Oxidation = Elektronen abgeben). Im Beispiel oben ist Kupfer das edlere Metall. An ihm bildet sich der Pluspol. Zink ist das unedlere Metall. An ihm bildet sich der Minuspol.

Die nächste Frage ist, ob die erzeugte elektrische Spannung für uns Hobby-Elektroniker, Tüftler und Maker verwertbar ist. Reduktion bedeutet „Aufnahme von Elektronen" Wenn also zum Beispiel ein Metall Elektronen aufnimmt, dann wird es „reduziert". Oxidation bedeutet die Abgabe von Elektronen. Wenn ein Metall Elektronen abgibt, dann wird es „oxidiert". Redox ist eine Kombination aus den Wörtern Reduktion und Oxidation. Eigentlich tritt beides immer gleichzeitig auf, denn wenn irgendwo Elektronen aufgenommen werden, dann müssen sie an anderer Stelle abgegeben werden. Andernfalls würden keine aufzunehmenden Elektronen existieren.

Die Chemiker haben im Labor umfangreiche Messungen gemacht. Sie haben verschiedene Elektroden unter standardisierten Bedingungen gegen ein bestimmtes Bezugssystem gemessen. Bei diesem Bezugssystem handelt es sich um eine „Wasserstoff/Platin-Elektrode", deren Standard-Potential Eo willkürlich auf 0 V festgelegt wurde. Für die Messung wird Wasserstoff-Gas an einer platinierten Platin-Elektrode vorbei geleitet, die in Salzsäure mit der Konzentration

$c = 1$ mol/l

(1 mol entsprechen $6{,}022 \cdot 10^{23}$ Teilchen)

eingetaucht ist. Die Details sind für uns nicht unbedingt interessant. Für uns ist das Ergebnis wichtig. Die Messungen führten eben zur „Elektrochemischen Spannungsreihe". Diese können wir nutzen. Sie ist auszugsweise im Bild 6.4 zu sehen.

| | Reduziert | | Oxidiert | | Elektronen | Eo (V) | |
|---|---|---|---|---|---|---|---|
| Reduktionswirkung ↓ | $2F^-$ | ⇄ | $F_2$ | + | $2e^-$ | +2,87 | Oxidationswirkung ↑ |
| | Au | ⇄ | $Au^{3+}$ | + | $3e^-$ | +1,41 | |
| | $2Cl^-$ | ⇄ | $Cl^2$ | + | $2e^-$ | +1,36 | |
| | $6H_2O$ | ⇄ | $O_2 + 4H_3O^+$ | + | $4e^-$ | +1,23 | |
| | Pt | ⇄ | $Pt^{2+}$ | + | $2e^-$ | +1,20 | |
| | $2Br^-$ | ⇄ | $Br_2$ | + | $2e^-$ | +1,07 | |
| | Hg | ⇄ | $Hg^{2+}$ | + | $2e^-$ | +0,85 | |
| | Ag | ⇄ | $Ag^+$ | + | $1e^-$ | +0,80 | |
| | $2I^-$ | ⇄ | $I_2$ | + | $2e^-$ | +0,54 | |
| | Cu | ⇄ | $Cu^{2+}$ | + | $2e^-$ | +0,35 | |
| | $H_2 + 2H_2O$ | ⇄ | $2H_3O^+$ | + | $2e^-$ | +/−0 | |
| | Pb | ⇄ | $Pb^{2+}$ | + | $2e^-$ | −0,13 | |
| | Ni | ⇄ | $Ni^{2+}$ | + | $2e^-$ | −0,23 | |
| | Fe | ⇄ | $Fe^{2+}$ | + | $2e^-$ | −0,41 | |
| | $S^{2-}$ | ⇄ | S | + | $2e^-$ | −0,51 | |
| | Zn | ⇄ | $Zn^{2+}$ | + | $2e^-$ | −0,76 | |
| | Al | ⇄ | $Al^{3+}$ | + | $3e^-$ | −1,66 | |
| | Mg | ⇄ | $Mg^{2+}$ | + | $2e^-$ | −2,36 | |
| | Na | ⇄ | $Na^+$ | + | $1e^-$ | −2,71 | |
| | Li | ⇄ | $Li^+$ | + | $1e^-$ | −3,04 | |

Bild 6.4 • Auszug aus der Elektrochemischen Spannungsreihe.

Extra eine galvanische Batterie aufzubauen macht keinen Sinn – da könnte man gleich eine käufliche Batterie verwenden. Beim Energy-Harvesting könnten wir einfach versuchen, mit zwei unterschiedlichen Metallen, die wir in einer leitenden Umgebung einstecken eine kleine Menge Energie dauerhaft zu erzeugen, mit der wir den oft zitierten „einsamen Sensor" betreiben können.

## 6.3 • Obstbatterie

Obst enthält Säure. Säuren leiten und können für uns die Funktion des Elektrolyten übernehmen. Steckt man ein edleres und ein unedleres Metall in ein Stück Obst, dann ergibt das eine primitive galvanische Zelle.

Wir können Energie abzapfen und auf die gleiche Weise wie in den anderen Kapiteln sammeln.

Bei der Auswahl der Metalle achtete man darauf, dass diese in der Redox-Reihe möglichst weit auseinander stehen. Andererseits können wir Maker nur handelsübliche und leicht handhabbare Metalle einsetzen. Typisch sind Eisen, Stahl, Kupfer und Aluminium. Diese Metalle gibt es in unterschiedlicher Weise in jedem Baumarkt oder sie liegen sogar im Schuppen oder in der Garage herum – bei einem selbst oder in der Nachbarschaft.

Weniger oft findet man Zink, Zinn oder Blei im Alltag. Viele Metalle sind uns gar nicht zugänglich weil sie gefährlich reagieren, giftig oder teuer sind. Von den eben genannten Metallen wäre Aluminium als unedles Metall und Kupfer als edles Metall eine gute Wahl. Es ergibt sich zumindest theoretisch eine Spannung von

$$U_{CU} - U_{Al} = 0{,}35\ \text{V} - (-1{,}66\ \text{V}) = 2{,}01\ \text{V}$$

Allerdings bildet Aluminium an der Oberfläche unter Einwirkung von Luft-Sauerstoff schnell eine Oxidationsschicht. Diese muss vor der Verwendung als Elektrode entfernt werden. Das kann durch Lauge oder durch Abschleifen geschehen. Zu berücksichtigen ist aber, dass sich innerhalb kurzer Zeit an der Luft eine neuerliche Oxidschicht ausbildet. Nach dem Entfernen der Oxidschicht hat man also nicht viel Zeit um das Aluminium in die Zitrone zu stecken.

Mit dem Abstand der Metalle zueinander, die im Obst eingesteckt werden, steigt der Innenwiderstand der sich bildenden galvanischen Zelle. Aber es steigt auch die Menge des nutzbaren Elektrolyten. Die „Batterie" wird dauerhafter, gibt aber weniger Leistung ab.

Je größer die Metallfläche, desto größer ist die Stromstärke die entnommen werden kann. Also erbringen flache Metallstücke bessere Ergebnisse als runde Stäbe. Auch die Tiefe, der Metalle in der Zitrone, spielt eine Rolle. Je tiefer man die Metalle in die Zitrone steckt, desto größer ist die entnehmbare Stromstärke.

In Versuchen hat die Kombination Zink-Kupfer sehr gute Ergebnisse geliefert. Aus der Spannungsreihe (Bild 6.4) ergibt sich damit die Spannung:

$$U_{CU} - U_{Zn} = 0{,}35\ V - (-0{,}76\ V) = 1{,}11\ V$$

In einem praktischen Versuch wurde eine Spannung von knapp einem Volt gemessen.

## 6.4 • Bodenbatterie

Das Problem der Obstbatterie ist die nur kurze Haltbarkeit. Für ernsthaftes Energy-Harvesting ist die Obstbatterie also nicht zu gebrauchen. Es ist mehr eine Not- oder Spaßbatterie. Eine andere Möglichkeit kam mir in den Sinn, als ich über den Korrosionsschutz von Rohrleitungen las. Eine im Boden liegende Rohrleitung aus Stahl wird durch ein in der Nähe angebrachtes unedleres Metall vor Korrosion geschützt. Dabei fließen Elektronen (also Strom) von dem unedleren Metall zu dem zu schützenden Bauteil, das aus edlerem Metall besteht. Das Prinzip ist im Bild 6.5 skizziert. Das feuchte Erdreich bildet dabei den Elektrolyten. Die Idee ist nun, ein großes Stahlteil (Fe) in den Boden einzulassen und in dessen Nähe eine handelsübliche Opferanode aus Magnesium zu platzieren.

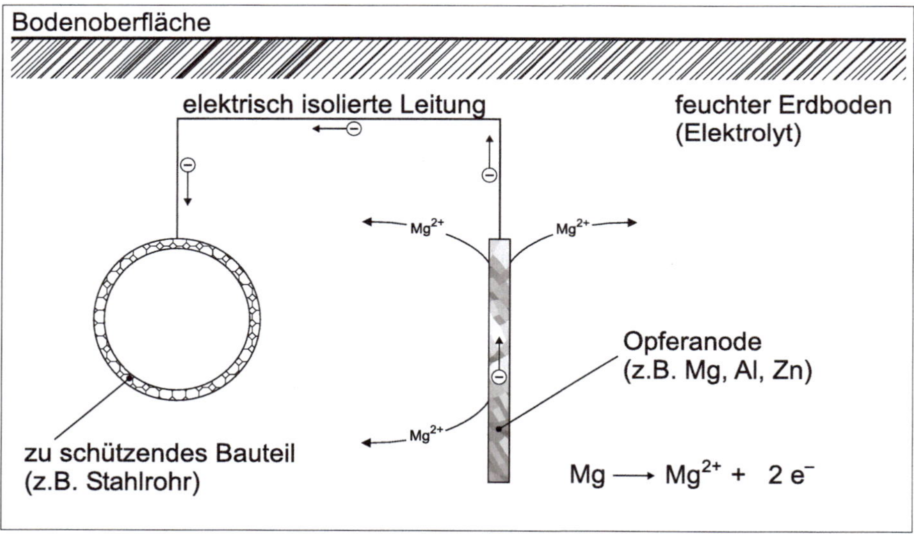


Bild 6.5 • Prinzip der Bodenbatterie (siehe Text).

Derartige „Opferanoden" gibt es in handelsüblicher Form im Sanitärhandel (Bild 6.6). Sie werden in Wasserboilern eingebaut. Ist der Rostschutz (Emaille, Farbe, etc.) schadhaft, dann bildet die Opferanode mit dem Stahl des Boilergehäuses eine galvanische Zelle. Die Opferanode ist aus einem unedleren Material als der Stahl und schützt so das Gehäuse des Boilers vor Korrosion. Dabei wird sie langsam zersetzt. Unedler heißt: das Material steht in der Redoxreihe (Bild 6.4) weiter unten – die Spannung bezogen auf die Wasserstoffzelle ist „negativer". Einige Opferanoden sind an Boilern elektrisch isoliert angebracht. Eine Leitung verbindet die Anode mit dem Boilergehäuse. Diese Leitung kann man auftrennen und den fließenden Strom messen. Typische Ströme an Wasserboilern wurden mir von Heizungsinstallateuren mit 50...300 µA angegeben.

Magnesium (Mg) steht in der elektrochemischen Spannungsreihe bei −2,36 V (Bild 6.4), Eisen bei −0,41 V, so dass sich unter besten Bedingungen eine Spannung von

$$-0{,}41\ \text{V} - (-2{,}36\ \text{V}) = 1{,}95\ \text{V}$$

ausbildet. Um diese anzuzapfen, wird die aus Bild 6.5 mit „elektrisch isolierte Leitung" bezeichnete Verbindung aufgetrennt und aus dem Boden heraus geführt. Die Opferanode aus Magnesium bildet den Minuspol und das Eisen- bzw. Stahlteil den Pluspol unserer Energy-Harvesting-Quelle.

Bild 6.6 • Handelsübliche Opferanode aus Magnesium.

Die Leitungen werden auf z.B. einen Sperrwandler geführt. Dieser stellt dann - wie in den vorherigen Kapiteln auch - eine Spannung in verwertbarer Höhe zur Verfügung. Es folgt das Sammeln der elektrischen Energie in einem Kondensator und anschließend die Verwendung. Um mit diesem Konzept Erfolg zu haben, benötigt man ein geeignetes, am besten sumpfiges Erdreich. In einer sehr trockenen Gegend (Wüste) funktioniert das Prinzip nicht. Außerdem sind ausreichend große Metalloberflächen erforderlich um einen brauchbaren Stromfluss zu erhalten. Dann allerdings kann diese Energiequelle über Jahrzehnte funktionieren – kontinuierlich das ganze Jahre über bei Tag und bei Nacht.

Opferanoden in Wasserboilern sollten alle 5 bis 10 Jahre kontrolliert und gegebenenfalls ausgetauscht werden. Das machen Sanitärfachleute (Wasser- und Heizungs-Installateure). Man kann die ausgebaute Anode durchaus für das Energy-Harvesting nutzen – sofern diese noch nicht ganz aufgelöst ist.

## 6.5 • DC-DC-Konverter

Bei dieser Gelegenheit möchte ich noch zeigen, dass man einen Konverter ähnlich wie er im Spezial-IC LTC3108 existiert und im Abschnitt 4.3.1 beschrieben ist, auch selber bauen kann. Die zugehörige, wirklich einfache Schaltung ist im Bild 6.7 zu sehen. Sie stammt von Studenten der Universität in Lyon. Die Schaltung ist im Grunde genommen ein Meißner-Oszillator (siehe [11]). Der wesentliche Unterschied ist, dass die Sekundärspule des Übertragers nicht nur zur Rückkopplung dient, sondern gleichzeitig auch die Spule ist, an der die geerntete Energie abgenommen wird.

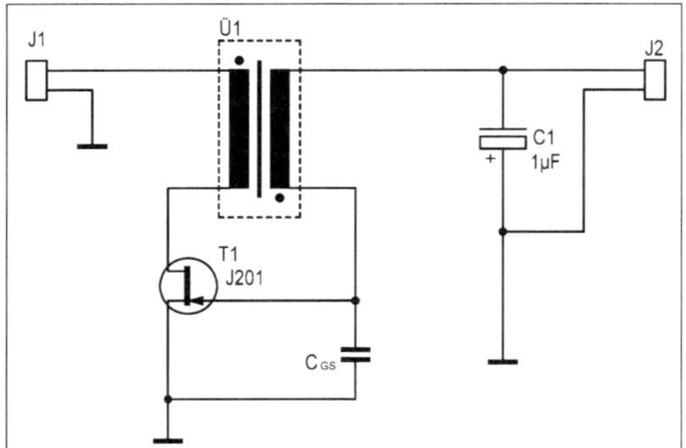


Bild 6.7a • DC-DC-Konverter mit diskreten Bauteilen. Damit diese Schaltung funktioniert muss man die ansonsten parasitäre Gate-Source-Kapazität des JFET-Transistors berücksichtigen (siehe Text).

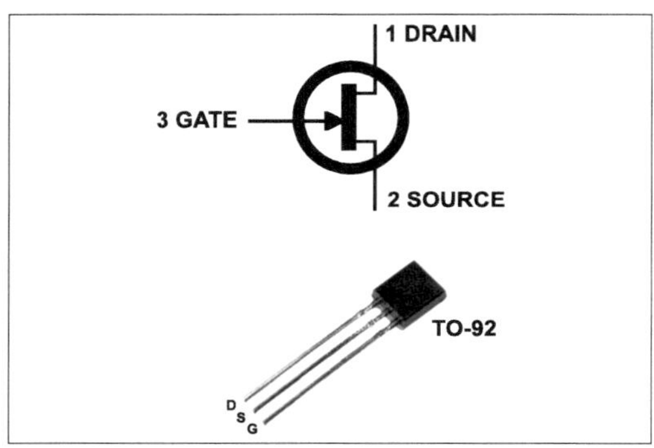


Bild 6.7b • Gehäuse des Transistors J201.

Dieser Konverter eignet sich für Energy-Harvesting-Quelle, die Gleichstrom liefern – wie die vorgestellte „Boden-Batterie". Was man benötigt, ist ein selbst leitender JFET-Transistor. Handelsüblich ist zum Beispiel der Typ J201 oder der Typ 2N5457. Diese Transistoren leiten, wenn die Gate-Source-Spannung *0 V* beträgt. Liefert nun die an J1 angeschlossene Energy-Harvesting-Quelle – also z.B. unsere Boden-Batterie – eine Gleichspannung bzw. einen Gleichstrom, dann fließt dieser durch den Übertrager Ü1 und durch die Drain-Source-Strecke des Transistors. Die beiden Wicklungen des Übertragers sind gegensinnig gewickelt. Die Ausgangsspannung ist deshalb negativ gegen GND. Für die Funktion des Wandlers ist die ansonsten unerwünschte, parasitäre Gate-Source-Kapazität $C_{GS}$ essentiell. Diese wird ständig umgeladen. Der Ausgangskondensator wird im Takt der Umladung aufgeladen. Je nach Aufbau der Schaltung kann es sinnvoll sein, einen Kondensator parallel zu $C_{GS}$ zu schalten (Größenordnung: unter *1 nF*).

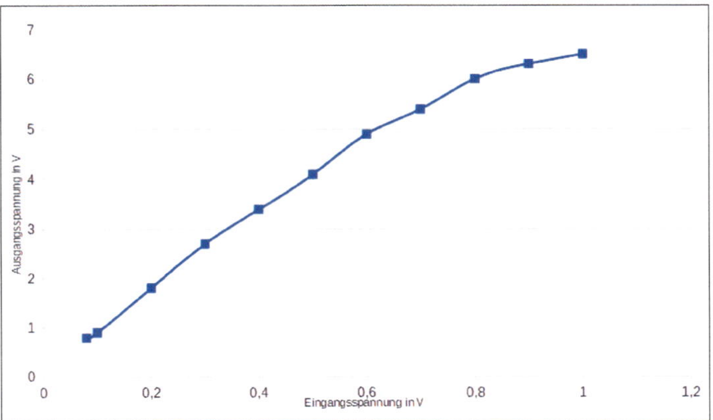


Bild 6.8 • Ausgangsspannung in Abhängigkeit von der Eingangsspannung bei einem Versuchsaufbau, der an der „University of Lyon" durchgeführt wurde.

In einem in [26] beschriebenen Versuchsaufbau wurde ein Übertrager mit dem Übersetzungsverhältnis 1:20 verwendet (Coilcraft LPR6235-253PMB). Die Quelle wurde durch eine einstellbare Spannungsversorgung mit einem Innenwiderstand von 2400 Ω simuliert. Im Bild 6.8 ist das Ergebnis zu sehen. Gezeigt ist die Leerlaufspannung. Bis diese erreicht ist kann es etwas dauern.

# Anhang

## Bibliographie

[1] Zantis, *Stromversorgung ohne Stress – Band 1*
Elektor Verlag Aachen, ISBN 978-3-895-76248-2

[2] Zantis, *Stromversorgung ohne Stress – Band 2*
Elektor Verlag Aachen, ISBN 978-3-895-76331-1

[3] Machon et.al., *Friedrich Tabellenbuch Elektrotechnik/Elektronik*
Bildungsverlag E1NS, ISBN 978-3-427-53026-8

[4] Zantis, *Schaltnetzteile*
Elektor Verlag Aachen, ISBN 978-3-928-05175-0

[5] „Klimaatlas NRW", https://www.klimaatlas.nrw.de/Sonnenscheindauer-Artikel
Zugriff am 8. November 2019

[6] Stoy, *Wunschenergie Sonne*
Energie-Verlag 1978, ISBN 978-3-872-00611-0

[7] Singer, *Messung und Berechnung von Silizium-Solarzellen*
GRIN Verlag München, 1998, ISBN 978-3-638-81347-1

[8] von Kirchner, *Technische Experimente zur Untersuchung der elektrischen Eigenschaften von Solarzellen*
GRIN Verlag München, 2006, ISBN 978-3-668-18547-0

[9] Zantis, *Mikrocontroller für Maker*
GRIN Verlag München, 2019, ISBN 978-3-346-00336-2

[10] Zantis, *Erfassung und Auswertung von schwachen, niederfrequenten, magnetischen Wechselfeldern in unserer Umwelt*
GRIN Verlag München, 2010, ISBN 978-3-640-65990-6

[11] Moltrecht, *Amateurfunk-Lehrgang Technik*
vth-Verlag, ISBN 978-88180-389-2

[12] Zantis, „Plus statt mal"
*Elrad*, 1989, Heft 3, Seite 82-83, ISSN 0170-1827

[13] Vogelsang, *Wellenausbreitung in der Funktechnik*
R. Oldenbourg Verlag GmbH, München 1979, ISBN 3-486-23731-4

[14] Küpfmüller, *Einführung in die theoretische Elektrotechnik*
Springer-Verlag 1990, ISBN 3-540-51620-4

[15] Durgin, „Harvesting Wireless Power: Survey of Energy-Harvester Conversion Efficiency in Far-Field, Wirelss Power Transfer Systems"
*IEEE Microwave Magazine*, 2014

[16] Pohl/Nymphius, *Fundamente der Physik*
Verlag Handwerk und Technik 1974, ISBN 3.582.01142.9

[17] Richter, *Neues Bastelbuch für Radio und Elektronik*
Franckh'sche Verlagshandlung, Stuttgart, 1969

[18] Haines, „Einführung in die Lichttechnik"
*Unterrichtsblätter der deutschen Bundespost*, Jg. 31/1978, Nr. 9, Seite 300-305

[19] Analog Devices, *LTC3108 Ultralow Voltage Step-Up Converter and Power Manager*
Datenblatt, Analog Devices, 2010-2019

[20] Zantis, „Ermittlung der S-Parameter eines HF-Verstärkers"
*Zeitschrift ,CQDL'*, 6-2020, Seite 24-28

[21] F. Karnath Jun., „Piezo-Turm"
*Zeitschrift ,Make'*, Sonderheft „Energie", 2018, Seite 46 bis 49

[22] Texas Instruments, *SLAS4911 MIXED SIGNAL MICROCONTROLLER*
Datenblatt zum MSP430F2013, Revision December 2012

[23] Krempelsauer, *Kursus Schaltungstechnik mit Operationsverstärkern*
Elektor Verlag Aachen 1993, ISBN 3-921051-45-8

[24] Tyczynski/Schwaar, „Energy Harvesting – Energie aus der Umwelt ernten (1)"
*Zeitschrift ,Funkamateur'*, 2016 Heft 3, Seite 235 bis 237

[25] Tyczynski/Schwaar, „Energy Harvesting – Energie aus der Umwelt ernten (2)"
*Zeitschrift ,Funkamateur'*, 2016 Heft 4, Seite 333 bis 336

[26] Francois Costa et.al., „Self-powered ultra-low power DC-DC converter for energy harvesting"
https://hal.archives-ouvertes.fr/hal-00719861

## Formelzeichen

| | |
|---|---|
| $A$ | Fläche (Quadratmeter, m$^2$) |
| $A_L$ | Induktivitätskonstante |
| $A_w$ | wirksame Antennenfläche |
| $a$ | Abstand |
| $B$ | Gleichstromverstärkung |
| | magnetische Induktion |
| $C$ | Kapazität (Farad, F) |
| $d$ | Durchmesser (Meter, m) |
| | Abstand |
| | Verlustfaktor |
| $E$ | Energie (Joule, J oder Wattsekunden Ws) |
| | Beleuchtungsstärke in Lux (lx) |
| | elektrische Feldstärke |
| $e$ | eulersche Zahl, natürliche Zahl 2,71828... |
| $F$ | Kapazität (Farad, F) |
| | Feldstärkemaß (dB) |
| $f$ | Frequenz (Hertz, Hz) |
| $G$ | Leitwert (Siemens, S) |
| $H$ | magnetische Feldstärke |
| $h$ | Höhe |
| $I$ | elektrischer Gleichstrom, Stromeffektivwert (Ampere, A) |
| $i$ | Augenblickswert des elektrischen Stroms (Ampere, A) |
| $I_F$, $I_f$ | Durchlassstrom bei Dioden |
| $I_R$, $I_r$ | Sperrstrom bei Dioden |
| $k$ | Konstante |
| | Kopplungsgrad |
| $L$ | Induktivität (Henry, H) |
| $l$ | Länge (Meter, m) |
| N | Anzahl der Windungen |
| $P$ | Leistung (Watt, W) |
| Q | Güte |
| | Wärmemenge (Ws) |
| | Wärmestrom (W) |
| $R$ | Gleichstromwiderstand (Ohm, Ω) |
| | Wirkwiderstand (Ohm, Ω) |
| $r$ | Radius (Meter, m) |
| | differentieller Widerstand (Ohm, Ω) |
| $S$ | Leistungsdichte (W/m$^2$) |
| $T$ | Periodendauer |
| | Temperatur |
| $t$ | Zeit (Sekunden, s) |
| $U$ | elektrische Spannung (Volt, V), Gleichspannung, Spannungseffektivwert |
| $U_F$, $U_f$ | Durchlasspannung bei Dioden |
| $U_R$, $U_r$ | Sperrspannung bei Dioden |

| | |
|---|---|
| $U_S$ | Schwellspannung bei Dioden (im Durchlassbereich) |
| $U_{ref}$ | Referenzspannung |
| $u$ | Augenblickswert der Spannung (Volt, V) |
| $ü$ | Übersetzungsverhältnis |
| $V$ | Volumen (Kubikmeter, $m^3$) |
| $W$ | Energie (engl. ‚work'; alternative zu $E$) |
| $X$ | Blindwiderstand (Ohm, Ω), Kapazitiv: $X_C$, Induktiv: $X_L$ |
| $Z$ | Scheinwiderstand (Ohm, Ω) |
| $\vartheta$ | Temperatur (°C) |
| $\lambda$ | Wellenlänge (Meter, m) |
| $\Phi$ | Lichstrom (Lumen, lm) |
| | magnetischer Fluss (Weber, Wb bzw. Vs) |

## Konstanten

| | |
|---|---|
| $\mu_0$ | $\approx 1{,}256637 \cdot 10^{-6}$ Vs/(A·m) = $1{,}256637 \cdot 10^{-6}$ N/$A^2$ |
| $\pi$ | $\approx 3{,}1415926$ |
| $e$ | $\approx 2{,}71828$ |

# Index


9-V-Block . . . . . 14
λ/4-Leitung . . . . . 90

**A**
Abstimmung . . . . . 78
Akkumulator . . . . . 27
$A_L$-Wert . . . . . 19
Anemometer . . . . . 150
Anfangspermeabilität . . . . . 86
Antennenfläche . . . . . 77
Aufbereitung . . . . . 16
Außenbereich . . . . . 42

**B**
Bahnleitung . . . . . 95
Batterie . . . . . 171
Bauteiltester . . . . . 68
Beleuchtungsstärke . . . . . 38, 126
Biegebalken . . . . . 154
Bienenstock . . . . . 115
Bodenbatterie . . . . . 176
Bodenwelle . . . . . 79
BOR . . . . . 138
Breakout-Board . . . . . 163
Brennstoffzelle . . . . . 171
Brown-Out . . . . . 137
Brown-Out-Reset . . . . . 138

**C**
Cantilever . . . . . 154
Charge Pump . . . . . 88

**D**
Datenlogger . . . . . 17
DC-DC-Konverter . . . . . 178
Detektorempfänger . . . . . 73
Dickson Charge Pump . . . . . 88
Diode . . . . . 20, 82
Diodenkennlinie . . . . . 22
Dipol . . . . . 91
Dipolantenne . . . . . 90
Drehspulmesswerk . . . . . 75, 151
Druck . . . . . 164
Durchlassrichtung . . . . . 22
Durchlasswiderstand . . . . . 25

**E**
Einkoppelmodus . . . . . 156
Eisenpulver . . . . . 86
Elastizitätsmodul . . . . . 155
elektrochemische Spannungsreihe . . . . . 174
Elektrolytkondensator . . . . . 29
Elektronenvolt . . . . . 11
ELF-Spule . . . . . 97
Energie . . . . . 9
Energiearten . . . . . 10
Energieaufbereitung . . . . . 16
Energiebedarf . . . . . 13
Energiebetrachtung . . . . . 71
Energiedichte . . . . . 94
Energiemanagement . . . . . 17, 32
Energiequellen . . . . . 15
Energiesammler . . . . . 27, 50
Energieverbrauch . . . . . 136, 139

**F**
Farbtemperatur . . . . . 41
Federkonstante . . . . . 145
Feldstärke . . . . . 77, 78, 94
Feldstärkemesser . . . . . 75
Feldstärkemessgerät . . . . . 73
Fernfeld . . . . . 75
Ferrite . . . . . 85
Ferritstab . . . . . 85
Flugzeug . . . . . 169
Foliensensor . . . . . 157
Frequenz . . . . . 75
Funkverbindung . . . . . 17

**G**
galvanisches Element . . . . . 171
galvanische Zelle . . . . . 173
Ganzwellengleichrichter . . . . . 88
Germaniumdiode . . . . . 82
Germanium-Transistor . . . . . 19
Gewichtskraft . . . . . 32
Gleichrichteffekt . . . . . 24
Gleichrichter . . . . . 20

Gleichrichterwirkung . . . . . 23, 82
Glühlampe . . . . . 44
Glühlampenlicht . . . . . 37
Greinacher-Schaltung . . . . . 88
Größengleichung . . . . . 110
Grundleistung . . . . . 14
GSM . . . . . 90
GSM-Sender . . . . . 78
Güte . . . . . 78

**H**

Halbwellengleichrichter . . . . . 88
Halbzelle . . . . . 172
Halogenlampe . . . . . 44
Handystrahlung . . . . . 90
Helligkeit . . . . . 38
Hochsetzsteller . . . . . 30, 130, 131
Hochspannungsleitung . . . . . 94
Holzofen . . . . . 126
Hysterese . . . . . 34

**I**

Induktionsgesetz . . . . . 93
Induktivität . . . . . 67, 73
Innenbereich . . . . . 44
Innenwiderstand . . . . . 15

**J**

Joule . . . . . 9
Joule Thief . . . . . 17

**K**

Kalorie . . . . . 13
Kapazität . . . . . 28
Kernmaterial . . . . . 85
Kinetik . . . . . 145
kinetische Energie . . . . . 145
Komparator . . . . . 33, 47, 102
Kondensator . . . . . 27
Korrosionsschutz . . . . . 176
Kühlkörper . . . . . 112

**L**

Ladekondensator . . . . . 32
Ladestrom . . . . . 27
Ladevorgang . . . . . 51
Ladungspumpe . . . . . 157
Langdrahtantenne . . . . . 83
Lautsprecher . . . . . 169
Leckstrom . . . . . 28
Leistungsdichte . . . . . 76
Leistungsprofil . . . . . 14
Leiterschleife . . . . . 93
Leselicht . . . . . 126, 129, 130
Licht . . . . . 37
Lichtfarbe . . . . . 41
Lichtgeschwindigkeit . . . . . 75
Lichtstrom . . . . . 37, 40
Linearregler . . . . . 49
Low-Drop-Komparator . . . . . 102
Low-Drop-Regler . . . . . 103
Low Power Mode . . . . . 141
LTC3108 . . . . . 117
LTC3588 . . . . . 161
Luftschall . . . . . 165
Luftspule . . . . . 67, 69
Lumen . . . . . 37
Luxmeter . . . . . 38

**M**

Magnesium . . . . . 177
Magnetblock . . . . . 164
Magnetfeld . . . . . 94, 100
Mechanische Energie . . . . . 145
Mikrokontroller . . . . . 54, 134
Minimalsystem . . . . . 33
Mini-Spion . . . . . 14
Mittelwelle . . . . . 77, 83
Mobilfunkstrahlung . . . . . 90
Modellbau-Antrieb . . . . . 132
Modellboot . . . . . 132
Molekular-Kinetik . . . . . 165
Monitoring . . . . . 151
MSP430 . . . . . 15, 136
MSP430F2013 . . . . . 54

**N**

Nahfeld . . . . . 75, 92
Neodym . . . . . 152
Netztransformator . . . . . 98
NiMH-Akkumulator . . . . . 29
Notstromaggregat . . . . . 32

**O**

Obstbatterie . . . . . 175
OFW-Resonator . . . . . 79
Opferanode . . . . . 176

**P**

Parallelschwingkreis . . . . . 96
Peltier-Effekt . . . . . 108
Peltier-Element . . . . . 109
Permanent-Magnet . . . . . 152
Permeabilität . . . . . 19, 86
Photostrom . . . . . 40
Piezo-Effekt . . . . . 153
POR . . . . . 137
potentielle Energie . . . . . 30, 145
Power-on-Reset . . . . . 137
PREMA . . . . . 130
Propeller . . . . . 133, 146

**Q**

Quarzfrequenz . . . . . 81
Quarzoszillator . . . . . 81
Quellenwiderstand . . . . . 101

**R**

Rectenna . . . . . 89
Redoxreihe . . . . . 173
Reibungsverluste . . . . . 31
Repeller . . . . . 147
Resonanzkreis . . . . . 96, 97
Reststrom . . . . . 28
RFID . . . . . 90
RF-to-DC . . . . . 73
RGB . . . . . 47
Ringkern . . . . . 18, 68
Ringkernspule . . . . . 69
Rückgewinnung . . . . . 31
Rundfunkwellen . . . . . 73

**S**

Sättigung . . . . . 64
Schalenkern . . . . . 18
Schall . . . . . 165
Schalldruckpegel . . . . . 166, 167
Schallenergie . . . . . 165
Schallintensität . . . . . 166
Schallleistung . . . . . 166
Schleusenspannung . . . . . 82
Schmitt-Trigger . . . . . 33
Schwellspannung . . . . . 20
Schwingkreis . . . . . 78
Schwingkreisgüte . . . . . 79
Schwingquarz . . . . . 79
Schwingungskurve . . . . . 158
Seebeck-Effekt . . . . . 108
Sender . . . . . 17
Sensor . . . . . 17
Solar-Ladegerät . . . . . 47
Solarmodul . . . . . 42
Solarmotor . . . . . 31, 133
Solarpanel . . . . . 42
Solarzelle . . . . . 38, 39
Sonnenlicht . . . . . 37
Sonnenscheindauer . . . . . 43
Sound-Pressure-Level . . . . . 167
Spannungskomparator . . . . . 47
Spannungsquelle . . . . . 15
Spannungsverdoppler . . . . . 88
Spannungsvervielfacher . . . . . 84
Speicherkondensator . . . . . 28, 134
Sperrrichtung . . . . . 22
Sperrschwinger . . . . . 18, 60
Sperrspannung . . . . . 82
Sperrstrom . . . . . 20
Sperrwandler . . . . . 17, 59, 67, 69, 123
Sperrwiderstand . . . . . 21, 25
spezifische Wärmekapazität . . . . . 116
SPL . . . . . 167
Spule . . . . . 67, 73
Standby-Mode . . . . . 136
Stoffmenge . . . . . 116
Strahlungsenergie . . . . . 43
Strahlungsfluss . . . . . 37
Strahlungsleistung . . . . . 37, 43
Stromquelle . . . . . 15
Stromsparmodus . . . . . 142
Stromverbrauch . . . . . 140
SuperCap . . . . . 29
Superkondensator . . . . . 29

**T**

Tageslicht . . . . . 37

Taktfrequenz . . . . . 139
Tastendruck . . . . . 164
TEG . . . . . 108
Thermisches Modell . . . . . 111
Thermoelektrizität . . . . . 107
Thermoelement . . . . . 108
Thermoelement-Array . . . . . 125
Thermogenerator . . . . . 109, 128
Transceiver . . . . . 17
Transistor . . . . . 84
Transistor als diode . . . . . 5

**U**

Überladeschutz . . . . . 51
Überlandleitung . . . . . 95
Übersetzungsverhältnis . . . . . 99
Übertrager . . . . . 67, 69
UHF . . . . . 87

**V**

Ventilator . . . . . 133
Verbraucherwiderstand . . . . . 101
Verlustfaktor . . . . . 28
Versorgungsnetz . . . . . 98
Vervielfacher . . . . . 159
Vervielfacherschaltung . . . . . 20
Vibration . . . . . 153

**W**

Wandler . . . . . 30
Wärme . . . . . 107
Wärmemenge . . . . . 116
Wärmesenke . . . . . 107
Wärmeströmung . . . . . 107
Wärmeübergangswiderstand . . . . . 112
Wärmewiderstand . . . . . 112
Wellenausbreitung . . . . . 76
Wellenlänge . . . . . 75
Wickelsinn . . . . . 18, 70
Wind . . . . . 148
Windenergie . . . . . 146, 151
Windgenerator . . . . . 147
Windgeschwindigkeit . . . . . 146, 151
Windpendel . . . . . 152
Wirkungsgrad . . . . . 11, 42
WLAN . . . . . 90

**Z**

Zeigerinstrument . . . . . 75